国家中等职业教育改革发展示范学校项目建设成果

基于工作过程电气技术应用专业改革丛书

丛书主编　张思源

PLC 控制技术

主　编　张效均

副主编　梁伟华　杨建华　姜富宽

编　委　张效杰　杨海虹　李　杰

李　昂　刘　昕

中国石油大学出版社

CHINA UNIVERSITY OF PETROLEUM PRESS

图书在版编目(CIP)数据

PLC控制技术 / 张效均主编. — 东营 : 中国石油大学出版社,2015.7

ISBN 978-7-5636-4876-4

Ⅰ.①P… Ⅱ.①张… Ⅲ.①plc技术—高等职业教育—教材 Ⅳ.①TM571.6

中国版本图书馆CIP数据核字(2015)第179480号

书　　名: PLC控制技术

作　　者: 张效均

责任编辑: 方　娜(电话 0532—86983560)

封面设计: 驻马店高级技工学校

出 版 者: 中国石油大学出版社(山东 东营　邮编 257061)

网　　址: http://www.uppbook.com.cn

电子信箱: fangna8933@126.com

印 刷 者: 沂南县汶凤印刷有限公司

发 行 者: 中国石油大学出版社(电话 0532—86983584,86983437)

开　　本: 185 mm×260 mm　印张:14.75　字数:353千字

版　　次: 2015年8月第1版第1次印刷

定　　价: 39.80元

前言

本书是根据“国家中等职业教育改革发展示范学校建设计划”的要求，结合作者多年的专业教学和企业工作经验编写而成的一体化教材。

《PLC控制技术》是一门实践性很强的专业课程，大部分毕业生被分配到生产一线，从事操作设备、制定工艺、查找故障和排除故障等工作。学习本课程之前，学生需要有《电工基础》和《电力拖动》这两门课程的理论基础。学习本课程时，学生需要大量的时间进行实践训练，只有这样才能独立完成实际项目的设计和研究。

本书由张效均任主编，梁伟华、杨建华、姜富宽负责拟定大纲，统稿和定稿。本着“做中学，教中学”，以学生为主体，教师为引导的教学原则，将可编程序控制器、变频器和触摸屏的理论知识与生产实践融合在一起，以来自企业生产实际的典型工作任务为驱动，实现在工作中学习，在学习中工作的目标。本书在评价方式上突破传统，更加注重学生的学习过程，突显学生的关键能力，采取了学生自我评价、小组评价和教师评价三位一体的方式进行综合评定。

本书定位准确，注重理论与实践一体化教学，教材与教辅相结合，在语言描述上力求准确、清晰，适合各职业院校电气自动化设备与安装专业和机电一体化专业的学生使用。

在本书的编写过程中，各位编写老师付出了艰辛的劳动，河南省昊华骏华集团公司、河南省顺达化工科技有限公司、国家电网驻马店供电公司电能计量中心、天方药业二分厂、广东三向教学仪器制造有限公司的技术人员提供了典型工作任务和案例，谨向为编写本书付出艰辛劳动的全体人员表示衷心的感谢！限于作者的水平，内容难免有错误和不妥之处，敬请各位读者批评指正。

编　者

2015年6月

目录

任务一
认识 PLC 硬件

任务名称

认识 PLC(可编程序控制器)硬件。

任务描述

认识 PLC 硬件。

任务要求

(1) PLC 的硬件结构由哪几部分组成?各有什么作用?
(2) CPU 模块由哪几部分组成?
(3) 面板上的型号 FX_{2N}-48MT 的含义是什么?面板上各部分的作用是什么?
(4) 开关量输入输出接口有哪几种类型?
(5) PLC 运行模式下的工作过程分为哪几个阶段?
(6) PLC 的工作特点有哪些?为什么说 PLC 的运行结果与梯形图程序的顺序有关?
(7) FX-4EYS-D 的含义是什么?

能力目标

(1) 掌握 PLC 的基本结构。
(2) 掌握可编程序控制系统的组成。
(3) 熟悉 PLC 的工作原理及编程语言。

任务准备

一、理论知识

1. 认识 PLC

(1) PLC 的概念。

PLC 是一种专门为在工业环境下应用而设计的数字运算操作的电子装置。它采用可以编制程序的存储器进行内部存储,执行逻辑运算、顺序运算、计时、计数和算术运算等操作的指令,并能通过数字式或模拟式的输入/输出控制各种类型的机械或生产过程。PLC 及其有关的外围设备都应该按易于与工业控制系统形成一个整体,易于扩展其功能的原则而设计。

PLC是工业控制的核心部分。日本三菱 FX_{2N} 系列 PLC 和美国 GE 公司 PLC 分别如图 1-1 和图 1-2 所示。

图 1-1　日本三菱 FX_{2N} 系列 PLC

图 1-2　美国 GE 公司 PLC

(2) FX 系列 PLC 型号的含义。

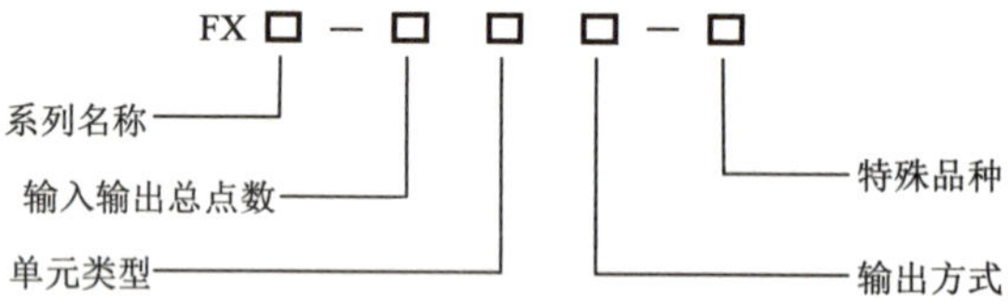

系列名称：0、2、0S、1S、0N、1N、2N、2NC 等。

单元类型：

M——基本单元；

E——输入输出混合扩展单元；

EX——扩展输入模块；

EY——扩展输出模块。

输出方式：

R——继电器输出；

S——晶闸管输出；

T——晶体管输出。

特殊品种：

D——DC 电源，DC 输出；

A——AC 电源，AC(AC100～120 V)输入或 AC 输出模块；

H——大电流输出扩展模块；

V——立式端子排的扩展模块；

C——接插口输入输出方式；

F——输入滤波时间常数为 1 ms 的扩展模块。

如果特殊品种一项无符号，则为 AC 电源、DC 输入、横式端子排、标准输出。

例如 FX_{2N}-48MR-D 表示 FX_{2N} 系列，48 个 I/O 点基本单元，继电器输出，使用直流电源，24V 直流输出型。

(3) PLC 的外部结构。

FX_{2N} 基本单元各部分说明如图 1-3 所示。

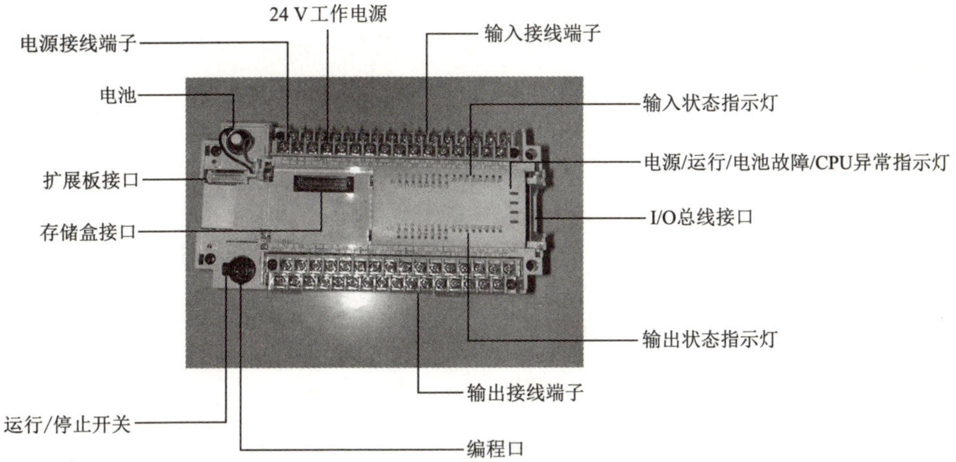

图 1-3　FX_{2N}基本单元各部分说明

(4) PLC 的内部结构。

PLC 主要由中央处理单元(CPU)模块、输入模块、输出模块、电源和编程器(或编程软件)组成,CPU 模块通过输入模块将外部控制现场的控制信号读入 CPU 模块的存储器中,经过用户程序处理后,再将控制信号通过输出模块来控制外部控制现场的执行机构。图 1-4 所示是 PLC 控制系统的示意图。

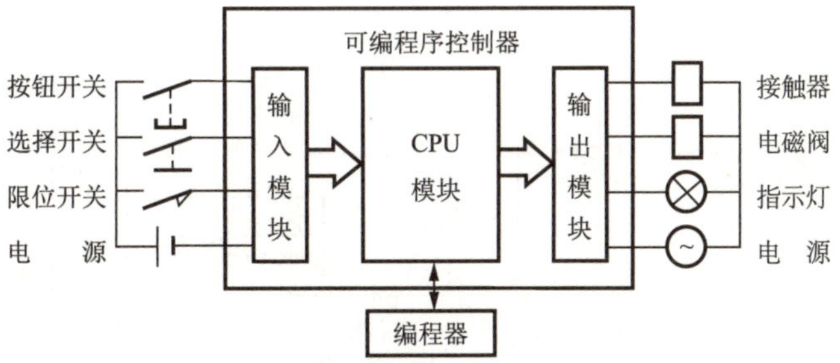

图 1-4　PLC 控制系统的示意图

① 中央处理单元模块。

PLC 的 CPU 模块由 CPU 芯片和存储器组成。CPU 是 PLC 的核心部件,整个 PLC 的工作过程都是在 CPU 的统一指挥和协调下进行的,它包括微处理器和控制接口电路。

微处理器是可编程序控制器的运算控制中心,它可以实现逻辑运算、数学运算,协调控制系统各部分的工作。它的运行是按照系统程序所赋予的任务进行的。主要任务有:

a. 控制接收与存储来自编程器的用户程序和数据。

b. 进行自诊断(电源、PLC 内部电路、语法错误)。

c. 执行用户程序。

d. 用扫描的方式接收现场输入信号的状态或数据(开关量/模拟量),并存入映像寄存器或数据存储器中。

e. 执行用户程序时从存储器逐条读取指令,经过命令解释后按指令规定的任务进行数据传递、逻辑运算或算术运算等。

f. 根据运算结果更新有关标志位的状态和输出映像寄存器的内容,再经输出部件实现输出控制、制表打印或数据通信等功能。

控制接口电路是微处理器与主机内部其他单元进行联系的部件（实现信息交换、时序配合），它主要有数据缓冲、单元选择、信号匹配、中断管理等功能。

② 存储器。

随机存取存储器（RAM）：可读可写，没有断电保持功能，用于存放用户程序。

只读存储器（ROM）：只读，不能写，用于存放系统程序。

可擦除、可编程序的只读存储器（EPROM）：具有非易失性，用紫外线照射芯片上的透镜窗口可以擦除已写入的内容，重新写入新内容。

可电擦除只读存储器（EPPROM）：具有非易失性，兼有 ROM 的非易失性和 RAM 的随机存取优点，但价格比较高。

③ 开关量输入/输出（I/O）接口。

PLC 与工业过程相连接的接口即为 I/O 接口，I/O 接口有两个要求：一是接口有良好的抗干扰能力，二是接口能满足工业现场各类信号的匹配要求。所以接口电路一般都包含光电隔离电路和 RC 滤波电路。

a. 开关量输入接口。

开关量输入电路的作用是将现场的开关量信号变成 PLC 内部处理的标准信号。开关量输入电路可分为三类：直流输入接口、交直流输入接口、交流输入接口，如图 1-5～图 1-7 所示。

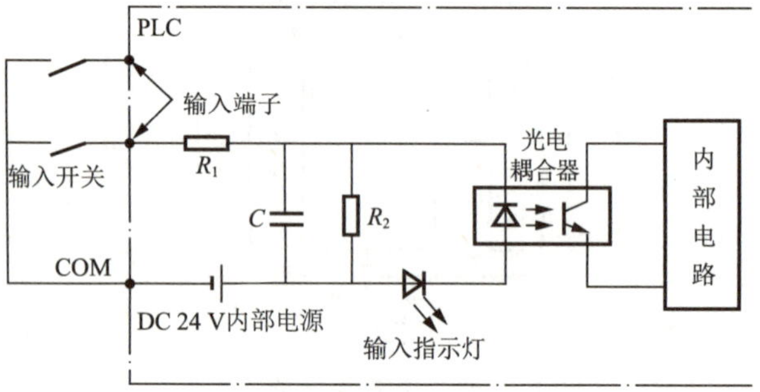

图 1-5　直流输入接口

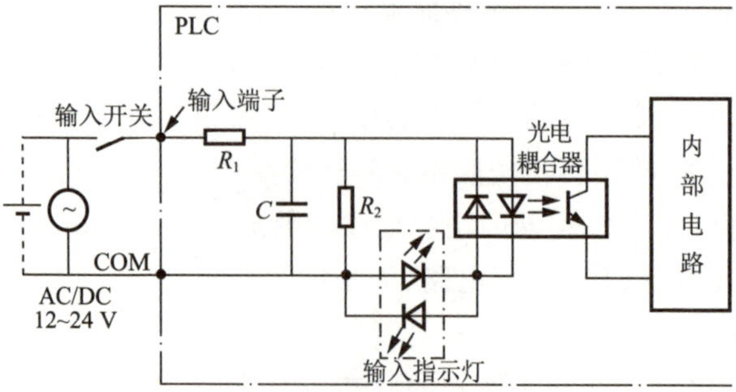

图 1-6　交直流输入接口

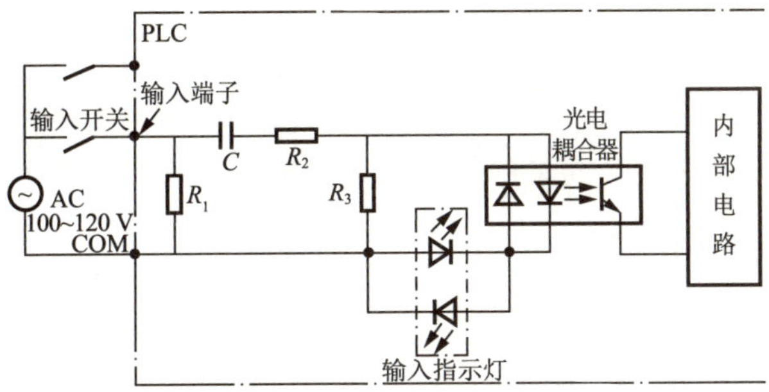

图 1-7　交流输入接口

b. 开关量输出接口。

开关量输出电路的作用是将 PLC 的输出信号传送到用户输出设备(负载)。开关量输出电路可分为三类:直流输出接口、交直流输出接口、交流输出接口。按输出开关器件的种类不同,开关量输出电路也可分为三类:晶体管输出型、继电器输出型、双向晶闸管输出型,如图 1-8～图 1-10 所示。

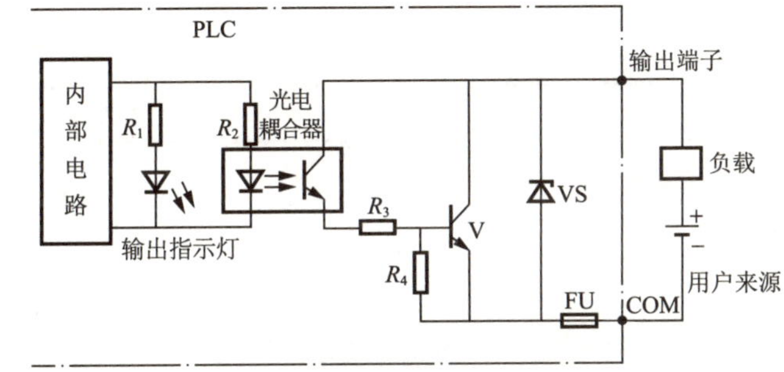

图 1-8　直流输出接口(晶体管型)

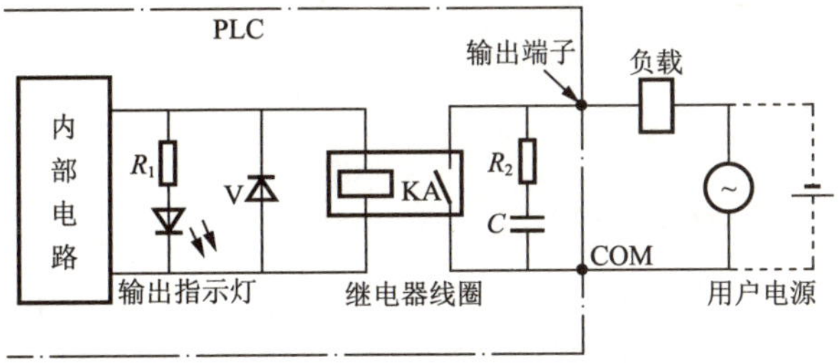

图 1-9　交直流输出接口(继电器型)

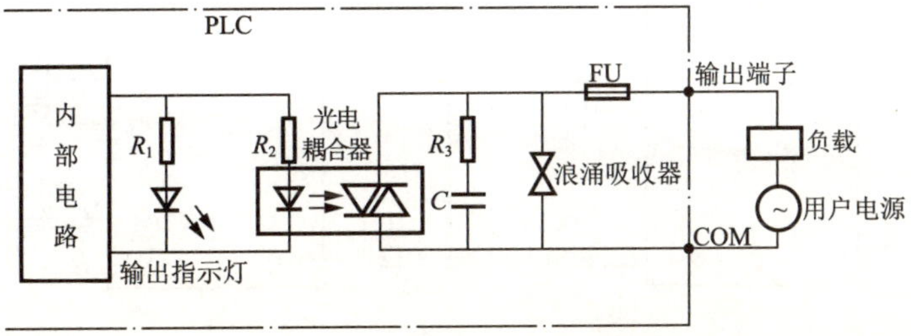

图 1-10　交流输出接口(双向晶闸管型)

(5) PLC 的控制系统。

① 接线程序控制系统。

在传统的继电器和电子逻辑控制系统中，完成控制任务的逻辑控制部分是将继电器、接触器、电子元件等用导线连接起来的。这种控制系统称为接线程序控制系统，逻辑程序就在导线连接中，所以也称为接线程序，如图 1-11 所示。在接线程序控制系统中，控制功能的更改必须改变导线的连接。

② 存储程序控制系统。

所谓存储程序控制，就是将控制逻辑以程序语言的形式存放在存储器中，通过执行存储器中的程序实现系统的控制要求。在存储程序控制系统中，控制功能的更改只需改变程序而不必改变导线的连接。可编程序控制系统就是存储程序控制系统，如图 1-12 所示。它由输入设备、可编程序控制器内部控制电路、输出设备三部分组成。

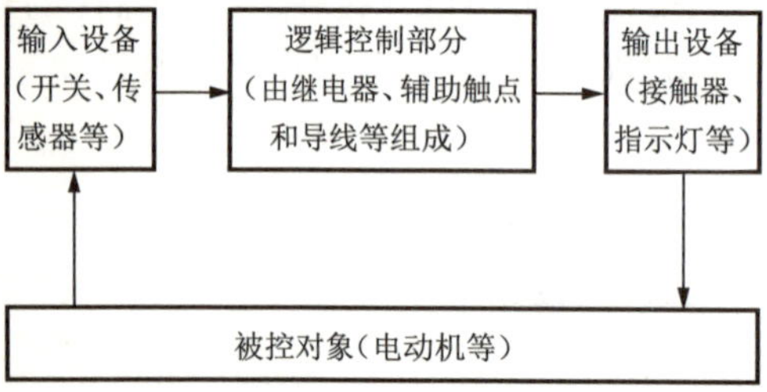

图 1-11　继电器控制系统

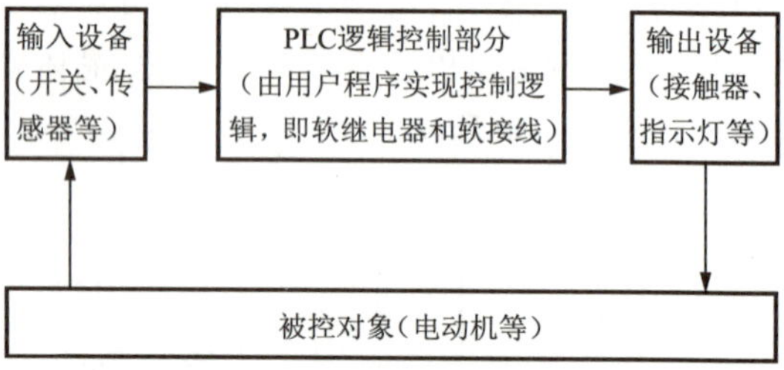

图 1-12　PLC 构成的控制系统

(6) PLC 的特点。

① 高可靠性。

② 编程简单、使用方便。可采用梯形图编程方式，与实际继电器控制电路非常接近，一般电气工作者很容易接受。

③ 环境要求低，适用于恶劣的工业环境。

④ 体积小、重量轻。

⑤ 扩充方便、组合灵活。

2. 实操训练

(1) 按图 1-13 进行可编程序控制器的 I/O 接线练习。

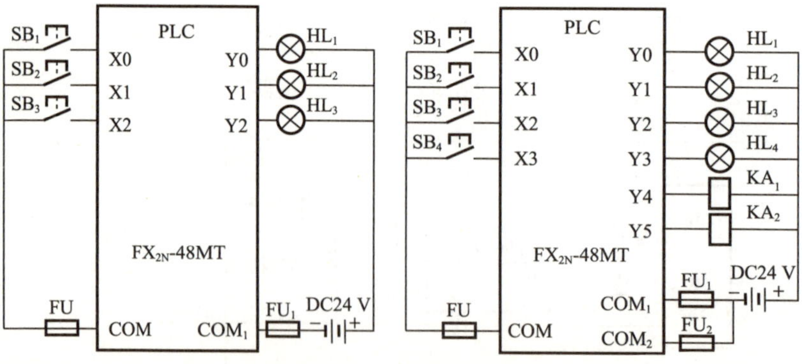

(a)　　(b)

图 1-13　I/O 接线练习图

(2) 根据表 1-1 画出接线图,并接线。

表 1-1　I/O 分配表

输　入			输　出		
输入继电器	代号	作用	输出继电器	代号	作用
X0	SB_1		Y0	HL_1	
X1	SB_2		Y1	HL_2	
X2	SB_3		Y2	HL_3	
			Y3	KA_1	

画出 I/O 接线图:

3. 注意事项

(1) 所有设备和电器元件的编号必须与电器原理图上的编号一致,编号时必须认真仔细,要做到图与物的编号一致;接线时合理安排元器件的位置,接线要求牢靠、整齐、清楚、安全、可靠。

(2) 接线操作时要胆大、心细、谨慎,不许用手触及各电器元件的导电部分及电动机的转动部分,以免触电及意外伤害。

(3) 安装完毕应仔细检查线路是否有误,如有误应认真改正,然后向指导老师提出通电请求,经同意后才能通电试车。

(4) 通电检验时不得带电进行改动。出现故障时应及时切断电源进行检查,检修完毕再次向指导老师提出通电请求,直到通电成功为止。

二、工具与材料准备

为完成工作任务,每个工作小组需要向工作站内的仓库工作人员提供借用工具清单(见附表 1)和材料清单(见附表 2)。

任务决策

掌握理论知识,完成任务要求。思考一下实操训练需要领取什么材料?

任务实施

实施要求:每组派代表上台回答提出的问题;各组展示连接好的电路;其他组同学给你们提供了哪些意见或建议,请记录在下面。

(1) PLC的硬件结构由哪几部分组成？各有什么作用？

(2) CPU模块由哪几部分组成？

(3) 面板上的型号 FX_{2N}-48MT 的含义是什么？面板上各部分的作用是什么？

(4) 开关量的输入、输出接口有哪几种类型？

(5) PLC运行模式下的工作过程分为哪几个阶段？

(6) PLC的工作特点有哪些？为什么说PLC的运行结果与梯形图程序的顺序有关？

(7) FX-4EYS-D的含义是什么？

任务评价

将你们组完成任务的答案与其他组（员）进行对比，发现异同，在组内和组外进行充分的讨论，得出最佳答案，修改并记录。

(1) 各小组派代表详解任务的作答，并作分析。

(2) 各小组派人叙述本组答案，接受全体同学的提问，各题完成情况记录如下。

① PLC 的硬件结构由哪几部分组成？各有什么作用？

② CPU 模块由哪几部分组成？

③ 面板上的型号 FX_{2N}-48MT 的含义是什么？面板上各部分的作用是什么？

④ 开关量的输入、输出接口有哪几种类型？

⑤ PLC 运行模式下的工作过程分为哪几个阶段？

⑥ PLC 的工作特点有哪些？为什么说 PLC 的运行结果与梯形图程序的顺序有关？

⑦ FX-4EYS-D 的含义是什么？

其他小组提出的改进建议：

(3) 学生自我评估与总结。

① 你掌握了哪些知识点？

② 你在编程、接线、调试过程中出现了哪些问题，你是怎么解决的？

③ 你觉得完成的任务中哪些地方做得比较好，哪些地方做得不够好(编程、接线、调试)？

④ 你有哪些地方还没掌握好，哪些地方还不够清楚？

⑤ 说说你的心得体会。

（4）小组评估与总结。

（5）教师评估（根据各小组学生完成任务的表现，给予综合评价，同时给出该工作任务的正确答案供学生参考）。

（6）各小组对工作岗位的“6S”处理。

小组和教师都完成工作任务总结以后，各小组必须对自己的工作岗位进行“6S”处理（“6S”指“整理、整顿、清扫、清洁、安全、素养”），归还所借的工具、量具和实习工件。

（7）评价表（见表1-2）。

表1-2 “任务1 认识PLC硬件”评价表

<table>
<tr><td colspan="2">班级：________
小组：________
姓名：________</td><td colspan="6">指导教师：________
日　　期：________</td></tr>
<tr><td rowspan="2">评价项目</td><td rowspan="2">评价标准</td><td rowspan="2">评价依据</td><td colspan="3">评价方式</td><td rowspan="2">权重</td><td rowspan="2">得分小计</td></tr>
<tr><td>学生自评
20%</td><td>小组互评
30%</td><td>教师评价
50%</td></tr>
<tr><td>职业素养</td><td>① 遵守企业规章制度、劳动纪律；
② 按时、按质完成工作任务；
③ 积极、主动承担工作任务，勤学好问；
④ 人身安全与设备安全；
⑤ 工作岗位“6S”完成情况</td><td>① 出勤；
② 工作态度；
③ 劳动纪律；
④ 团队协作精神</td><td></td><td></td><td></td><td>0.3</td><td></td></tr>
<tr><td>专业能力</td><td>① 掌握几种软件的功用；
② 软件的地址编号方式；
③ 根据电气原理图画出I/O分配表、接线图，并转换成梯形图；
④ 能独立进行程序的输入与调试；
⑤ 具有较强的信息分析、处理能力</td><td>① 操作的准确性和规范性；
② 工作页或项目技术总结的完成情况；
③ 专业技能任务的完成情况</td><td></td><td></td><td></td><td>0.5</td><td></td></tr>
<tr><td>创新能力</td><td>① 在任务完成过程中能提出自己的方案；
② 在教学或生产管理上提出建议，具有创新性</td><td>① 方案的可行性及意义；
② 建议的可行性</td><td></td><td></td><td></td><td>0.2</td><td></td></tr>
<tr><td>合计</td><td colspan="7"></td></tr>
</table>

任务二
认识 PLC 软件

任务名称

认识 PLC 软件。

任务描述

认识 PLC 软件。

建议学时

6 学时。

任务要求

(1) 什么是 PLC 软件？PLC 软件有哪些？
(2) 软件 X、Y、M 的地址是如何编号的？
(3) 软件 X、Y、M、T 如何使用？
(4) 根据简单的电气原理图画出 I/O 分配表和接线图，并转换成梯形图。

能力目标

(1) 熟练 PLC 输入、输出的接线方法。
(2) 掌握软件 X、Y、M、T 的使用。
(3) 掌握 PLC 输入、输出点地址的分配。
(4) 能根据简单的电气原理图画出 I/O 分配表和接线图，并转换成梯形图。
(5) 锻炼同组成员的团队精神。
(6) 学会查找资料。

任务准备

一、理论知识

(1) PLC 软件的概念。

软元件(内部继电器)简称元件。PLC 内部的编程元件，也就是支持该机型编程语言的软件，按通俗叫法分别称为继电器、定时器、计数器等，但它们与真实元件有很大的差别，一般称它们为“软继电器”。这些编程用的继电器，工作线圈没有工作电压等级、功耗大小和电磁惯性等问题；触点没有数量限制、机械磨损和电蚀等问题。在不同的指令操作下，其工作状态可以无记忆，也可以有记忆，还可以作为脉冲数字元件使用。一般情况下，X 代表输入继电器，Y 代表输出继电器，M 代表辅助继电器，SPM 代表专用辅助继电器，T 代表定时器，C 代表计数器，S 代表状态继电器，D 代表数据寄存器，MOV 代表传输等。不同厂家、不同系列的 PLC，其内部软继电器（编程元件）的功能和编号也不相同，因此，用户在编制程序时必须熟悉所选用 PLC 的每条指令涉及编程元件的功能和编号。

FX 系列 PLC 的编程元件及编号见表 2-1。FX 系列 PLC 编程元件的编号由字母和数字组成，其中输入继电器和输出继电器用八进制数字编号，其他均采用十进制数字编号。为了能全面了解 FX 系列 PLC 的内部软继电器，此处以 FX_{2N} 为例进行介绍。

表 2-1 FX 系列 PLC 的内部软继电器及编号

PLC 型号编程元件种类		FX_{0S}	FX_{1S}	FX_{0N}	FX_{1N}	FX_{2N}（FX_{2NC}）
输入继电器 X（按八进制编号）		X0～X17（不可扩展）	X0～X17（不可扩展）	X0～X43（可扩展）	X0～X43（可扩展）	X0～X77（可扩展）
输出继电器 Y（按八进制编号）		Y0～Y15（不可扩展）	Y0～Y15（不可扩展）	Y0～Y27（可扩展）	Y0～Y27（可扩展）	Y0～Y77（可扩展）
辅助继电器 M	普通用	M0～M495	M0～M383	M0～M383	M0～M383	M0～M499
	保持用	M496～M511	M384～M511	M384～M511	M384～M1535	M500～M3071
	特殊用	M8000～M8255（具体见使用手册）				
状态寄存器 S	初始状态用	S0～S9	S0～S9	S0～S9	S0～S9	S0～S9
	返回原点用	—	—	—	—	S10～S19
	普通用	S10～S63	S10～S127	S10～S127	S10～S999	S20～S499
	保持用	—	S0～S127	S0～S127	S0～S999	S500～S899
	信号报警用	—	—	—	—	S900～S999
定时器 T	100 ms	T0～T49	T0～T62	T0～T62	T0～T199	T0～T199
	10 ms	T24～T49	T32～T62	T32～T62	T200～T245	T200～T245
	1 ms	—		T63	—	—
	1 ms 累积	—	T63	—	T246～T249	T246～T249
	100 ms 累积	—	—	—	T250～T255	T250～T255
计数器 C	16 位增计数（普通）	C0～C13	C0～C15	C0～C15	C0～C15	C0～C99
	16 位增计数（保持）	C14、C15	C16～C31	C16～C31	C16～C199	C100～C199
	32 位可逆计数（普通）	—	—	—	C200～C219	C200～C219
	32 位可逆计数（保持）	—	—	—	C220～C234	C220～C234
	高速计数器	C235～C255（具体见使用手册）				

续表 2-1

PLC 型号编程元件种类		FX_{0S}	FX_{1S}	FX_{0N}	FX_{1N}	FX_{2N}（FX_{2NC}）
数据寄存器 D	16 位普通用	D0～D29	D0～D127	D0～D127	D0～D127	D0～D199
	16 位保持用	D30、D31	D128～D255	D128～D255	D128～D7999	D200～D7999
	16 位特殊用	D8000～D8069	D8000～D8255	D8000～D8255	D8000～D8255	D8000～D8195
	16 位变址用	V Z	V0～V7 Z0～Z7	V Z	V0～V7 Z0～Z7	V0～V7 Z0～Z7
指针 N、P、I	嵌套用	N0～N7	N0～N7	N0～N7	N0～N7	N0～N7
	跳转用	P0～P63	P0～P63	P0～P63	P0～P127	P0～P127
	输入中断用	I00＊～I30＊	I00＊～I50＊	I00＊～I30＊	I00＊～I50＊	I00＊～I50＊
	定时器中断	—	—	—	—	I6＊＊～I8＊＊
	计数器中断	—	—	—	—	I010～I060
常数 K、H	16 位	K：－32 768～32 767；H：0000～FFFFH				
	32 位	K：－2 147 483 648～2 147 483 647；H：00000000～FFFFFFFF				

① 输入继电器（X）。

PLC 的输入端子是从外部开关接收信号的窗口，PLC 内部与输入端子连接的输入继电器 X 是用光电隔离的电子继电器，它们的编号与接线端子编号一致（按八进制输入），线圈的吸合或释放只取决于 PLC 外部触点的状态。内部有常开/常闭两种触点供编程时随时使用，且使用次数不限。输入电路的时间常数一般小于 10 ms。各基本单元都是八进制输入的地址，输入为 X000～X007，X010～X017，X020～X027。它们一般位于机器的上端。

符号：

（常开）　　（常闭）

② 输出继电器（Y）。

PLC 的输出端子是向外部负载输出信号的窗口。输出继电器的线圈由程序控制，输出继电器的外部输出主触点接到 PLC 的输出端子上供外部负载使用，其余常开/常闭触点供内部程序使用。输出继电器的电子常开/常闭触点使用次数不限。输出电路的时间常数是固定的。各基本单元都是八进制输出，输出为 Y000～Y007，Y010～Y017，Y020～Y027。它们一般位于机器的下端。

符号：

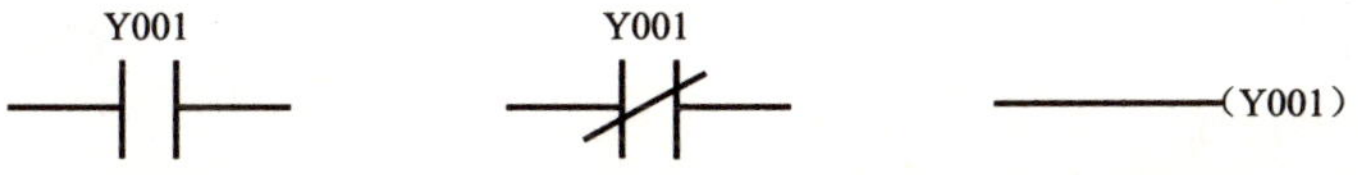

（常开）　　（常闭）　　（线圈）

③ 辅助继电器（M）。

PLC 内有很多辅助继电器，其线圈与输出继电器一样，由 PLC 内各软件的触点驱动。

辅助继电器也称中间继电器，它没有向外的任何联系，只供内部编程使用。它的电子常开/常闭触点使用次数不受限制。但是，这些触点不能直接驱动外部负载，外部负载的驱动必须通过输出继电器来实现。如图 2-1 中的 M300，它只起到一个自锁的功能。在 FX_{2N} 中普遍采用 M0～M499，共 500 点辅助继电器，其地址号按十进制编号。还有一些特殊的辅助继电器，如掉电继电器、保持继电器等，这里不再一一介绍。

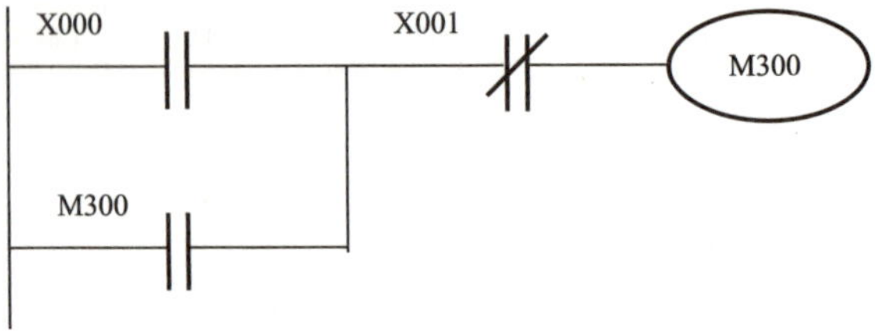

图 2-1 辅助继电器

④ 定时器(T)。

PLC 内的定时器根据时钟脉冲的累积形式，当所计时间达到设定值时输出触点动作，时钟脉冲有 1 ms、10 ms、100 ms。定时器可以用用户程序存储器内的常数 K 作为设定值，也可以用数据寄存器(D)的内容作为设定值。在后一种情况下，一般使用有掉电保护功能的数据寄存器。即使如此，若备用电池电压降低，定时器或计数器往往会发生误动作。

定时器通道范围如下：

100 ms 定时器 T0～T199，共 200 点，设定值为 0.1～ 3 276.7 s；

10 ms 定时器 T200～T245，共 46 点，设定值为 0.01～327.67 s；

1 ms 积算定时器 T246～T249，共 4 点，设定值为 0.001～32.767 s；

100 ms 积算定时器 T250～T255，共 6 点，设定值为 0.1～3 276.7 s。

⑤ 计数器(C)。

FX_{2N} 中的 16 位增计数器是 16 位二进制加法计数器，它是在计数信号的上升沿进行计数，它有两个输入，一个用于复位，一个用于计数。每一个计数脉冲上升沿使原来的数值减 1，当现时值减到零时停止计数，同时触点闭合。直到复位控制信号的上升沿输入时，触点才断开，设定值又写入，重新进入计数状态。

其设定值在 K1～K32767 范围内有效。设定值 K0 与 K1 含义相同，即在第一次计数时输出触点就动作。通用计数器的通道号为 C0～C99，共 100 点；保持用计数器的通道号为 C100～C199，共 100 点。通用与掉电保持用的计数器点数分配可由参数设置而随意更改。

⑥ 数据寄存器(D)。

数据寄存器是计算机必不可少的元件，用于存放各种数据。FX_{2N} 中每一个数据寄存器都是 16 位(最高位为正、负符号位)，也可用两个数据寄存器合并起来存储 32 位数据(最高位为正、负符号位)。

a. 通用数据寄存器。

通道分配 D0～D199，共 200 点。只要不写入其他数据，已写入的数据不会变化。但是，由 RUN→STOP 时全部数据均清零。若特殊辅助继电器 M8033 已被驱动，则数据不被清零。

b. 停电保持用寄存器。

通道分配 D200～D511，共 312 点，或 D200～D999，共 800 点。由机器的具体型号确定。

基本上同通用数据寄存器。除非改写，否则原有数据不会丢失，不论电源接通与否，PLC 运行与否，其内容都不变化。然而两台 PLC 做点对点的通信时，D490～D509 被用作通信操作。

c. 文件寄存器。

通道分配 D1000～D2999，共 2 000 点。文件寄存器是在用户程序存储器（RAM、EEPROM、EPROM）内的一个存储区，以 500 点为一个单位，最多可在参数设置时到 2 000 点。用外部设备口进行写入操作。PLC 运行时，可用 BMOV 指令读到通用数据寄存器中，但是不能用指令将数据写入文件寄存器。用 BMOV 将数据写入 RAM 后，再从 RAM 中读出。将数据写入 EEPROM 时需要花费一定的时间，请务必注意。

d. RAM 文件寄存器。

通道分配 D6000～D7999，共 2 000 点。驱动特殊辅助继电器 M8074，由于采用扫描被禁止，上述的数据寄存器可作为文件寄存器处理，用 BMOV 指令传送数据（写入或读出）。

e. 特殊用寄存器。

通道分配 D8000～D8255，共 256 点。写入特定目的的数据或已经写入数据寄存器，其内容在电源接通时写入初始化值（一般先清零，然后由系统 ROM 写入）。

（2）参照图 2-2 所示电气原理图写出 I/O 分配表（见表 2-2），画出 I/O 接线图（见图 2-3）并转换成梯形图（见图 2-4）；根据 I/O 接线图接图 2-2 所示线。

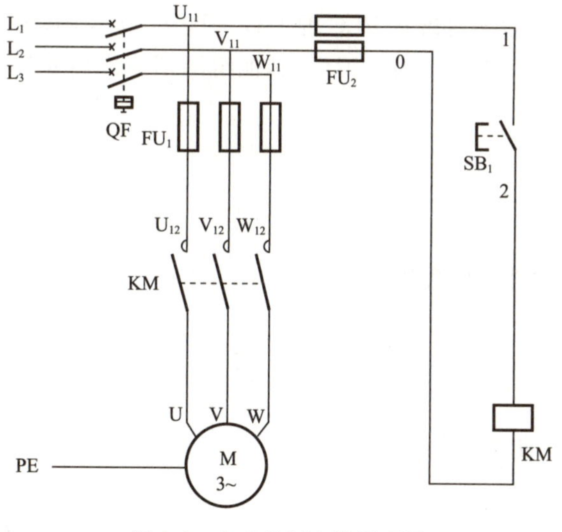

图 2-2　点动控制电路原理图

表 2-2　I/O 分配表

输　入			输　出		
输入继电器	代号	作用	输出继电器	代号	作用
X0	SB_1	启动按钮	Y0	KM	接入电源

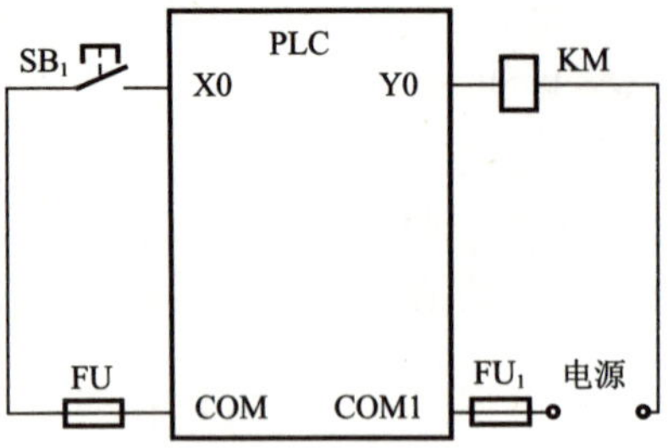

图 2-3 I/O 接线图

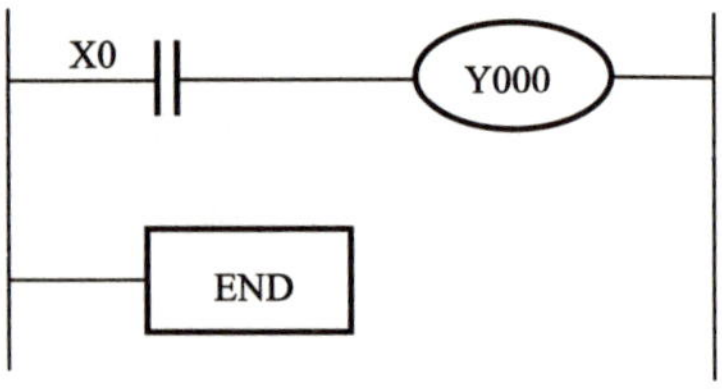

图 2-4 梯形图

二、工具与材料准备

为完成工作任务，每个工作小组需要向工作站内的仓库工作人员提供借用工具清单（见附表 1）和材料清单（见附表 2）。

任务决策

了解 PLC 各软件的作用及使用方法，如何把电气原理图转换成梯形图？相关材料如何领取？

任务实施

实施要求：每组派代表上台展示 PLC 的 I/O 分配表、接线图，转换成梯形图，并诠释梯形的含义；各组展示工具清单表以及梯形图；其他组同学给你们提供了哪些意见或建议，记录在下面。

（1）什么是 PLC 软件？包含哪些软件？

（2）软件 X、Y、M 的地址是如何编号的？

（3）实训任务。

任务一：参照图 2-5 所示电气原理图写出 I/O 分配表（见表 2-5），画出 I/O 接线图并转换成梯形图。

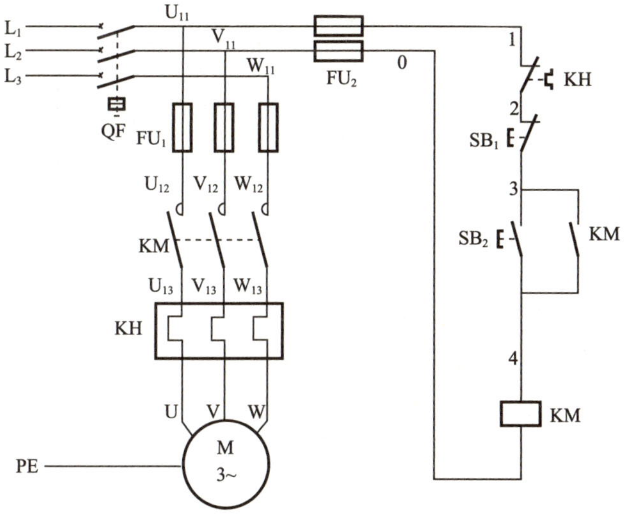

图 2-5　自锁控制电路原理图

表 2-3　I/O 分配表

输　　入			输　　出		
输入继电器	代号	作用	输出继电器	代号	作用

I/O 接线图：　　　　　　　　　　梯形图：

任务二：参照图 2-6 所示电气原理图写出 I/O 分配表（见表 2-6），画出 I/O 接线图并转成梯形图。

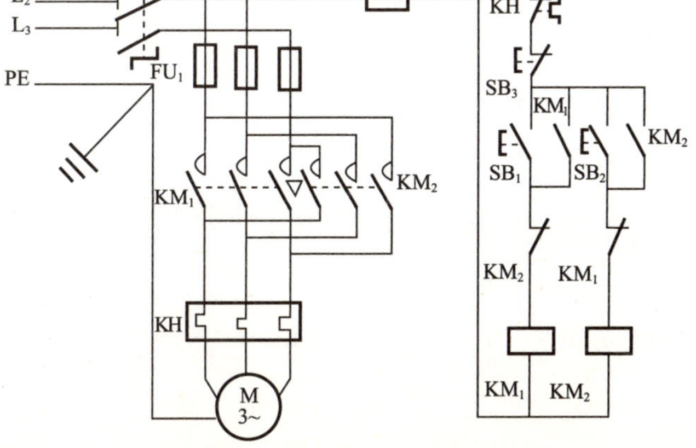

图 2-6　正反转控制电路原理图

表 2-4 I/O 分配表

输入			输出		
输入继电器	代号	作用	输出继电器	代号	作用

I/O 接线图：

梯形图：

任务评价

将你们组的程序与其他组(员)的程序进行对比，发现异同，在组内和组外进行充分的讨论，得出最佳程序，并下载到 PLC 中进行调试和修改。

(1) 各小组派代表详解任务的作答，并作分析。

(2) 各小组派人叙述本组答案，接受全体同学的提问，各题完成情况记录如下。

① 什么是 PLC 的软件？包含哪些软件？

② 软件 X、Y、M 的地址是如何编号的？

③ 回答任务一的相关问题。

④ 回答任务二的相关问题。

其他小组提出的改进建议：

(3) 学生自我评估与总结。

① 你掌握了哪些知识点？

② 你在编程、接线、调试过程中出现了哪些问题，你是怎么解决的？

③ 你觉得完成的任务中哪些地方做得比较好，哪些地方做得不够好(编程、接线、调试)？

④ 你有哪些地方还没掌握好，还不够清楚？

⑤ 说说你的心得体会。

(4) 小组评估与总结。

(5) 教师评估(根据各小组学生完成任务的表现，给予综合评价，同时给出该工作任务的正确答案供学生参考)。

(6) 各小组对工作岗位的“6S”处理。

小组和教师都完成工作任务总结以后，各小组必须对自己的工作岗位进行“6S”处理(“6S”指“整理、整顿、清扫、清洁、安全、素养”)，归还所借的工具、量具和实习工件。

(7) 评价表(见表 2-5)。

表 2-5　“任务 2　认识 PLC 软件”评价表

班级：________ 小组：________ 姓名：________		指导教师：________ 日　　期：________					
评价项目	评价标准	评价依据	评价方式			权重	得分小计
			学生自评 20%	小组互评 30%	教师评价 50%		
职业素养	① 遵守企业规章制度、劳动纪律； ② 按时、按质完成工作任务； ③ 积极、主动承担工作任务，勤学好问； ④ 人身安全与设备安全； ⑤ 工作岗位“6S”完成情况	① 出勤； ② 工作态度； ③ 劳动纪律； ④ 团队协作精神				0.3	

续表 2-5

评价项目	评价标准	评价依据	评价方式			权重	得分小计
			学生自评 20%	小组互评 30%	教师评价 50%		
专业能力	① 掌握几种软件的功用； ② 软件的地址编号方式； ③ 根据电气原理图画出I/O分配表、接线图，并转换成梯形图； ④ 能独立进行程序的输入与调试； ⑤ 具有较强的信息分析、处理能力	① 操作的准确性和规范性； ② 工作页或项目技术总结的完成情况； ③ 专业技能任务的完成情况				0.5	
创新能力	① 在任务完成过程中能提出自己的方案； ② 在教学或生产管理上提出建议，具有创新性	① 方案的可行性及意义； ② 建议的可行性				0.2	
合计							

技能拓展

在一些电气原理图中有时间继电器，对应的PLC程序应如何去转换？

任务三
三菱 PLC FXGP/WIN-C 编程软件的安装与基本操作

工作任务

学会三菱 PLC FXGP/WIN-C 编程软件的安装与基本操作。

任务目标

(1) 学会三菱 PLC FXGP/WIN-C 编程软件的安装与基本操作。

(2) 学会在计算机上编辑如图 3-1 所示的梯形图,并下载到 PLC 中。

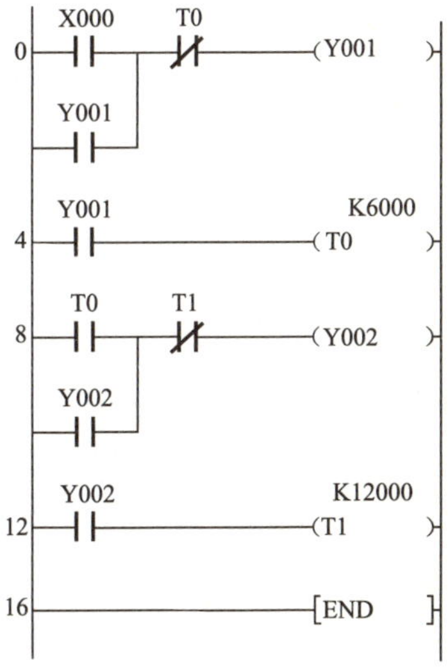

图 3-1　梯形图

任务要求

(1) 学会三菱 PLC FXGP/WIN-C 编程软件的安装。

(2) 学会启动和退出三菱 PLC FXGP/WIN-C 编程软件。

(3) 学会创建、打开、保存、删除和关闭工程。

(4) 学会输入和编辑梯形图程序。

(5)学会下载、上传 PLC 程序。

(6)学会远程控制、监视 PLC 的运行。

能力目标

(1) 学会三菱 PLC FXGP/WIN-C 编程软件的安装。

(2) 学会三菱 PLC FXGP/WIN-C 编程软件的基本操作。

任务准备

一、理论知识

(1) 软件介绍。

三菱公司 FX 系列 PLC 早期编程软件的名称为 FXGP/WIN,本书介绍的版本为 FXGP/WINV330(中文版),由于该版本对于初学者来说比较容易接受,同时在步进指令中使用比较方便,所以先简单介绍安装和使用方法。

(2) FXGP/WIN 编程软件的安装过程。

如图 3-2 所示，点击该文件夹，该软件含有两个文件夹，如图 3-3 所示。

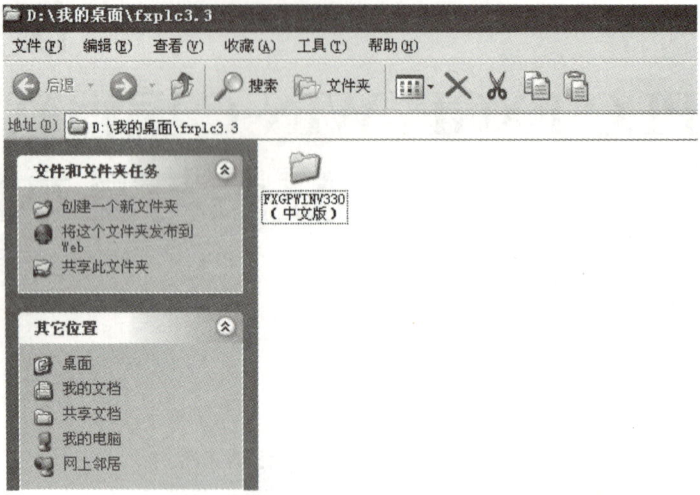

图 3-2 安装界面 1

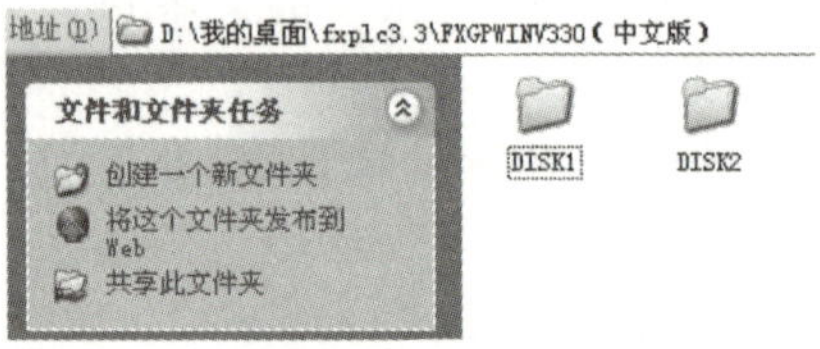

图 3-3 安装界面 2

点击文件名为"DISK1"的文件夹，出现如图 3-4 所示的界面。

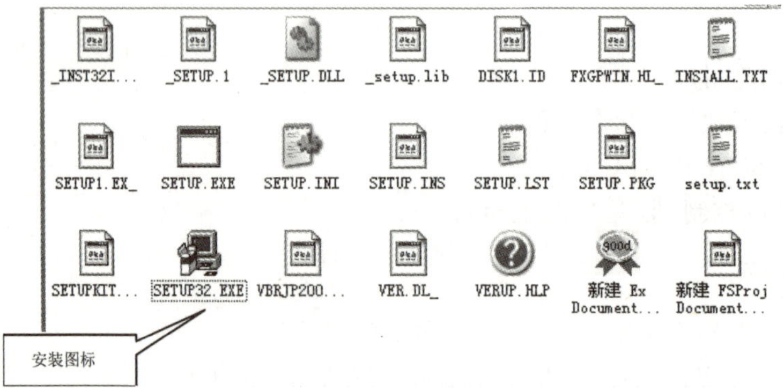

图 3-4 安装界面 3

双击安装图标，即可安装。

二、程序输入和编辑

软件安装完毕即可使用，使用方法如下。

(1) 打开程序。

单击"开始"→"程序"→"MELSEC-F FX Applications 应用程序"→"FXGP_WIN-C"即可打开程序，如图 3-5。

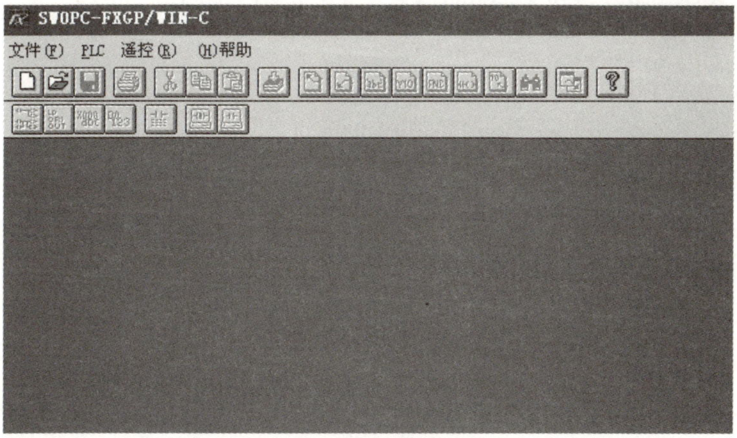

图 3-5　打开程序画面

(2) 创建新工程。

单击“文件(F)”→“新文件”或单击图标即出现如图 3-6 所示的对话框，要求进行“PLC 类型设置”。

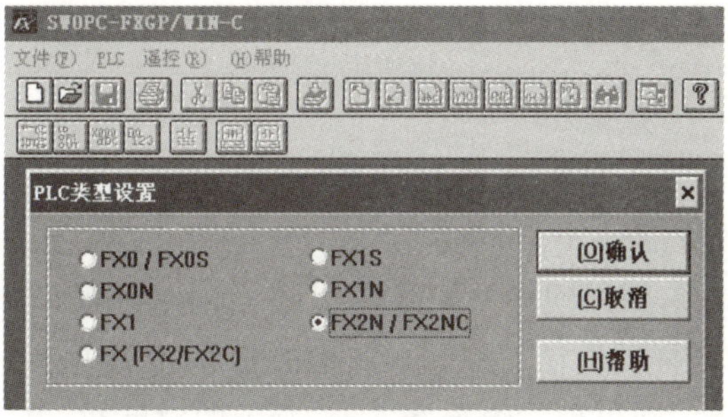

图 3-6　PLC 类型设置

选择与 PLC 相对应的型号，点击“确认”，进入编程界面，如图 3-7 所示。

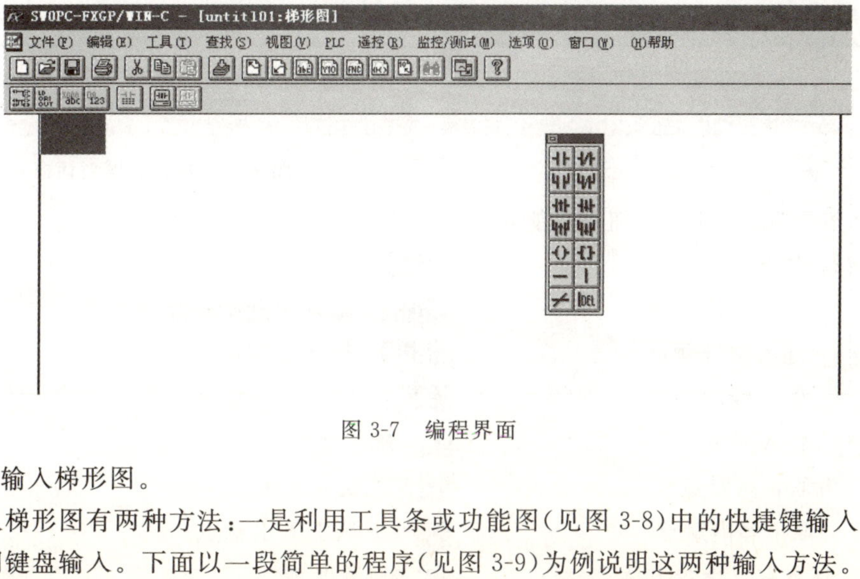

图 3-7　编程界面

(3) 输入梯形图。

输入梯形图有两种方法：一是利用工具条或功能图(见图 3-8)中的快捷键输入；另一种是直接用键盘输入。下面以一段简单的程序(见图 3-9)为例说明这两种输入方法。

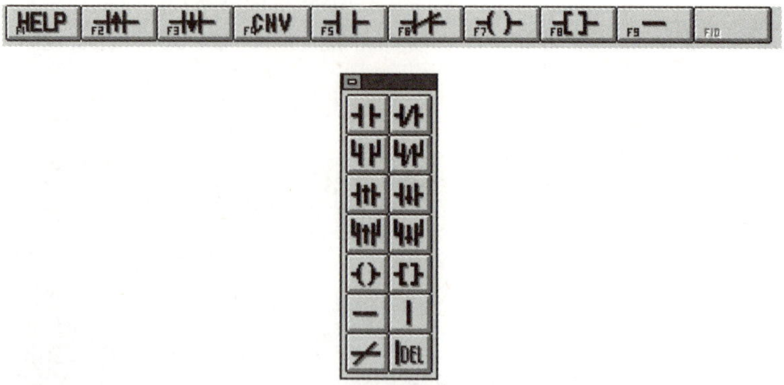

图 3-8　工具条和功能图

图 3-9　程序实例

① 用工具条中的快捷键输入。

输入触点：点击，则出现一个如图 3-10 所示的对话框，在对话框中输入 X0，点击“确定”则触点输入。用同样的方法可以输入其他的常开、常闭触点。

输入线圈：点击，则出现一个如图 3-11 所示的对话框，在对话框中输入 Y1，点击“确定”则线圈输入。用同样的方法可以输入其他程序。

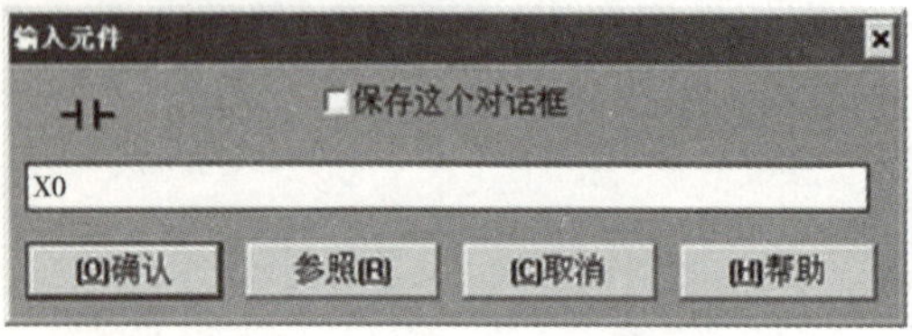

图 3-10　输入触点对话框

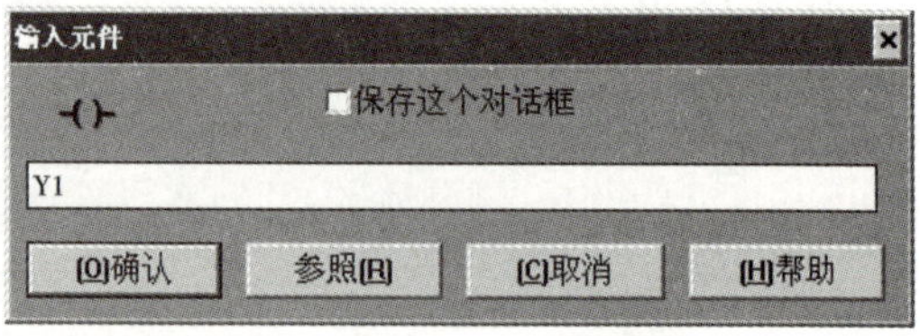

图 3-11　输入线圈对话框

工具条及功能图中各按钮的功能如下：

HELP—帮助　　CNV—转换

—输入下降沿触点　　—输入上升沿触点

—输入常开触点　　—输入常闭触点

—输入线圈　　—输入功能指令

—输入直线　　—输入竖线

—并联常闭触点　　—并联常开触点

—并联下降沿触点　　—并联上升沿触点

—输入取反指令 INV　　DEL—删除竖线

② 用键盘输入。

如果键盘使用熟练，直接从键盘输入则更方便，效率更高，不用点击工具栏中的按钮。首先使光标处于第一行的首端。在键盘上直接敲入 ID X0，同样出现一个对话框，如图 3-12 所示。再敲回车键(Enter)，则程序输入。接着键入 OUT Y1；再敲回车键(Enter)，则线圈输入。再输入 OR Y1，回车即可……

图 3-12　输入常开触点

用键盘输入时可以不考虑程序中各触点的连接关系，常开触点用 LD，常闭触点用 LDI，线圈用 OUT，功能指令直接输入助记符和操作数。但要注意助记符和操作数之间用空格隔开。对于出现分支、自锁等关系的可以直接用竖线补上。通过一定的练习和摸索，就能熟练地掌握程序输入的方法。

(4) 梯形图编辑。

在输入梯形图时常需要对梯形图进行编辑，如插入、删除等操作。

① 触点的修改、添加和删除。

修改：把光标移在需要修改的触点上，直接输入新的触点，回车即可；则新的触点覆盖原来的触点。也可以把光标移到需要修改的触点上，双击则出现一个对话框(见图 3-13)，在对话框中输入新触点的标号，回车即可。

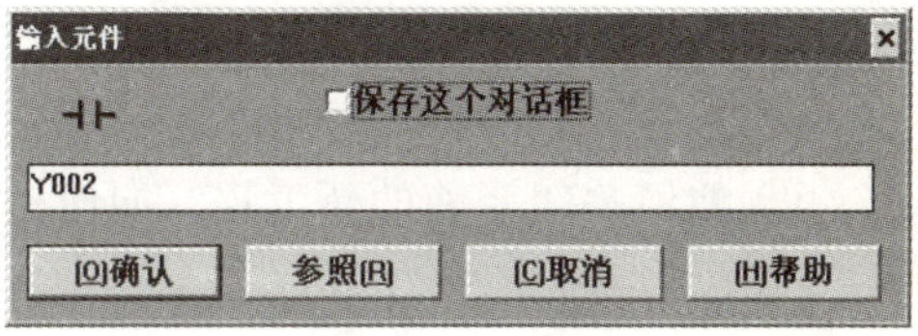

图 3-13　输入触点号

添加：把光标移在需要添加触点处，直接输入新的触点，回车即可。

删除：把光标点在需要删除的触点上，再按键盘的“Delete”键即可删除，再点击直线，回车即可。用直线覆盖原来的触点。

② 行插入和行删除。

在进行程序编辑时通常要插入或删除一行或几行程序，操作方法如下。

行插入：先将光标移到要插入行的地方，点击“编辑(E)”弹出下拉菜单，再点击“行插入(I)”，则在光标处出现一个空行，就可以输入一行程序；用同样的方法可以继续插入行。

行删除：先将光标移到要删除行的地方，点击“编辑(E)”弹出下拉菜单，再点击“行删除(L)”，则删除了一行；用同样的方法可以继续删除。

(5) 程序的转换。

程序通过编辑以后，电脑界面的底色是灰色的，要通过转换变成白色才能传给 PLC。转换方法：直接敲击功能键“F4”即可；点击菜单条中的“工具(T)”→弹出下拉菜单→在下拉菜单中点击“转换(C)”即可；直接点击菜单中的转换按钮。

任务决策

当你获得以上知识以后，你就可以与本组同学进行程序的输入和编辑的准备。

(1) 检查 PLC 与计算机的连接，使 PLC 处于“STOP”状态，接通电源。

(2) 编程软件安装操作。

① 你可以尝试按照上面的方法安装好编程软件。如有问题，请自己解决或寻找本组同学帮助。

② 启动编程软件，建立一个新工程。

任务实施

（1）梯形图的输入和编辑。

请同学们将图 3-1 所示的梯形图输入计算机中。

① 输入继电器用符号__________表示，输出继电器用符号__________表示。

② X0 表示地址编号是__________ 的输入继电器。Y2 表示地址编号是__________ 的输出继电器。T0 后面的 K6000 表示__________。

③ 程序中 END 表示__________。

④ 常开触点的符号是__________，常闭触点的符号是__________，输出线圈的符号是__________。

（2）在编辑过程中碰到以下问题，你和你的组员如何解决？

① 如何保存你创建的新工程？

② 如何关闭当前的新工程？如何打开保存的新工程？

③ 如何输入和删除特殊功能线圈？

④ 在梯形图中怎样执行“插入行”“删除行”等操作？

⑤ 如何转换编辑好的梯形图？

⑥ 如何将编辑好的程序下载到 PLC 中？

任务评价

将你们组编辑好的程序与其他组(员)的程序进行对比,仔细检查是否存在错误,并尝试下载到 PLC 中。

(1) 各小组派代表展示梯形图(利用投影仪),并尝试解析程序含义。

(2) 请记录梯形图的功能。

(3) 学生自我评估与总结。

① 你掌握了哪些知识点?

② 你在编程、接线、调试过程中出现了哪些问题,你是怎么解决的?

③ 你觉得完成的任务中哪些地方做得比较好,哪些地方做得不够好(编程、接线、调试)?

④ 你有哪些地方还没掌握好,哪些地方还不够清楚?

⑤ 说说你的心得体会。

(4) 小组评估与总结。

(5) 教师评估(根据各小组学生完成任务的表现,给予综合评价,同时给出该工作任务的正确答案供学生参考)。

(6) 各小组对工作岗位的“6S”处理。

小组和教师都完成工作任务总结以后,各小组必须对自己的工作岗位进行“6S”处理(“6S”指“整理、整顿、清扫、清洁、安全、素养”),归还所借的工具、量具和实习工件。

(7) 评价表(见表 3-1)。

表 3-1 “任务 3 三菱 PLC FXGP/WIN-C 编程软件的安装与基本操作”评价表

<table>
<tr><td colspan="3">班级：________
小组：________
姓名：________</td><td colspan="6">指导教师：________
日　　期：________</td></tr>
<tr><td rowspan="2">评价项目</td><td rowspan="2">评价标准</td><td rowspan="2">评价依据</td><td colspan="3">评价方式</td><td rowspan="2">权重</td><td rowspan="2">得分小计</td></tr>
<tr><td>学生自评
20%</td><td>小组互评
30%</td><td>教师评价
50%</td></tr>
<tr><td>职业素养</td><td>① 遵守企业规章制度、劳动纪律；
② 按时、按质完成工作任务；
③ 积极、主动承担工作任务，勤学好问；
④ 人身安全与设备安全；
⑤ 工作岗位“6S”完成情况</td><td>① 出勤；
② 工作态度；
③ 劳动纪律；
④ 团队协作精神</td><td></td><td></td><td></td><td>0.3</td><td></td></tr>
<tr><td>专业能力</td><td>① 熟练制作 PLC 的 I/O 分配表；
② 掌握传送指令和移位指令的综合应用；
③ 熟练运用 PLC 编程软件进行彩灯花样编程设计；
④ 能独立进行程序的输入与调试；
⑤ 具有较强的信息分析、处理能力</td><td>① 操作的准确性和规范性；
② 作页或项目技术总结的完成情况；
③ 专业技能任务的完成情况</td><td></td><td></td><td></td><td>0.5</td><td></td></tr>
<tr><td>创新能力</td><td>① 在任务完成过程中能提出自己的方案；
②在教学或生产管理上提出建议，具有创新性</td><td>① 方案的可行性及意义；
② 建议的可行性</td><td></td><td></td><td></td><td>0.2</td><td></td></tr>
<tr><td>合计</td><td colspan="8"></td></tr>
</table>

技能拓展

(1) 如何将 PC 中的程序上传到 PLC 中?

(2) 如何实现梯形图的监控功能?

任务四 GX Developer 编程软件的安装与基本操作

工作任务

学会 GX Developer 编程软件的安装与基本操作。

任务目标

(1) 学会 GX Developer 编程软件的安装与基本操作。

(2) 学会在 PC 机上编辑如图 4-1 所示的梯形图，并下载到 PLC 中进行仿真运行。

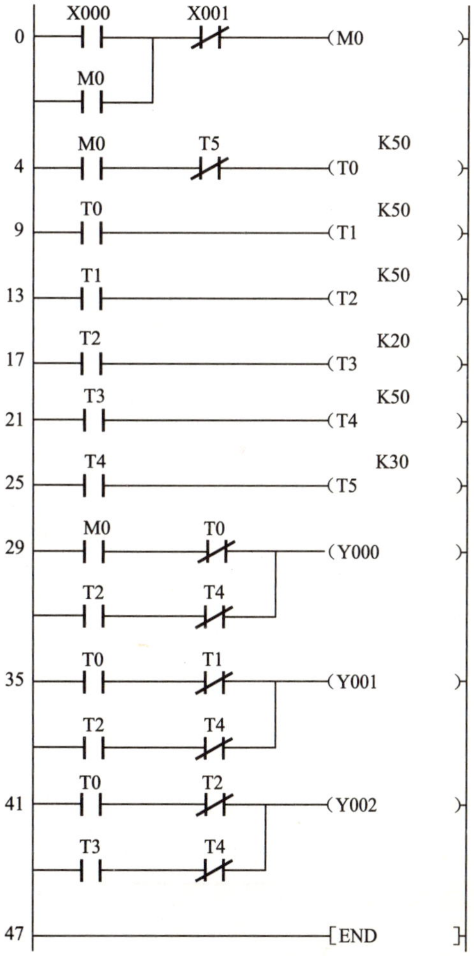

图 4-1　梯形图

任务要求

(1) 学会三菱 PLC GX Developer 编程软件的安装。

(2) 学会启动和退出三菱 PLC GX Developer 编程软件。

(3) 学会创建、打开、保存、删除和关闭工程。

(4) 学会输入和编辑梯形图程序。

(5)学会下载和上传 PLC 程序。

(6) 学会利用软件的仿真功能进行程序的仿真运行。

能力目标

(1) 学会 PLC GX Developer 编程软件的安装。

(2) 学会 PLC GX Developer 编程软件的基本操作。

任务准备

一、理论知识

1. 软件介绍

把三菱公司推出的 GX Simulator6-C 仿真软件和 GX Developer 开发软件装在一起时，GX Developer 不仅具有一般的编译功能，还具有仿真功能，能在脱离 PLC 的情况下调试程序。

2. GX Developer 编程软件的安装

该软件含有两个文件夹，如图 4-2 所示。打开第一个文件夹 GX-Simulator6-C(仿真)，如图 4-3 所示，初次安装该软件要先安装该文件夹内 "EnvMEL"文件，打开该"EnvMEL"，如图 4-4 所示，双击安装图标即可安装。

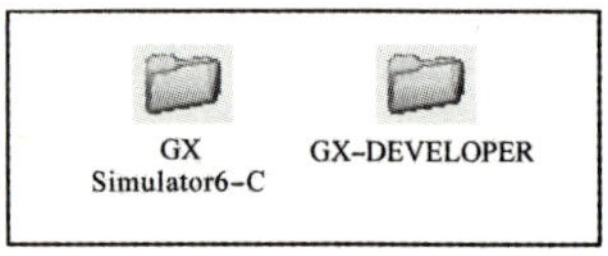

图 4-2　软件包中含有的两个文件

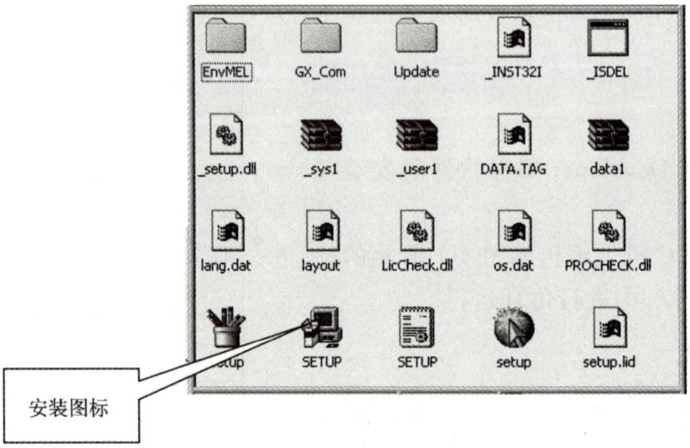

图 4-3　GX-Simulator6-C 的内容

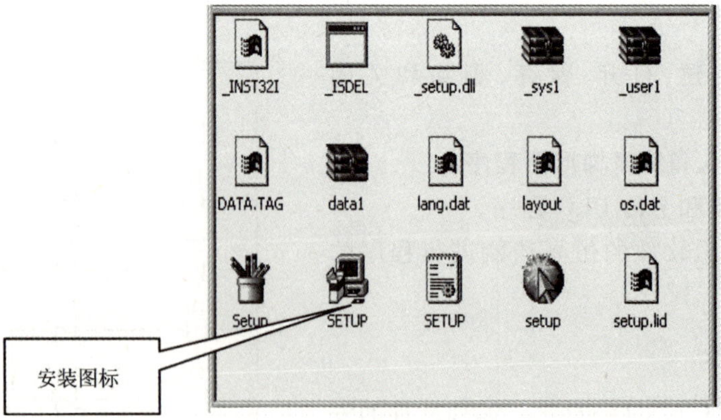

图 4-4　EnvMEL 的内容

用同样的方法安装第二个文件"GX-Developer(开发)"。注意：两个文件要求安装在同一目录下。

3. 程序输入和编辑

软件安装完毕以后即可使用，使用方法如下。

（1）打开程序。

单击“开始”→“程序”→“MELSOFT 应用程序”→“GX Developer” 即打开程序，如图 4-5 所示。

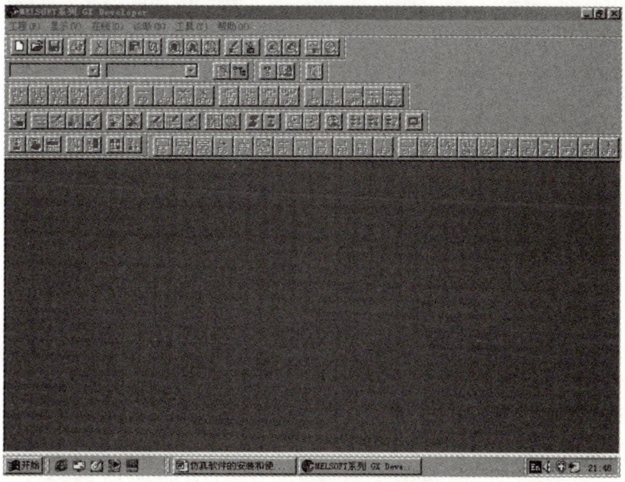

图 4-5　打开程序画面

（2）创建新工程。

单击“工程(F)”→“创建新工程(N)”或单击图标即出现如图 4-6 所示的对话框，要求选择“PLC 系列”和“PLC 类型”以及选择“程序类型”。对话框中默认为“梯形图逻辑”。单击“设置工程名”，在“工程名”框中输入工程名。选择工程保存路径，点击“确定”，新工程建立完毕。

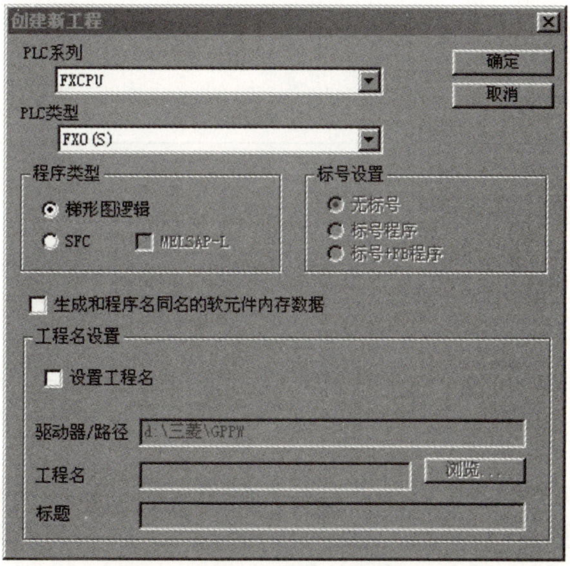

图 4-6　选择 PLC 系列和 PLC 类型

（3）输入梯形图。

进入编程界面，如图 4-7 所示。本软件可用于三菱 A 系列、Q 系列和 FX 系列等的 PLC。

图 4-7　编程界面

输入梯形图有两种方法：一是利用工具条（图 4-8）中的快捷键输入；另一种是直接用键盘输入。程序如图 4-9 所示。

图 4-8　工具条

图 4-9　程序

① 用工具条中的快捷键输入。

输入触点：点击F5，则出现一个如图 4-10 所示的对话框，在对话框中输入 X0，点击“确定”则触点输入，用同样的方法可以输入其他的常开、常闭触点。

图 4-10　输入触点对话框

输入线圈：点击，出现如图 4-11 所示的对话框，在对话框中输入 Y0，点击“确定”，则线圈输入。用同样的方法可以输入其他程序。

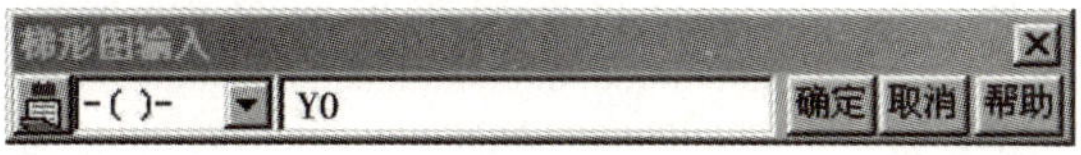

图 4-11　输入线圈对话框

工具条中各按钮的功能。

—输入自锁常开触点　　—输入自锁常闭触点

—输入常闭触点　　—输入功能指令

—输入直线　　—输入竖线

—删除直线　　—删除竖线

—产生分支　　—删除分支

② 用键盘输入。

如果键盘使用熟练，直接从键盘输入则更方便，效率更高，不用点击工具栏中的按钮。首先使光标处于第一行的首端，在键盘上直接敲入 ID X0，同样出现一个对话框，如图 4-12 所示；再敲回车键(Enter)，则程序输入。接着键入 OUT Y0；再敲回车键(Enter)线圈输入。再输入 OR Y0，回车即可……

图 4-12　常开触点输入

用键盘输入时可以不管程序中各触点的连接关系，常开触点用 LD，常闭触点用 LDI，线圈用 OUT，功能指令直接输入助记符和操作数。但要注意助记符和操作数之间用空格隔开。对于出现分支、自锁等关系的可以直接用竖线补上。通过一定的练习和摸索就能熟练地掌握程序输入的方法。梯形图编辑、程序转换、程序传送(PLC)等功能类似于 FX 编程软件。

任务决策

当你获得以上知识以后，你就可以与本组同学进行程序的输入和编辑的准备。

(1) 检查 PLC 与 PC 的连接，使 PLC 处于“STOP”状态，接通电源。

(2) 编程软件安装操作。

① 你可以尝试按照上面的方法安装好编程软件。如有问题，请自己解决或寻找本组同学帮助。

② 启动编程软件，建立一个新工程。

任务实施

(1) 梯形图的输入和编辑。

请将图 4-1 所示的梯形图输入到 PC 中。

① 输入继电器用符号________表示，输出继电器用符号________表示。

② X0 表示地址编号是________的输入继电器，Y2 表示地址编号是________的输出

继电器，M0 表示地址编号是________的辅助继电器，T5 后面的 K30 表示________。

③ 程序中的 END 表示__________。

④ 常开触点的符号是__________，常闭触点的符号是__________，输出线圈的符号是__________。

⑤ 串联常开触点的指令是__________，串联常闭触点的指令是__________。

⑥ 并联常开触点的指令是__________，并联常闭触点的指令是__________。

⑦ 程序的仿真功能是指__________。

(2) 在编辑过程中，碰到以下问题，你和你的组员如何解决？

① 如何关闭当前的新工程？如何打开你所保存的新工程？

② 在梯形图中怎样执行触点的修改、添加和删除等操作？

③ 特殊功能线圈如何输入？又如何删除？

④ 在梯形图中怎样执行“插入行”“删除行”等操作？

(3) 在仿真过程中碰到以下问题，你和你的组员如何解决？

① 如何进行 PLC 程序的写入？

② 如何进行 PLC 程序的读取？

③ 在没有 PLC 的情况下，如何进行程序的仿真运行？

④ 在仿真操作中如何监控位元件 Y0 的状态和时序图？

任务评价

将你们组编辑好的程序与其他组（员）的程序进行对比，仔细检查是否存在错误，并尝试下载到 PLC 中进行仿真运行。

（1）各小组派代表展示如何进行程序仿真运行（利用投影仪），并尝试解析程序含义。

（2）程序仿真运行的操作步骤。

（3）学生自我评估与总结。

① 你掌握了哪些知识点？

② 你在编程、接线、调试过程中出现了哪些问题，你是怎么解决的？

③ 你觉得完成的任务中哪些地方做得比较好，哪些地方做得不够好（编程、接线、调试）？

④ 你有哪些地方还没掌握好，哪些地方还不够清楚？

⑤ 说说你的心得体会。

（4）小组评估与总结。

（5）教师评估（根据各小组学生完成任务的表现，给予综合评价，同时给出该工作任务的正确答案供学生参考）。

（6）各小组对工作岗位的“6S”处理。

小组和教师都完成工作任务总结以后，各小组必须对自己的工作岗位进行“6S”处理

（“6S”指“整理、整顿、清扫、清洁、安全、素养”），归还所借的工具、量具和实习工件。

（7）评价表（见表 4-1）。

表 4-1 “任务 4 GX Developer 编程软件的安装与基本操作”评价表

班级：______ 小组：______ 姓名：______		指导教师：______ 日　　期：______					
评价项目	评价标准	评价依据	评价方式			权重	得分小计
			学生自评 20%	小组互评 30%	教师评价 50%		
职业素养	① 遵守企业规章制度、劳动纪律； ② 按时、按质完成工作任务； ③ 积极、主动承担工作任务，勤学好问； ④ 人身安全与设备安全； ⑤ 工作岗位“6S”完成情况	① 出勤； ② 工作态度； ③ 劳动纪律； ④ 团队协作精神				0.3	
专业能力	① 熟练制作 PLC 的 I/O 分配表； ② 掌握传送指令和移位指令的综合应用； ③ 熟练运用 PLC 编程软件进行彩灯花样编程设计； ④ 能独立进行程序的输入与调试； ⑤ 具有较强的信息分析、处理能力	① 操作的准确性和规范性； ② 作页或项目技术总结的完成情况； ③ 专业技能任务的完成情况				0.5	
创新能力	① 在任务完成过程中能提出自己的方案； ② 在教学或生产管理上提出建议，具有创新性	① 方案的可行性及意义； ② 建议的可行性				0.2	
合计							

技能拓展

请尝试分析图 4-1 所示梯形图的程序含义。

任务五
用 PLC 控制直流电动机的正反转

任务名称

用 PLC 控制直流电动机的正反转。

建议学时

6 学时。

任务描述

利用 PLC 控制三相异步电动机。

任务要求

(1) 有两台直流电动机，经中间继电器 KA 接在 PLC 的输出继电器 Y0～Y3 上，要求被控制的两台直流电动机在按下启动按钮 SB_1 后 M_1 正转 5 s 停止→M_2 正转 5 s 停止→M_1 反转 5 s 停止→M_2 反转 5 s 停止，以此循环。

(2) 各小组发挥团队协作精神，共同设计出 PLC 的 I/O 分配表和 PLC 程序，下载到 PLC 内，验证程序功能，调整、优化程序。

能力目标

(1) 掌握领料清单表的填写，PLC 输入、输出的接线。

(2) 掌握 LD、LDI、OUT、AND、ANI 等基本指令的使用。

(3) 掌握积算定时器 T 的使用。

(4) 掌握直流电动机正反转的梯形图设计、调试方法。

(5) 锻炼同组成员的团队协作精神。

任务准备

一、理论知识

1. *直流电动机由正向运行转换为反向运行的方法*

(1) 控制直流电动机的单向连续运行，设置停止按钮，编好程序下载到 PLC 中，并按图 5-1 接好线。

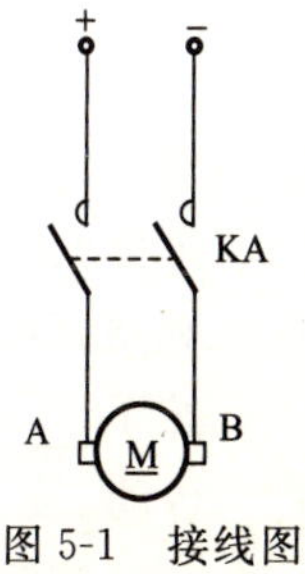

图 5-1　接线图

(2) 按下启动按钮，电动机运行，观察电动机的运行方向是顺时针还是逆时针。

(3) 按下停止按钮，电动机停转后把直流电动机的 A、B 两个接线端的接插线对调。

(4) 再次启动电动机，观察电动机的转动方向。

结论：把通入直流电动机电源的正负极对调，即可实现直流电动机的反转。

2. 设计 I/O 分配表

在设计 PLC 程序之前，需要对 PLC 的外围资源有充分的了解(包括有哪些控制按钮？直流电动机在哪？分别用什么符号表示？直流电动机的工作电源等)，形成一定的编程思路，然后设计出 PLC 的 I/O 分配表(或称地址表)，分配表的基本信息应该包含输入端和输出端以及各端口的作用说明。

3. 直流电动机正转控制部分的功能要求

直流电动机正反转的控制：用两个继电器来实现直流电动机的正反转控制，KA_1 闭合正转，KA_2 闭合反转，主电路如图 5-2 所示。

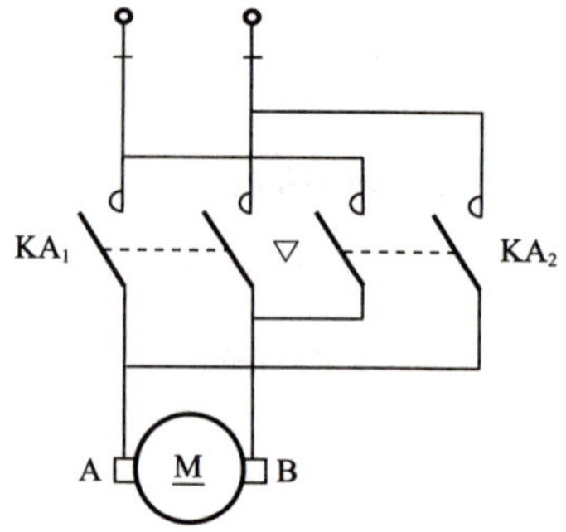

图 5-2 直流电动机正反转电路

仔细研究主电路，KA_1 与 KA_2 能不能同时闭合？为什么？在编程时又如何解决 KA_1 与 KA_2 的触头同时闭合的问题？

如图 5-3 所示的这段程序不够完善：当 X1 与 X2 同时闭合时 Y0 与 Y1 同时输出，即 KA_1 与 KA_2 线圈会同时得电，触头同时闭合，主电路形成短路。如何解决 Y0 与 Y1 不能同时输出的问题？

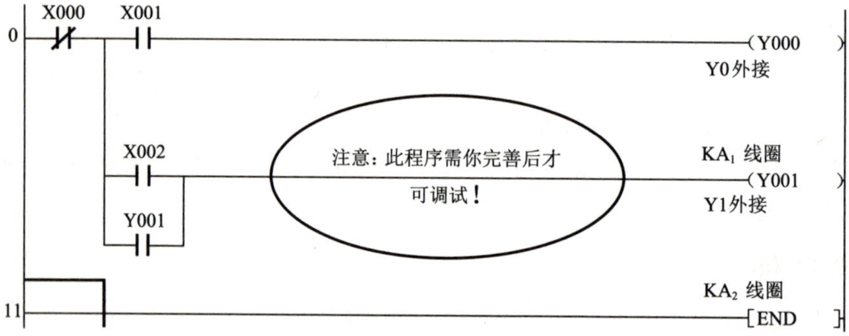

图 5-3 程序

完善后的程序：

把修改后的程序下载到 PLC 中，并按照 I/O 接线图接好线，如图 5-4 所示，认真检查，仔细观察直流电动机的运行方向。

按下________按钮，输入继电器________接通，直流电动机________(顺时针或逆时针)转动；按下________按钮，输出继电器________失电，直流电动机停止惯性转动；按下________按钮，输入继电器________接通，直流电动机________(顺时针或逆时针)转动。

4. 试一试

(1) 第一种控制方式。

按下 SB_2 直流电动机连续正转，按下 SB_3 直流电动机连续反转，按下 SB_1 直流电动机停止。

(2) 第二种控制方式。

按下启动按钮正转 5 s，停止 3 s 后，反转5 s 后自动停止。

按下启动按钮正转 5 s，停止 3 s 后，反转5 s，停止 3 s，正转实现自动循环。

(3) 第三种控制方式。

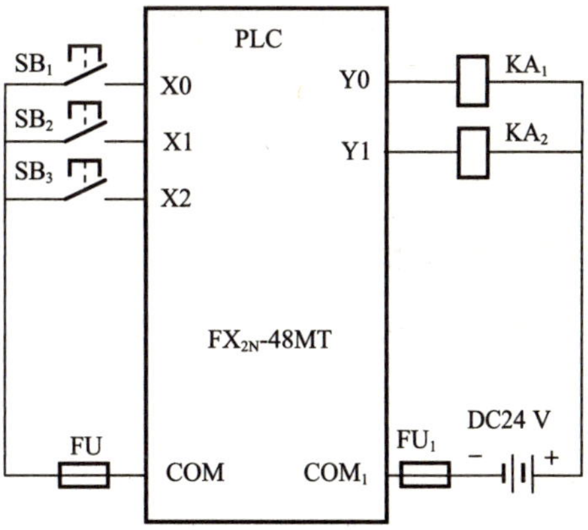

图 5-4 I/O 接线图

2 台电动机：按下 SB_1，M_1、M_2 正转 5 s 停止；按下 SB_2，M_1、M_2 反转 5 s 停止；程序应有急停功能，试编写出程序并调试。

(4) 第四种控制方式。

2 台电动机：按下 SB_1，M_1、M_2 正转 5 s 停止，3 s 后 M_1、M_2 反转 5 s 停止，试编写出程序并调试。

二、工具与材料准备

为完成工作任务，每个工作小组需要向工作站内的仓库工作人员提供借用工具清单(见附表 1)和材料清单(见附表 2)。

任务决策

(1) 按照上面的编程思路制定 PLC 的 I/O 分配表(见表 5-1)。

表 5-1 I/O 分配表

输入			输出		
输入继电器	元件代号	作用	输出继电器	元件代号	作用
X0			Y0		
X1			Y1		
X2			Y2		
X3			Y3		
X4			Y4		

(2) 各组画图表达本组的编程思路。

任务实施

(1) 设计直流电动机控制部分的 PLC 程序(梯形图)。

参考依据：PLC 的 I/O 分配表、直流电动机的控制要求、PLC 的 I/O 接线图。

(2) 根据以上信息编制出直流电动机的控制程序。

任务评价

将你们组的程序与其他组(员)的程序进行对比,发现异同,在组内和组外进行充分的讨论,得出最佳程序,并下载到 PLC 中进行调试和修改。

(1) 各小组派代表展示梯形图(利用投影仪),并解析程序含义。

(2) 各小组派人展示直流电动机的控制效果,接受全体同学的检阅,测试直流电动机控制要求的实现情况。

启动控制功能:______

M_1 电动机正转功能:______

M_1 电动机反转功能:______

M_2 电动机正转功能:______

M_2 电动机反转功能:______

延时功能:______

停止控制功能:______

其他小组提出的改进建议:

(3) 学生自我评估与总结。

① 你掌握了哪些知识点?

② 你在编程、接线、调试过程中出现了哪些问题,你是怎么解决的?

③ 你觉得完成的任务中哪些地方做得比较好,哪些地方做得不够好(编程、接线、调试)?

④ 你有哪些地方还没掌握好,还不够清楚?

⑤ 说说你的心得体会。

(4) 小组评估与总结。

(5) 教师评估(根据各小组学生完成任务的表现,给予综合评价,同时给出该工作任务的正确答案供学生参考)。

(6) 各小组对工作岗位的“6S”处理。

小组和教师都完成工作任务总结以后,各小组必须对自己的工作岗位进行“6S”处理(“6S”指“整理、整顿、清扫、清洁、安全、素养”),归还所借的工具、量具和实习工件。

(7) 评价表(见表 5-2)。

表 5-2 “任务 5　用 PLC 控制直流电动机的正反转”评价表

班级:________ 小组:________ 姓名:________		指导教师:________ 日　　期:________					
评价项目	评价标准	评价依据	评价方式			权重	得分小计
			学生自评 20%	小组互评 30%	教师评价 50%		
职业素养	① 遵守企业规章制度、劳动纪律; ② 按时、按质完成工作任务; ③ 积极、主动承担工作任务,勤学好问; ④ 人身安全与设备安全; ⑤ 工作岗位“6S”完成情况	① 出勤; ② 工作态度; ③ 劳动纪律; ④ 团队协作精神				0.3	
专业能力	① 掌握领料清单表的填写; ② 掌握 LD、LDI、OUT、AND、ANI 等基本指令的使用; ③ 熟练掌握定时器 T 的使用; ④ 熟练掌握直流电动机的接线、梯形图的设计和调试方法; ⑤ 具有较强的信息分析、处理能力	① 操作的准确性和规范性; ② 工作页或项目技术总结的完成情况; ③ 专业技能任务的完成情况				0.5	
创新能力	① 在任务完成过程中能提出自己的方案; ② 在教学或生产管理上提出建议,具有创新性	① 方案的可行性及意义; ② 建议的可行性				0.2	
合计							

技能拓展

1. 知识扩展——积算定时器的应用

(1) 1 ms 积算定时器(T246～T249)共 4 点,是对 1 ms 时钟脉冲进行累积计数,定时的时间范围为 0.001～32.767 s。

（2）100 ms 积算定时器（T250～T255）共 6 点，是对 100 ms 时钟脉冲进行累积计数，定时的时间范围为 0.1～3 276.7 s。

把图 5-5 的程序下载到 PLC 中，并把输入、输出连接好，进行上机调试。完成以上的任务后，执行下面的技能扩展内容。

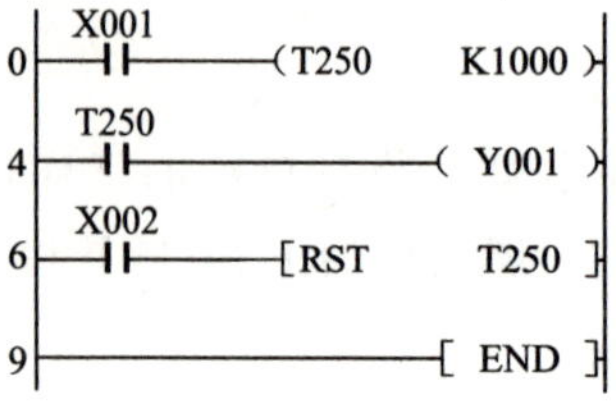

0	LD	X001	
1	LUT	T250	K1000
4	LD	T250	
5	OUT	Y001	
6	LD	X002	
7	RST	T250	
9	END		

（a）程序

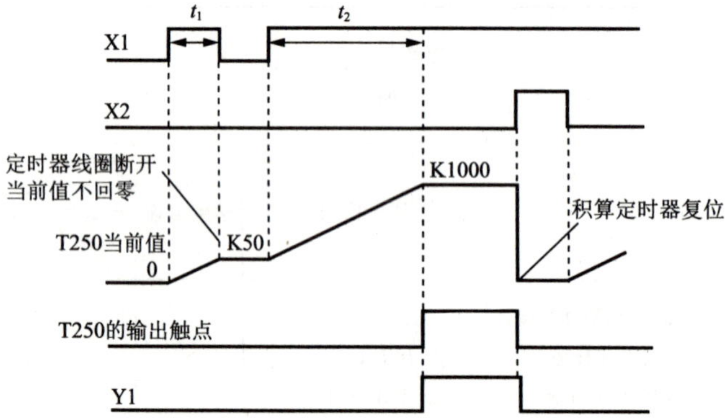

（b）时序图

图 5-5 积算定时器举例

2. 技能扩展

任务提出：按下启动按钮正转 5 s 停止，3 s 后，反转 5 s 停止，3 s 后，正转实现自动循环。要求在运行期间，按住暂停按钮时电动机停止运行，当松开暂停按钮后，电动机以暂停前的状态继续运行。

任务六
三相异步电动机的 Y-△降压启动控制

任务名称

三相异步电动机的 Y-△降压启动控制程序设计。

建议学时

6 学时。

任务描述

利用 PLC 控制三相异步电动机 Y-△降压启动。

任务要求

(1) 一台三相异步电动机经接触器 KM 接在 PLC 的输出继电器 Y 上。要求按下正转按钮 SB_1，电动机以 Y-△方式正向启动，Y 形接法运行 5 s 后转换为△形运行。按下停止按钮 SB_3，电动机停止运行。

按下反转按钮 SB_2，电动机以 Y-△方式反向启动，Y 形接法运行 5 s 后转换为△形运行。按下停止开关 SB_3，电动机停止运行。

(2) 用置位、复位指令完成指定要求。

能力目标

(1) 掌握置位、复位指令。

(2) 掌握利用 FX_{2N}-48MT 的 PLC 控制不同电压等级负载的方法。

(3) 掌握 FX_{2N}-48MT 的 PLC 控制三相交流电动机的接线方法。

任务准备

一、理论知识

1. 置位、复位指令

SET 为自保持(置位)指令。指令使被操作的目标元件置位并保持。

RST 为解除(复位)指令。指令使被操作的目标元件复位并保持清零状态。

(1) 把上面程序输入编程软件并下载到 PLC 中，Y10 接 HL_1。

(2) 按下______按钮，HL_1 灯亮，松开______按钮，HL_1 ______，按下______按钮，HL_1

灯________。

(3) 在使用置位、复位指令时，程序中只有SET没有RST指令可以吗？为什么？

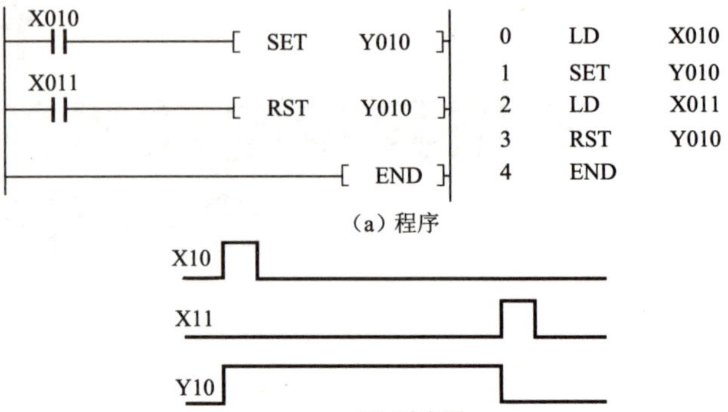

图 6-1 SET、RST 指令的使用

2. 三相异步电动机 Y-△降压启动控制部分的功能要求

三相交流异步电动机启动时电流较大，一般是额定电流的 4～7 倍。故功率较大的电动机应采用降压启动方式，Y-△降压启动是常用的方法之一。

启动时，定子绕组首先接成 Y 形，待转速上升到接近额定转速时，再将定子绕组的接线换成△形，电动机便进入全电压正常运行状态。

图 6-2 为接触器实现的 Y-△降压启动的主电路。图 6-3 为 PLC 控制交流接触器电路图。由图 6-2 可知，首先合上刀开关 QS，当接触器 KM_1 及 KM_3 接通时电动机 Y 形启动。当接触器 KM_1 及 KM_2 接通时电动机△形运行。线路中 KM_2 和 KM_3 的常闭触点构成电气互锁，保证电动机绕组只能接成一种形式，即 Y 形或△形，以防止同时连接成 Y 形和△形而造成电源短路。

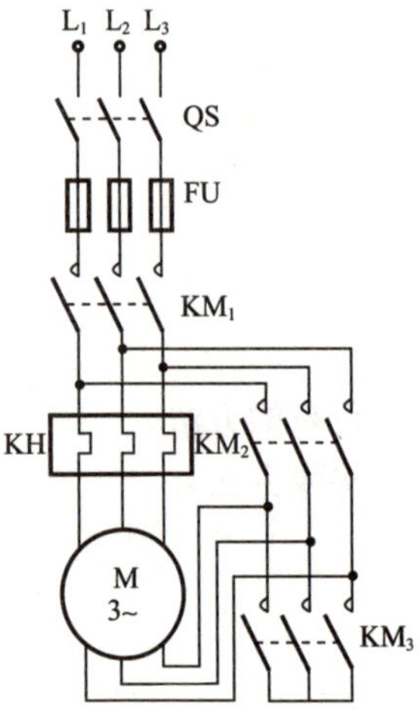

图 6-2 主电路

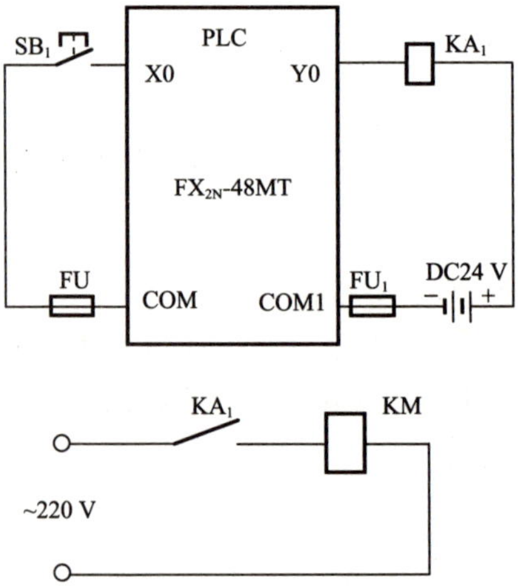

图 6-3 PLC 控制交流接触器电路图

3. 完成下面的任务

任务：按下启动按钮 SB_1，电动机以 Y 形方式启动，按下 SB_2 转换为△形运行。按下停止按钮 SB_3，电动机停止运行。

(1) 根据任务要求，制定 PLC 的 I/O 分配表(见表 6-1)。

表 6-1　I/O 分配表

输　　入			输　　出		
输入继电器	元件代号	作用	输出继电器	元件代号	作用
		Y 形启动			接入电源
		△形运行			连接成 Y 形
		停止			连接成△形
		过载保护			

(2) 根据 I/O 分配表画出 PLC 的 I/O 接线图。

(3) 在编程前先完成下面的填空。

按下 SB_1，输出继电器______和______得电，三相异步电动机______连接成______启动，电动机转速上升到接近额定转速时按下 SB_2，输出继电器______失电，______和______得电，三相异步电动机接成______运行，按下 SB_3，输出继电器______和______失电，电动机停止运转。

(4) 根据上面的思路，编出控制程序。

4. 试一试

(1) 第一种控制方式。

按下启动按钮 SB_1，电动机以 Y 形方式启动，Y 形接法运行 5 s 后转换为△形运行。按下停止按钮 SB_3，电动机停止运行。

(2) 第二种控制方式。

按下启动按钮 SB_1，电动机以 Y 形方式启动，Y 形接法运行 5 s 后转换为△形运行。运行 1 h 后电动机自动停止。

(3) 第三种控制方式。

两台三相异步电动机控制：均采用 Y-△降压启动，Y 形接法运行 5 s 后转换为△形运行。工作方式：按下启动按钮 M_1，电动机启动运行 1 h 后 M_2 电动机启动运行，按下停止按钮 M_2，停止 1 h 时后 M_1 自动停止。

二、工具与材料准备

为完成工作任务，每个工作小组需要向工作站内的仓库工作人员提供借用工具清单(见附表 1)和材料清单(见附表 2)。

任务决策

(1) 按照上面的编程思路制定 PLC 的 I/O 分配表(见表 6-2)。

表 6-2　I/O 分配表

输　　入			输　　出		
输入继电器	元件代号	作用	输出继电器	元件代号	作用
X0			Y0		
X1			Y1		
X2			Y2		
X3			Y3		
X4			Y4		
X5			Y5		

（2）各组画图表达本组的编程思路。

任务实施

（1）设计三相异步电动机的 Y-△降压启动控制部分的 PLC 程序（梯形图）。

参考依据：PLC 的 I/O 分配表、Y-△降压启动的控制要求、PLC 的 I/O 接线图。

（2）部分功能的梯形图参考。

三相异步电动机的 Y-△降压启动程序参考如图 6-4 所示。Y10：接入电源；Y11：连接成 Y 形；Y12：连接成△形。

图 6-4　三相异步电动机的 Y-△降压启动程序参考

（3）根据以上信息编制出 Y-△降压启动控制程序。

任务评价

将你们组的程序与其他组(员)的程序进行对比，发现异同，在组内和组外进行充分的讨论，得出最佳程序，并下载到 PLC 中进行调试和修改。

(1) 各小组派代表展示梯形图(利用投影仪)，并解析程序含义。

(2) 各小组派人展示控制效果，接受全体同学的检阅，测试 Y-△降压启动控制要求的实现情况。

启动控制功能：________________

停止控制功能：________________

第一种电动机控制功能：________________

第二种电动机控制功能：________________

第三种电动机控制功能：________________

其他小组提出的改进建议：

(3) 学生自我评估与总结。

① 你掌握了哪些知识点?

② 你在编程、接线、调试过程中出现了哪些问题，你是怎么解决的?

③ 你觉得完成的任务中哪些地方做得比较好，哪些地方做得不够好(编程、接线、调试)?

④ 你有哪些地方还没掌握好，还不够清楚?

⑤ 说说你的心得体会。

(4) 小组评估与总结。

(5) 教师评估(根据各小组学生完成任务的表现，给予综合评价，同时给出该工作任务的正确答案供学生参考)。

(6) 各小组对工作岗位的“6S”处理。

小组和教师都完成工作任务总结以后，各小组必须对自己的工作岗位进行“6S”处理（“6S”指“整理、整顿、清扫、清洁、安全、素养”），归还所借的工具、量具和实习工件。

(7) 评价表(见表6-3)。

表6-3 “任务6 三相异步电动机的Y-△降压启动控制”评价表

班级：________ 小组：________ 姓名：________		指导教师：________ 日　　期：________					
评价项目	评价标准	评价依据	评价方式			权重	得分小计
			学生自评 20%	小组互评 30%	教师评价 50%		
职业素养	① 遵守企业规章制度、劳动纪律； ② 按时、按质完成工作任务； ③ 积极、主动承担工作任务，勤学好问； ④ 人身安全与设备安全； ⑤ 工作岗位“6S”完成情况	① 出勤； ② 工作态度； ③ 劳动纪律； ④ 团队协作精神				0.3	
专业能力	① 掌握基本指令SET、RST的用法； ② 掌握数码显示管的使用方法； ③ 熟练运用PLC编程软件进行抢答器编程设计； ④ 能独立进行程序的输入与调试； ⑤ 具有较强的信息分析、处理能力	① 操作的准确性和规范性； ② 工作页或项目技术总结的完成情况； ③ 专业技能任务的完成情况				0.5	
创新能力	① 在任务完成过程中能提出自己的方案； ② 在教学或生产管理上提出建议，具有创新性	① 方案的可行性及意义； ② 建议的可行性				0.2	
合计							

技能拓展

(1) 用置位、复位指令完成下面的任务设计。

按下启动按钮SB_1，电动机以Y形方式启动，按下SB_2转换为△形运行，按下停止按钮SB_3，电动机停止运行。

要求：画出I/O分配表、I/O接线图和梯形图。

I/O 分配表：

梯形图：

I/O 接线图：

(2) 把你前面所设计的程序用置位、复位指令进行编程。

任务七
用 PLC 控制小车的往复运行

任务名称

用 PLC 控制小车的往复运行。

建议学时

6 学时。

任务描述

在此项典型工作任务中主要使学生掌握 PLC 控制小车的往复运行，实现小车的自动往复运行，并能实现以下功能：① 单循环运动，即工作台前进和后退一次后停止在原位；② 工作台可 n 次循环计数，即工作台前进、后退一次为一个循环，循环 n 次后停止在原位；③ 能无限次循环，直到按下停止按钮。学生接到本任务后应根据任务要求准备工具和仪器仪表，做好工作现场准备，严格遵守作业规范进行施工，线路安装完毕后进行调试，填写相关表格并交指导教师验收。按照现场管理规范清理场地、归置物品。

任务要求

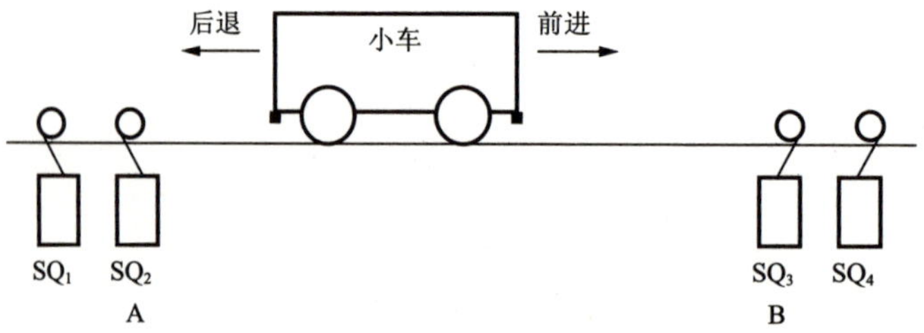

图 7-1　小车控制要求示意图

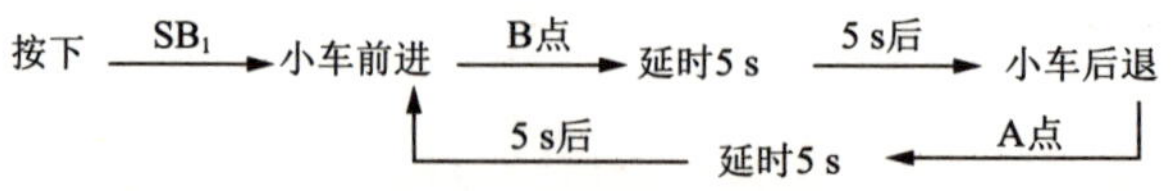

图 7-2　小车控制要求流程图

能力目标

(1) 掌握辅助继电器 M 的使用。

(2) 掌握小车往复运行的梯形图设计、调试方法。

(3) 锻炼同组成员的团队协作精神。

任务准备

为完成工作任务,每个工作小组需要向工作站内的仓库工作人员提供借用工具清单(见附表 1)和材料清单(见附表 2)。

任务决策

(1) 按照上面的编程思路制定 PLC 的 I/O 分配表(见表 7-1)。

表 7-1　I/O 分配表

输　　入			输　　出		
输入继电器	元件代号	作用	输出继电器	元件代号	作用
X0			Y0		
X1			Y1		
X2			Y2		
X3			Y3		
X4			Y4		
X5			Y5		
X6			Y6		

(2) 各组画图表达本组的编程思路。

任务实施

(1) 设计小车往复运行控制部分的 PLC 程序(梯形图)。

参考依据:PLC 的 I/O 分配表、PLC 的 I/O 接线图和小车往复运行控制要求。

(2) 完成下面的任务。

任务:按下启动按钮 SB_1,小车前进至 B 点时停止,按下 SB_2 小车后退至 A 点时停止,在运行过程中按下停止按钮 SB_3,小车应能立即停止运行(SQ_4 与 SQ_1 分别为前后超程限位)。

要求:仔细分析任务,根据前面的思路编出控制程序。

(3) 试一试。

① 第一种控制方式。

按下 SB_1,小车前进至B点后,自动后退至A点停止。

② 第二种控制方式。

按下 SB_1,小车前进至B点后,后退至A点后,又前进,如此循环。

③ 第三种控制方式。

第一次按下 SB_1,小车前进至B点停止,第二次按下 SB_1 后退至A点停止,再次按下 SB_1 小车前进,如此循环。

第一种控制程序:

第二种控制程序:

第三种控制程序:

任务评价

将你们组的程序与其他组(员)的程序进行对比,发现异同,在组内和组外进行充分的讨论,得出最佳程序,并下载到PLC中进行调试和修改。

(1) 各小组派代表展示梯形图(利用投影仪),并解析程序含义。

(2) 各小组派人展示小车往复运行控制效果,接受全体同学的检阅,测试小车往复运行控制要求的实现情况。

启动功能:____________________

停止功能:____________________

其他小组提出的改进建议:

（3）学生自我评估与总结。

① 你掌握了哪些知识点？

② 你在编程、接线、调试过程中出现了哪些问题，你是怎么解决的？

③ 你觉得完成的任务中哪些地方做得比较好，哪些地方做得不够好（编程、接线、调试）？

④ 你有哪些地方还没掌握好，还不够清楚？

⑤ 说说你的心得体会。

（4）小组评估与总结。

（5）教师评估（根据各小组学生完成任务的表现，给予综合评价，同时给出该工作任务的正确答案供学生参考）。

（6）各小组对工作岗位的“6S”处理。

小组和教师都完成工作任务总结以后，各小组必须对自己的工作岗位进行“6S”处理（“6S”指“整理、整顿、清扫、清洁、安全、素养”），归还所借的工具、量具和实习工件。

（7）评价表（见表 7-2）。

表 7-2　“任务 7　用 PLC 控制小车的往复运行”评价表

<table>
<tr><td colspan="3">班级：________
小组：________
姓名：________</td><td colspan="6">指导教师：________
日　　期：________</td></tr>
<tr><td rowspan="2">评价项目</td><td rowspan="2">评价标准</td><td rowspan="2">评价依据</td><td colspan="3">评价方式</td><td rowspan="2">权重</td><td rowspan="2">得分小计</td></tr>
<tr><td>学生自评 20%</td><td>小组互评 30%</td><td>教师评价 50%</td></tr>
<tr><td>职业素养</td><td>① 遵守企业规章制度、劳动纪律；
② 按时、按质完成工作任务；
③ 积极、主动承担工作任务，勤学好问；
④ 人身安全与设备安全；
⑤ 工作岗位“6S”完成情况</td><td>① 出勤；
② 工作态度；
③ 劳动纪律；
④ 团队协作精神</td><td></td><td></td><td></td><td>0.3</td><td></td></tr>
</table>

续表 7-2

评价项目	评价标准	评价依据	评价方式			权重	得分小计
			学生自评 20%	小组互评 30%	教师评价 50%		
专业能力	① 掌握积算定时器 T 的使用； ② 掌握小车往返的梯形图设计、调试方法； ③ 能独立进行程序的输入与调试； ④ 具有较强的信息分析、处理能力	① 操作的准确性和规范性； ② 工作页或项目技术总结的完成情况； ③ 专业技能任务的完成情况				0.5	
创新能力	① 在任务完成过程中能提出自己的方案； ② 在教学或生产管理上提出建议，具有创新性	① 方案的可行性及意义； ② 建议的可行性				0.2	
合计							

技能拓展

1. 知识拓展

(1) 通用辅助继电器(M0～M499)。

FX_{2N}系列有 M0～M499 共 500 个通用辅助继电器。通用辅助继电器在 PLC 运行时如果电源突然断电，则全部线圈均断开。

(2) 断电保持辅助继电器(M500～M3071)。

FX_{2N}系列有 M500～M3071 共 2 572 个断电保持辅助继电器。它与普通辅助继电器的不同是具有断电保护功能，即能记忆电源中断瞬时的状态，并在重新通电后再现其状态。

① 把如图 7-3 所示的程序写入 PLC，将 PLC 由 STOP 置于 RUN 状态。

图 7-3 程序

② X0 闭合，M0 ________，Y0 ________，X2 闭合，M500 ________，Y1 ________。

③ 接着将 PLC 断电，然后再重新接通。

④ 此时 M0 ________，Y0 ________，M500 ________，Y1 ________。

⑤ X3 断开，M500 ________，Y1 ________。

2. 技能拓展

按下启动按钮 SB_1，小车前进至 B 点时停止，按下 SB_2 小车后退至 A 点时停止，在运行过程中按下停止按钮 SB_3，小车应能立即停止运行，若小车在中途时 PLC 突然断电，待下次 PLC 重新得电后小车应能自动地运行到目的地并停止。请按上述要求进行编程。

任务八
用定时器控制交通灯

任务名称

用定时器控制交通灯。

建议学时

6 学时。

任务描述

用可编程控制器可以实现交通灯管制的控制系统，该系统简单、经济，能够有效地疏导交通，提高交通路口的通行能力。交通灯控制系统要求实现正常循环运行和手动运行两种控制方式。在此项典型工作任务中，学生应掌握用定时器控制交通灯的方法。学生接到本任务后，应根据任务要求准备工具和仪器仪表，做好工作现场准备，严格遵守作业规范进行施工，线路安装完毕后进行调试，填写相关表格并交指导教师验收。按照现场管理规范清理场地、归置物品。

任务要求

按下启动按钮，东西红灯亮 30 s，同时南北绿灯亮 25 s 后闪 5 s 灭，南北红灯亮 30 s，同时东西绿灯亮 25 s 闪 5 s 灭，如此循环，程序应设有停止功能(如图 8-1 所示)。

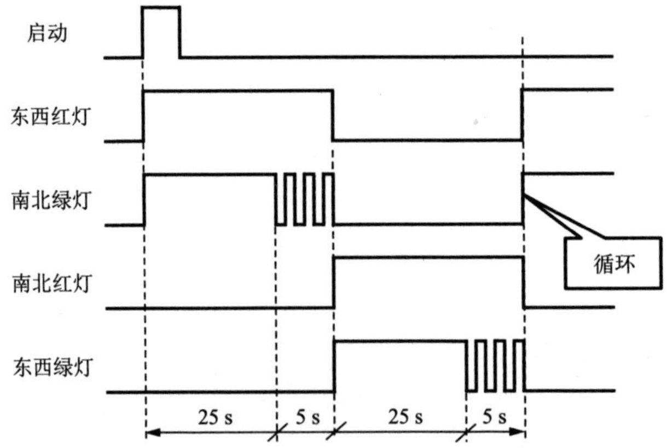

图 8-1　交通灯时序图

能力目标

(1) 利用 PLC 实现对交通灯的控制,进行交通灯的控制程序设计。

(2) 掌握利用定时器控制交通灯的方法。

(3) 掌握特殊辅助继电器的应用。

(4) 学会识读时序图,能根据时序动作图设计出程序。

任务准备

一、理论知识

1. 特殊辅助继电器

FX_{2N}系列中有 256 个特殊辅助继电器,可分成触点型和线圈型两大类。

(1) 触点型。

其线圈由 PLC 自动驱动,用户只可使用其触点。

M8000:运行监视器(在 PLC 运行中接通),M8001 与 M8000 逻辑相反。

M8002:初始脉冲(仅在运行开始时瞬间接通),M8003 与 M8002 逻辑相反。

M8011、M8012、M8013 和 M8014 分别是产生 10 ms、100 ms、1 s 和 1 min 时钟脉冲的特殊辅助继电器。M8000、M8002 和 M8012 波形图如图 8-1 所示。

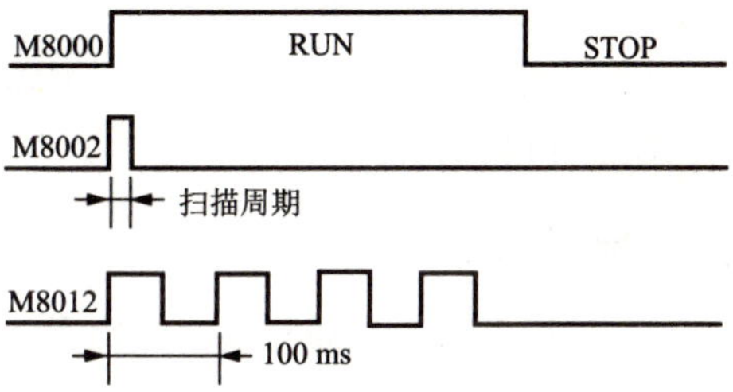

图 8-1　M8000、M8002、M8012 波形图

把图 8-2 的程序下载到 PLC 中运行,并将输出继电器 Y0～Y10 接上指示灯 HL_1～HL_9,仔细观察,通过彩灯的变化总结各特殊辅助继电器的作用。

图 8-2　程序

（2）线圈型。

由用户程序驱动线圈后 PLC 执行特定的动作。

M8033：若使其线圈得电，则 PLC 停止时保持输出映象存储器和数据寄存器的内容。

M8034：若使其线圈得电，则将 PLC 的输出全部禁止。

M8039：若使其线圈得电，则 PLC 按 D8039 中指定的扫描时间工作。

2. 设计 I/O 分配表

在设计 PLC 程序之前，需要对 PLC 的外围资源有充分的了解，形成一定的编程思路，然后设计出 PLC 的 I/O 分配表（或称地址表），分配表的基本信息应该包含输入端和输出端，以及各端口的作用说明。

3. 交通灯控制部分的功能要求

交通灯如图 8-3 所示，请利用指示灯模拟交通灯。

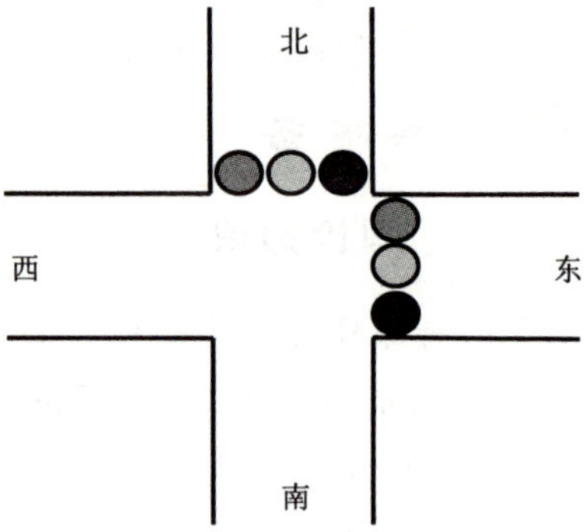

图 8-3 交通灯

二、工具与材料准备

为完成工作任务，每个工作小组需要向工作站内的仓库工作人员提供借用工具清单（见附表 1）和材料清单（见附表 2）。

任务决策

（1）按照上面的编程思路制定 PLC 的 I/O 分配表（见表 8-1）。

表 8-1 I/O 分配表

输入			输出		
输入继电器	元件代号	作用	输出继电器	元件代号	作用
X0			Y0		
X1			Y1		
X2			Y2		
X3			Y3		
X4			Y4		
X5			Y5		

（2）各组画图表达本组的编程思路。

① 每组派代表上台展示 PLC 的 I/O 分配表，并说明 I/O 表的内容。

② 各组以画图的形式展示并说明本组的编程思路。

③ 其他组同学给你们提供了哪些意见或建议。

任务实施

(1) 设计交通灯控制部分的 PLC 程序(梯形图)。

参考依据:PLC 的 I/O 分配表、PLC 的 I/O 接线图和交通灯的控制要求。

(2) 完成下面的任务。

有红绿两盏灯,按下启动按钮 SB_1,绿灯亮 30 s 后停,红灯亮;红灯亮 30 s 后停,绿灯亮,如此循环。按下停止按钮 SB_2,交通灯停止工作。

任务:仔细分析任务;根据上面的思路编出控制程序;连接好外部线路,把程序下载至 PLC 并调试。

(3) 设计以下几种控制方式。

① 第一种控制方式。

单方向灯的控制:红黄绿三种灯,按下启动按钮绿灯亮 25 s 后黄灯亮,黄灯亮 5 s 后红灯亮,红灯亮 30 s 后绿灯亮,如此循环,程序应设有停止功能。请按以上要求编写控制程序。

② 第二种控制方式。

双方向灯的控制:按下启动按钮,南北向绿灯亮 30 s,同时东西红灯亮 30 s 后停止。

③ 第三种控制方式。

按下启动按钮,东西红灯亮 30 s、同时南北绿灯亮 30 s 后灭,南北红灯亮 30 s,同时东西绿灯亮 30 s 后灭,如此循环,程序应设有停止功能(如图 8-4 所示)。

④ 请设计出更多的控制方式。

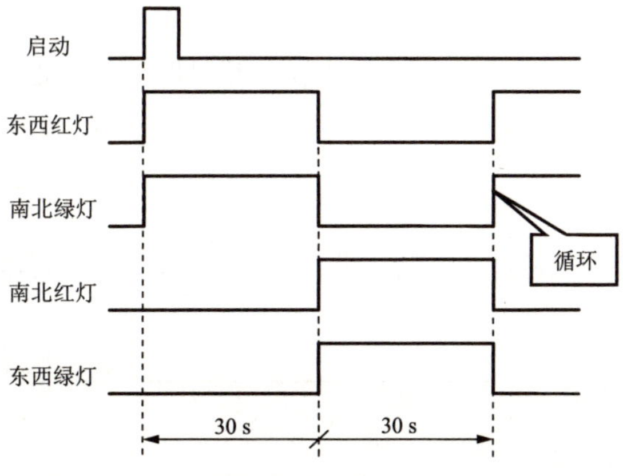

图 8-4 时序图

(3) 掌握以上的信息,编制出前面几种控制任务的程序。

第一种控制程序：

第二种控制程序：

第三种控制程序：

第四种控制程序：

第五种控制程序：

任务评价

将你们组的程序与其他组（员）的程序进行对比，发现异同，在组内和组外进行充分的讨论，得出最佳程序，并下载到 PLC 中进行调试。

（1）各小组派代表展示梯形图（利用投影仪），并解析程序含义。

（2）各小组派人展示交通灯的控制效果，接受全体同学的检阅，测试交通灯控制要求的实现情况。

启动控制功能：________________

停止控制功能：________________

第一种交通灯控制功能：________________

第二种交通灯控制功能：________________

第三种交通灯控制功能：________________

第四种交通灯控制功能：________________

第五种交通灯控制功能：________________

其他小组提出的改进建议：

（3）学生自我评估与总结。

① 你掌握了哪些知识点？

② 你在编程、接线、调试过程中出现了哪些问题，你是怎么解决的？

③ 你觉得完成的任务中哪些地方做得比较好，哪些地方做得不够好（编程、接线、调试）？

④ 你有哪些地方还没掌握好，还不够清楚？

⑤ 说说你的心得体会。

（4）小组评估与总结。

（5）教师评估（根据各小组学生完成任务的表现，给予综合评价，同时给出该工作任务的正确答案供学生参考）。

（6）各小组对工作岗位的“6S”处理。

小组和教师都完成工作任务总结以后，各小组必须对自己的工作岗位进行“6S”处理（“6S”指“整理、整顿、清扫、清洁、安全、素养”），归还所借的工具、量具和实习工件。

（7）评价表（见表 8-2）。

表 8-2　“任务 8　用定时器控制交通灯”评价表

班级：________ 小组：________ 姓名：________		指导教师：________ 日　　期：________					
评价项目	评价标准	评价依据	评价方式			权重	得分小计
			学生自评 20%	小组互评 30%	教师评价 50%		
职业素养	① 遵守企业规章制度、劳动纪律； ② 按时、按质完成工作任务； ③ 积极、主动承担工作任务，勤学好问； ④ 人身安全与设备安全； ⑤ 工作岗位“6S”完成情况	① 出勤； ② 工作态度； ③ 劳动纪律； ④ 团队协作精神				0.3	

续表 8-2

评价项目	评价标准	评价依据	评价方式			权重	得分小计
			学生自评 20%	小组互评 30%	教师评价 50%		
专业能力	① 掌握利用定时器控制交通灯的方法； ② 掌握基本指令的编程； ③ 学会看时序图，会根据时序动作图设计出程序； ④ 能独立进行程序的输入与调试； ⑤ 具有较强的信息分析、处理能力	① 操作的准确性和规范性； ② 工作页或项目技术总结的完成情况； ③ 专业技能任务的完成情况；				0.5	
创新能力	① 在任务完成过程中能提出自己的方案； ② 在教学或生产管理上提出建议，具有创新性	① 方案的可行性及意义； ② 建议的可行性				0.2	
合计							

技能拓展

结合定时器与计数器进行设计：按下启动按钮，指示灯 HL_1 亮 8 h 后，以亮 2 s 灭 2 s 的频率闪 10 s 自动灭，试编程。

任务九
用计数器、定时器控制交通灯

任务名称

用定时器、计数器控制交通灯。

建议学时

6 学时。

任务描述

用可编程控制器可以实现交通灯管制的控制系统，该系统简单、经济，能够有效地疏导交通，提高交通路口的通行能力。交通灯控制系统要求实现正常循环运行和手动运行两种控制方式。在此项典型工作任务中，主要使学生掌握用计数器、定时器控制交通灯的方法。学生接到本任务后，应根据任务要求准备工具和仪器仪表，做好工作现场准备，严格遵守作业规范进行施工，线路安装完毕进行调试，填写相关表格并交指导教师验收。按照现场管理规范清理场地、归置物品。

任务要求

按下启动按钮，东西红灯亮 30 s，同时南北绿灯亮 25 s 后闪 3 s 灭，南北黄灯亮 2 s，然后南北红灯亮 30 s，同时东西绿灯亮 25 s 后闪 3 s 灭，东西黄灯亮 2 s，循环 10 次停，程序应设有停止功能(如图 9-1 所示)。

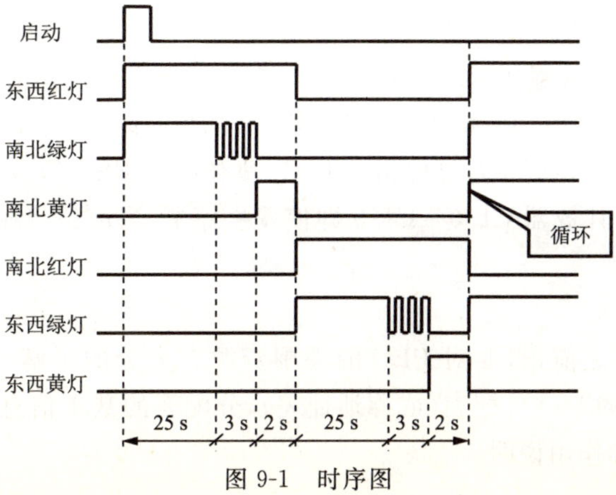

图 9-1　时序图

能力目标

(1) 利用 PLC 实现对交通灯的控制，要求进行交通灯的控制程序设计。

(2) 掌握利用定时器、计数器控制交通灯的方法。

(3) 熟练使用特殊辅助继电器。

(4) 熟练识读时序图，能根据时序动作图设计出程序。

任务准备

一、理论知识

1. 计数器(C)

FX_{2N}中的 16 位增计数器是 16 位二进制加法计数器，它是在计数信号的上升沿进行计数。它有两个输入，一个用于复位，一个用于计数。每一个计数脉冲上升沿使原来的数值加 1，当现时值加到等于 K 值时停止计数，同时触点闭合。直到复位控制信号的上升沿输入时触点才断开，设定值又写入，再又进入计数状态。

其设定值在 K1～K32767 范围内有效。设定值 K0 与 K1 含义相同，即在第一次计数时其输出触点就动作。通用计数器的通道号为 C0～C99，共 100 点。保持用计数器的通道号为 C100～C199，共 100 点。

计数器如图 9-2 所示。

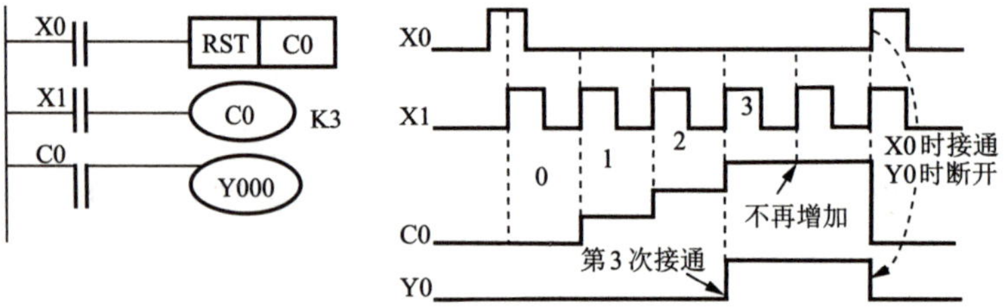

(a) 计数器梯形图　　(b) 计数器时序图

图 9-2　计数器

当计数输入 X1 每次驱动 C0 线圈时，计数器的当前值加 1。当第 3 次执行线圈指令时，计数器 C0 的输出触点动作(常开触点闭合，常闭触点断开)。之后即使计数器输入 X1 再接通，计数器的当前值保持不变。

使用计数器时应注意以下几点：

(1) 当复位输入 X0 接通(ON)时，执行 RST 指令，计数器的当前值为 0，输出接点也复位。

(2) 当 X0 接通时，此时即使接通 X1，计数器 C0 的当前值也不会增加，如图 9-2(b)所示。

(3) 使用计数器时，必须要有复位指令 RST，复位指令 RST 应放在计数器线圈的上面。

(4) 应注意的是，计数器 C100～C199 即使发生停电，当前值与输出触点的动作状态或复位状态也能保持不变。

2. 设计 I/O 分配表

在设计 PLC 程序之前，需要对 PLC 的外围资源有充分的了解，并形成一定的编程思路，然后设计出 PLC 的 I/O 分配表(或称地址表)，分配表的基本信息应该包含有输入端和输出端，以及各端口的作用说明。

3. 交通灯控制部分的功能要求

交通灯如图 9-3 所示，利用指示灯模拟交通灯。

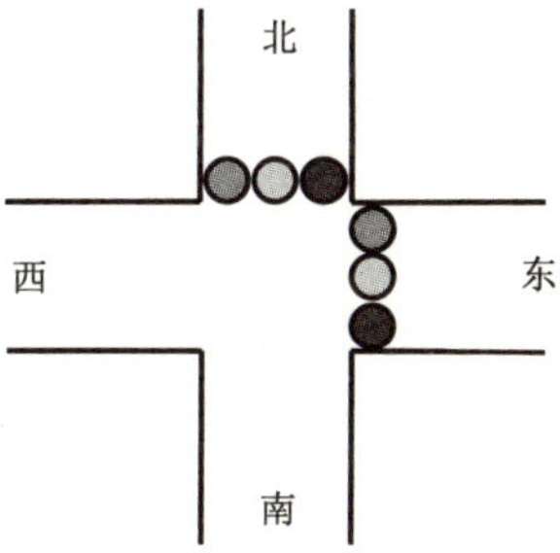

图 9-3　交通灯

二、工具与材料准备

为完成工作任务，每个工作小组需要向工作站内的仓库工作人员提供借用工具清单（见附表 1）和材料清单（见附表 2）。

任务决策

(1) 按照上面的编程思路制定 PLC 的 I/O 分配表（见表 9-1）。

表 9-1　I/O 分配表

输　入			输　出		
输入继电器	元件代号	作用	输出继电器	元件代号	作用
X0			Y0		
X1			Y1		
X2			Y2		
X3			Y3		
X4			Y4		
X5			Y5		
X6			Y6		

(2) 各组画图表达本组的编程思路。

任务实施

实施要求：每组派代表上台展示 PLC 的 I/O 分配表，并说明 I/O 表的内容；各组以画图的形式展示并说明本组的编程思路；其他组同学给你们提供了哪些意见或建议。

(1) 设计交通灯控制部分的 PLC 程序（梯形图）。

参考依据：PLC 的 I/O 分配表、交通灯的控制要求。

(2) 完成下面的任务。

按下启动按钮 SB_1，HL_1 灯亮 5 s 后闪 3 次灭。

任务：仔细分析任务；根据前面的思路编制出控制程序；下载程序并调试。

(3) 设计以下几种控制方式。

① 第一种控制方式。

按下启动按钮,南北向绿灯亮 30 s 后闪亮 5 次灭,同时东西红灯亮 30 s 后闪亮 5 次,如此循环。

② 第二种控制方式。

南北向绿黄红三盏灯,按下启动按钮,绿灯闪亮 20 次后灭,黄灯闪亮 5 次后灭,红灯闪亮 10 次后,如此循环,工作 12 h 后自动停止。

③ 第三种控制方式。

按下启动按钮,东西红灯亮 30 s,同时南北绿灯亮 25 s 后闪 5 s 灭,南北红灯亮 30 s,同时东西绿灯亮 25 s 闪 5 s 灭,循环 5 次停止(如图 9-4 所示)。

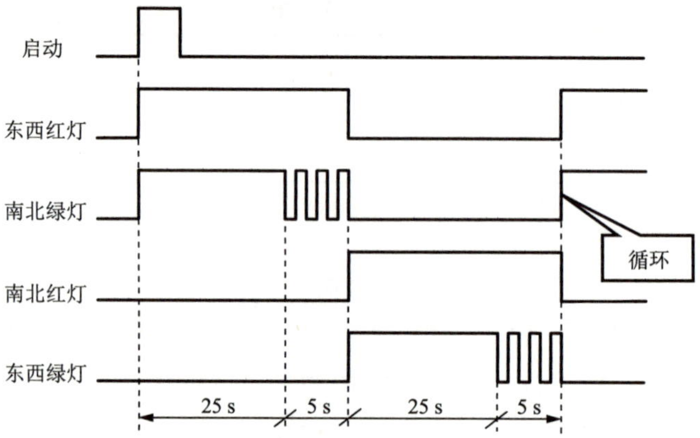

图 9-4 时序图

④ 第四种控制方式。

按下启动按钮,东西红灯亮 30 s,同时南北绿灯亮 25 s 后闪 3 s 灭,南北黄灯亮 2 s 后,南北红灯亮 30 s,同时东西绿灯亮 25 s 后闪 3 s 灭,东西黄灯亮 2 s,循环 8 次(如图 9-5 所示)。

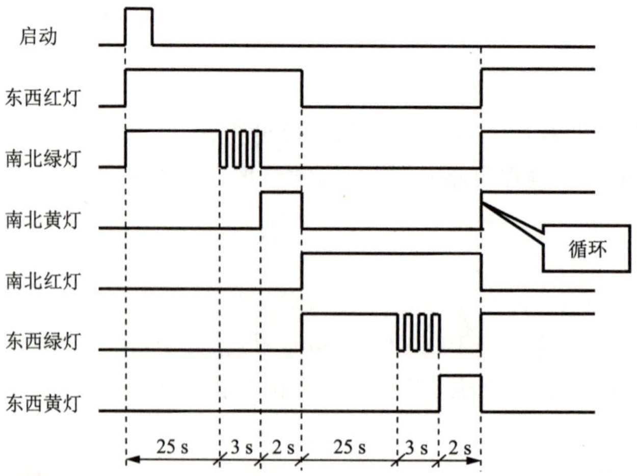

图 9-5 时序图

⑤ 请设计出更多的控制方式。

第一种控制程序:

第二种控制程序：

第三种控制程序：

第四种控制程序：

第五种控制程序：

任务评价

将你们组的程序与其他组（员）的程序进行对比，发现异同，在组内和组外进行充分的讨论，得出最佳程序，并下载到 PLC 中进行调试。

(1) 各小组派代表展示梯形图（利用投影仪），并解析程序的含义。

(2) 各小组派人展示交通灯的控制效果，接受全体同学的检阅，测试交通灯控制要求的实现情况。

启动控制功能：____________________

停止控制功能：____________________

第一种交通灯控制功能：____________________

第二种交通灯控制功能：____________________

第三种交通灯控制功能：____________________

第四种交通灯控制功能：____________________

第五种交通灯控制功能：____________________

其他小组提出的改进建议：

（3）学生自我评估与总结。

① 你掌握了哪些知识点？

② 你在编程、接线、调试过程中出现了哪些问题，你是怎么解决的？

③ 你觉得完成的任务中哪些地方做得比较好，哪些地方做得不够好（编程、接线、调试）？

④ 你有哪些地方还没掌握好，哪些地方还不够清楚？

⑤ 说说你的心得体会。

（4）小组评估与总结。

（5）教师评估（根据各小组学生完成任务的表现，给予综合评价，同时给出该工作任务的正确答案供学生参考）。

（6）各小组对工作岗位的“6S”处理。

小组和教师都完成工作任务总结以后，各小组必须对自己的工作岗位进行“6S”处理（“6S”指“整理、整顿、清扫、清洁、安全、素养”），归还所借的工具、量具和实习工件。

（7）评价表（见表9-2）。

表 9-2 “任务 9 用计数器、定时器控制交通灯”评价表

班级：______ 小组：______ 姓名：______		指导教师：______ 日　　期：______					
评价项目	评价标准	评价依据	评价方式			权重	得分小计
			学生自评 20%	小组互评 30%	教师评价 50%		
职业素养	① 遵守企业规章制度、劳动纪律； ② 按时、按质完成工作任务； ③ 积极、主动承担工作任务，勤学好问； ④ 人身安全与设备安全； ⑤ 工作岗位“6S”完成情况	① 出勤； ② 工作态度； ③ 劳动纪律； ④ 团队协作精神				0.3	

续表 9-2

评价项目	评价标准	评价依据	评价方式			权重	得分小计
			学生自评 20%	小组互评 30%	教师评价 50%		
专业能力	① 利用 PLC 实现对交通灯的控制，要求设计交通灯的控制程序； ② 掌握利用定时器、计数器控制交通灯的方法； ③ 熟练使用特殊辅助继电器； ④ 熟练识读时序图，能根据时序动作图设计出程序； ⑤ 具有较强的信息分析、处理能力	① 操作的准确性和规范性； ② 工作页或项目技术总结的完成情况； ③ 专业技能任务的完成情况				0.5	
创新能力	① 在任务完成过程中能提出自己的方案； ② 在教学或生产管理上提出建议，具有创新性	① 方案的可行性及意义； ② 建议的可行性				0.2	
合计							

技能拓展

根据图 9-6 的时序图，设计出梯形图。

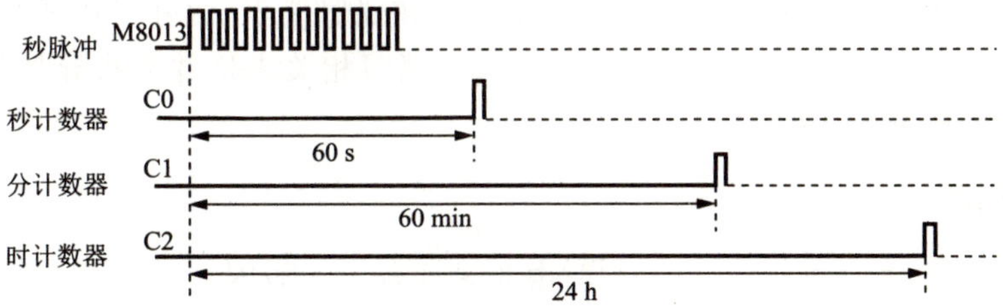

图 9-6　电子钟时序图

任务十 用步进顺序控制法控制交通灯

任务名称

用步进顺序控制法控制交通灯。

建议学时

6 学时。

任务描述

用可编程控制器可以实现交通灯管制的控制系统，该系统简单、经济，能够有效地疏导交通，提高交通路口的通行能力。交通灯控制系统要求实现正常循环运行和手动运行两种控制方式。在此项典型工作任务中，主要使学生掌握用步进顺序控制法控制交通灯的方法。学生接到本任务后，应根据任务要求准备工具和仪器仪表，做好工作现场准备，严格遵守作业规范进行施工，线路安装完毕后进行调试，填写相关表格并交指导教师验收。按照现场管理规范清理场地、归置物品。

任务要求

按下启动按钮，东西红灯亮 30 s，同时南北绿灯亮 25 s 后闪 3 s 灭，南北黄灯亮 2 s 后南北红灯亮 30 s，同时东西绿灯亮 25 s 后闪 3 s 后灭，东西绿灯亮 2 s，如此循环，程序应设有停止功能(如图 10-1 所示)。

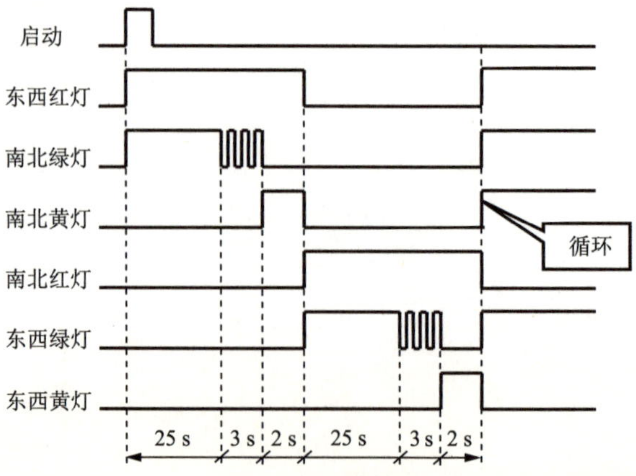

图 10-1　时序图

能力目标

(1) 掌握步进指令的编程方法。

(2) 能根据控制要求的描述独立完成控制交通灯的 PLC 程序。

(3) 能将程序下载到 PLC 中,并根据控制要求调试好程序。

(4) 能独立完成任务。

(5) 利用 PLC 实现对交通灯的控制,要求进行交通灯的控制程序设计。

(6) 掌握利用步进顺序控制法控制交通灯的方法。

(7) 掌握状态继电器(S)的使用。

任务准备

一、控制要求

采用 PLC 技术控制交通灯,利用基础模型上的指示灯模拟交通灯。按下启动按钮,交通灯按相应的任务要求工作。同一方向的红灯和绿灯不能同时亮。系统应设停止功能。各小组发挥团队合作精神,共同设计出 PLC 的 I/O 分配表,并设计出 PLC 程序,下载到控制交通灯的 PLC 内,验证程序功能,调整、优化程序。

1. 工作任务准备

(1) 相关理论知识。

FX 系列 PLC 除基本指令外,还有两条功能很强的步进顺序控制指令,简称步进指令。采用步进指令编程方法简单、规律性较强,初学者较容易掌握,运用步进指令可以编写出较复杂的控制程序。对于具备一定基础的电气设计人员来说,采用步进指令编程可大大提高工作效率,并给调试、修改程序带来很大的方便。

(2) 步进顺序控制的概念。

针对复杂的控制程序,人们一直寻求一种易于构思、易于理解的图形程序。它应有流程图的直观,又有利于复杂控制逻辑关系的分解和综合,这种图就是状态转移图。现用工序来表示三盏彩灯的顺序控制的各个控制步骤,并按照工作顺序将工序连接成如图 10-1 所示的图形,这就是状态转移图的雏形。

按照图 10-1 可以画出三盏彩灯的顺序控制流程图,如图 10-2 所示。在状态转移图(图 10-3)中,一个完整的状态包括以下 3 部分:状态任务,即本状态驱动处理什么;状态转移条件,即满足什么条件实现状态转移;状态转移目标,即转移到什么状态去。

(3) 状态继电器。

① 状态继电器的 5 种类型。

初始状态继电器 S0～S9 共 10 点,回零状态继电器 S10～S19 共 10 点,通用状态继电器 S20～S499 共 480 点,具有状态断电保持的状态继电器 S500～S899 共 400 点,供报警用的状态继电器(可用作外部故障诊断输出)S900～S999 共 100 点。

在使用状态继电器时应注意:状态继电器与辅助继电器一样有无数的常开和常闭触点;状态继电器不与步进顺控指令 STL 配合使用时,可像辅助继电器 M 一样使用;FX_{2N} 系列 PLC 可通过程序设定将 S0～S499 设置为有断电保持功能的状态器。

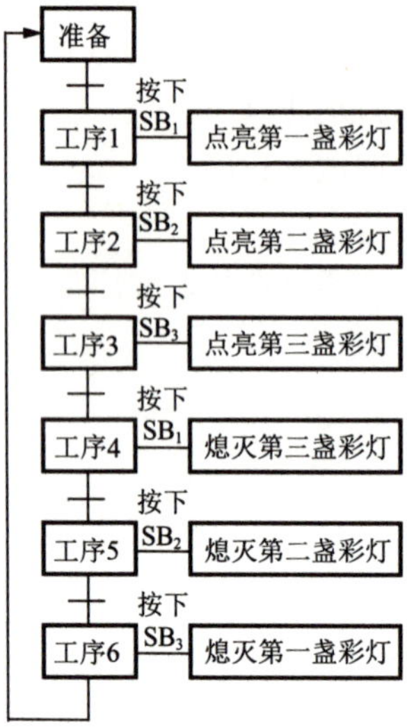

图 10-1　工序图

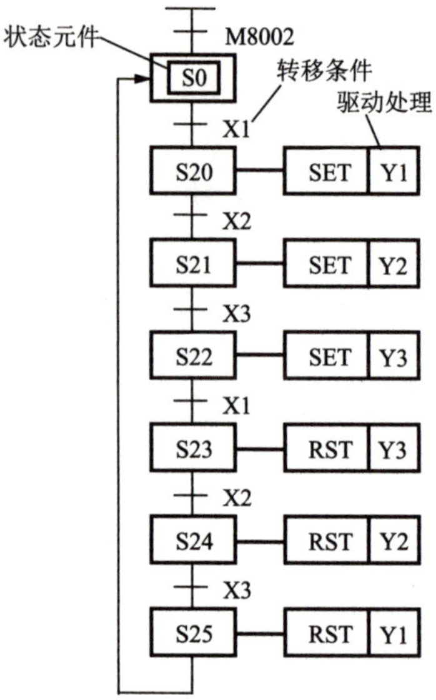

图 10-2　流程图

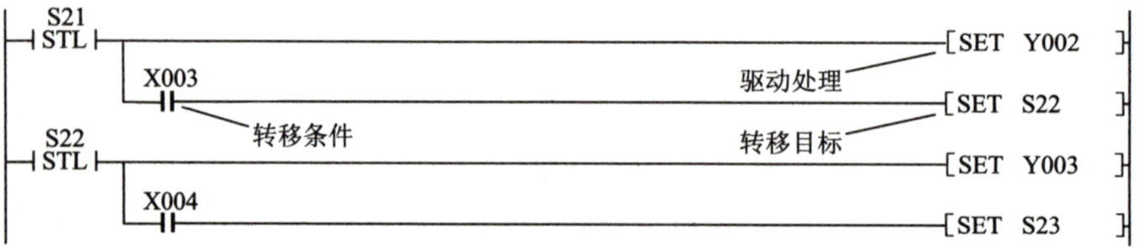

图 10-3　状态转移图

② 步进顺序控制指令。

步进顺序控制指令也称步进梯形指令，简称为 STL 指令。FX 系列 PLC 还有一条使 STL 指令复位的 RET 指令。利用这两条指令可以很方便地编制顺序控制梯形图程序。

③ 使用 STL 指令应注意的问题。

与 STL 触点相连的触点应使用 LD 或 LDI 指令，即 LD 点移到 STL 触点的右侧，该点成为临时母线。下一条 STL 指令的出现意味着当前 STL 的结束和新的 STL 的开始。RET 指令意味着整个 STL 程序区的结束，LD 点返回左侧母线。各 STL 触点驱动的电路一般放在一起，最后一个 STL 电路结束时一定要使用 RET 指令。

STL 触点可以直接驱动或通过别的触点驱动 Y、M、S、T 等元件的线圈和应用指令。

由于 CPU 只执行活动步对应的电路块，使用 STL 指令时允许双线圈输出，即不同的 STL 触点可以分别驱动同一编程元件的一个线圈。但是同一元件的线圈不能出现在同时为活动步的 STL 区内。

在步的活动状态的转换过程中，相邻两步的状态继电器会同时接通（ON）一个扫描周期，可能会引发瞬时的双线圈问题。为了避免不能同时接通的两个输出（如控制异步电动机正反转的交流接触器线圈）同时动作，除了在梯形图中设置软件互锁电路外，还应在 PLC 外部设置由常闭触点组成的硬件互锁电路。同一定时器的线圈不可以在相邻的步中使用。

OUT 指令与 SET 指令均可用于步的活动状态的转换，复位原来活动步对应的状态寄存器，此外还有自保持功能。SET 指令用于将 STL 状态继电器置位为接通（ON）并保持，以激活对应的步。SET 指令一般用于驱动状态继电器的元件号比当前步的状态继电器元件号大的 STL 步。在 STL 区内的 OUT 指令用于顺序功能图中的闭环和跳步，如果想跳回已经处理过的步，或向前跳过若干步，可对状态继电器使用 OUT 指令。

STL 指令不能与 MC-MCR 指令一起使用。在 FOR-NEXT 结构的子程序和中断程序中不能有 STL 程序块，STL 程序块不能出现在 FEND 指令之后。

并行序列或选择序列中分支处的支路数不能超过 8 条，总的支路数不能超过 16 条。

在转换条件对应的电路中，不能使用 ANB、ORB、MPS、MRD 和 MPP 指令。可用转换条件对应的复杂电路来驱动辅助继电器，再用后者的常开触点作为转换条件。

与条件跳步指令(CJ)类似，CPU 不执行处于断开状态的 STL 触点驱动的电路块中的指令。在没有并行序列时只有一个 STL 触点接通，因此，使用 STL 指令可以显著地缩短用户程序的执行时间，提高 PLC 的输入、输出响应速度。

(4) 在设计 PLC 程序之前，需要对 PLC 的外围资源有充分的了解，形成一定的编程思路，然后设计出 PLC 的 I/O 分配表(或称地址表)，分配表的基本信息应该包含输入端和输出端，以及各端口的作用说明。

(5) 用步进顺序法控制交通灯控制部分的功能要求

交通灯如图 10-4 所示，利用指示灯模拟交通灯。

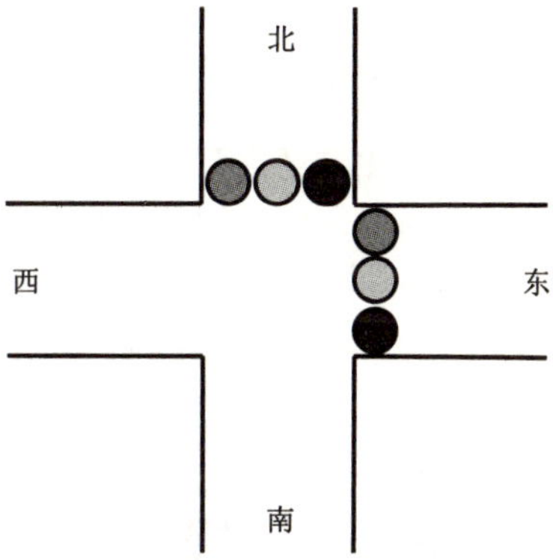

图 10-4 交通灯

2. 完成下面的任务

任务：红绿两盏灯按下启动按钮 SB_1，绿灯亮 30 s 后红灯亮，红灯亮 30 s 后绿灯亮，如此循环。按下停止按钮 SB_2，交通灯停止工作。

(1) 仔细分析任务。

(2) 根据任务要求制定 PLC 的 I/O 分配表(见表 10-1)。

表 10-1 I/O 分配表

输　入			输　出		
输入继电器	元件代号	作用	输出继电器	元件代号	作用
X0	SB_1	启动	Y0	HL_1	绿灯
X1			Y1	HL_2	红灯

(3) 根据 I/O 分配表画出 PLC 的 I/O 接线图。

(4) 根据任务要求画出工序图、状态流程图，编制控制程序。

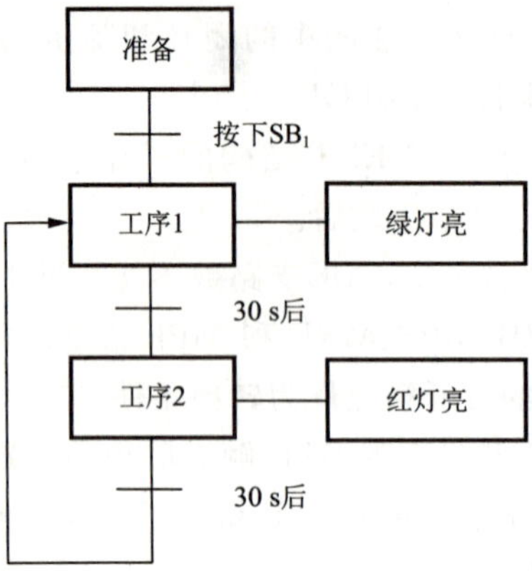

图 10-5 工序图

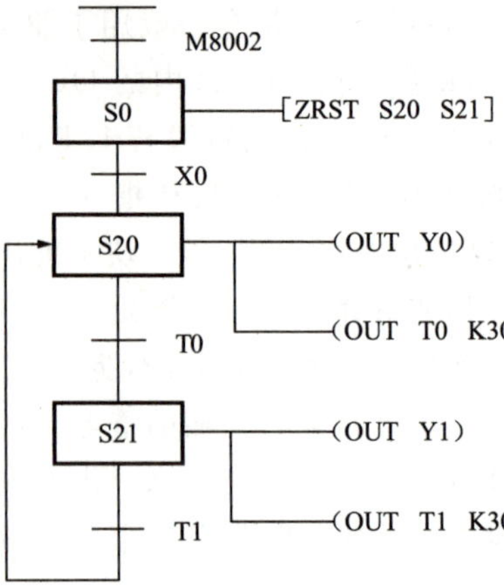

图 10-6 流程图

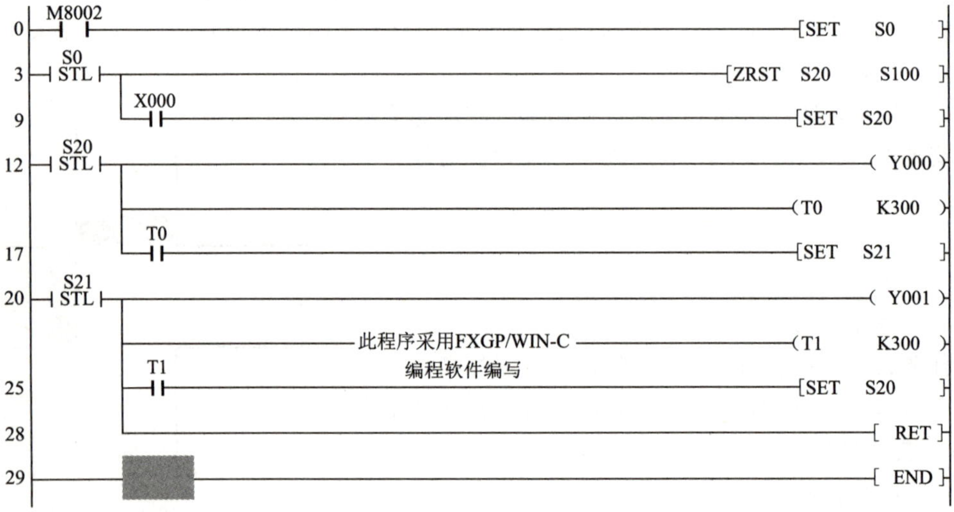

图 10-7 梯形图

(5) 连接好外部线路，下载程序至 PLC 并调试，完成下面的填空。

M8002 属于__________继电器，它在__________接通__________。

梯形中的 S0 属于__________继电器。

梯形中的 STL 是__________，RET 是__________。

梯形中 T0、T1 的常开触点在程序中起到的作用是______________。

3. 利用步进指令设计以下几种控制方式

(1) 第一种控制方式。

单方向灯的控制：红黄绿三盏灯，按下启动按钮，绿灯亮 25 s 后黄灯亮，黄灯亮 5 s 后红灯亮，红灯亮 30 s 后绿灯亮，如此循环，程序应设有停止功能。

(2) 第二种控制方式。

按下启动按钮，东西红灯亮 30 s，同时南北绿灯亮 30 s 后灭，南北红灯亮 30 s，同时东西绿灯亮 30 s 后灭，如此循环(如图 10-8 所示)。

(3) 第三种控制方式。

按下启动按钮，东西红灯亮 30 s，同时南北绿灯亮 25 s 后闪 5 s 灭，南北红灯亮 30 s，同时东西绿灯亮 25 s 闪 5 s 灭，如此循环（如图 10-9 所示）。

（4）请设计出更多的控制方式。

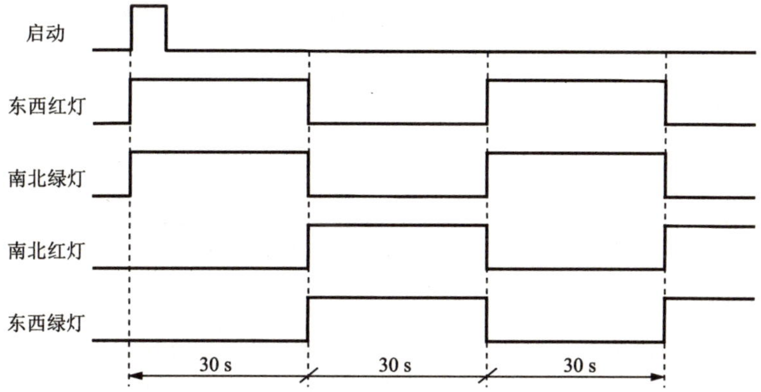

图 10-8　时序图

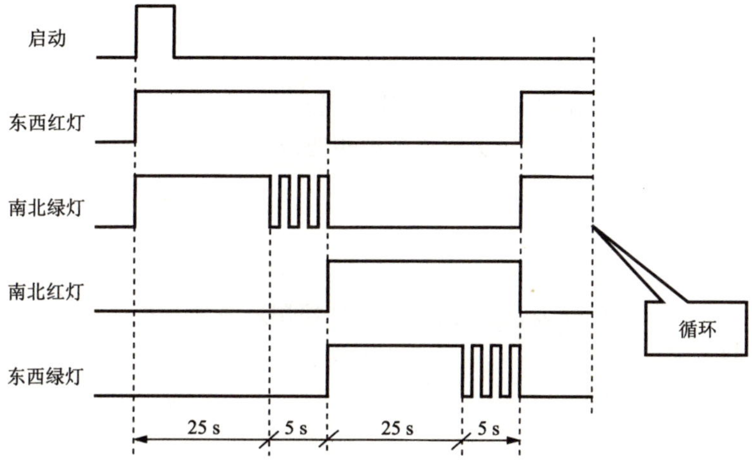

图 10-9　时序图

二、工具与材料准备

为完成工作任务，每个工作小组需要向工作站内的仓库工作人员提供借用工具清单（见附表 1）和材料清单（见附表 2）。

任务决策

按照上面的编程思路制定 PLC 的 I/O 分配表（见表 10-2）。

表 10-2　I/O 分配表

输　　入			输　　出		
输入继电器	元件代号	作用	输出继电器	元件代号	作用
X0			Y0		
X1			Y1		
X2			Y2		

续表 10-2

输入			输出		
输入继电器	元件代号	作用	输出继电器	元件代号	作用
X3			Y3		
X4			Y4		
X5			Y5		
X6			Y6		

任务实施

实施要求：每组派代表上台展示PLC的I/O分配表，并说明I/O表的内容；各组以画图的形式展示并说明本组的编程思路；其他组同学给你们提供了哪些意见或建议。

(1) 设计交通灯控制部分的PLC程序(梯形图)。

参考依据：PLC的I/O分配表、交通灯的控制要求。

(2) 参考前面的I/O分配表，编制出前面几种控制任务的程序。

第一种控制程序： 梯形图：

第二种控制程序： 梯形图：

第三种控制程序： 梯形图：

第四种控制程序： 梯形图：

任务评价

将你们组的程序与其他组(员)的程序进行对比，发现异同，在组内和组外进行充分的讨论，得出最佳程序，并下载到PLC中进行调试。

(1) 各小组派代表展示梯形图(利用投影仪)，并解析程序含义。

(2) 各小组派人展示交通灯的控制效果，接受全体同学的检阅，测试交通灯控制要求的实现情况。

启动控制功能：________________

停止控制功能：________________

第一种交通灯控制：________________

第二种交通灯控制：________________

第三种交通灯控制：________________

第四种交通灯控制：________________

第五种交通灯控制：________________

其他小组提出的改进建议：

(3) 学生自我评估与总结。

① 你掌握了哪些知识点？

② 你在编程、接线、调试过程中出现了哪些问题，你是怎么解决的？

③ 你觉得完成的任务中哪些地方做得比较好，哪些地方做得不够好(编程、接线、调试)？

④ 你有哪些地方还没掌握好，哪些地方还不够清楚？

⑤ 说说你的心得体会。

(4) 小组评估与总结。

(5) 教师评估(根据各小组学生完成任务的表现，给予综合评价，同时给出该工作任务的正确答案供学生参考)。

(6) 各小组对工作岗位的“6S”处理。

小组和教师都完成工作任务总结以后，各小组必须对自己的工作岗位进行“6S”处理（“6S”指“整理、整顿、清扫、清洁、安全、素养”），归还所借的工具、量具和实习工件。

(7) 评价表(见表 10-3)。

表 10-3 “任务 10 用步进顺序控制法控制交通灯”评价表

班级：________ 小组：________ 姓名：________		指导教师：________ 日　　期：________					
评价项目	评价标准	评价依据	评价方式 学生自评 20%	 小组互评 30%	 教师评价 50%	权重	得分小计
职业素养	① 遵守企业规章制度、劳动纪律； ② 按时、按质完成工作任务； ③ 积极、主动承担工作任务，勤学好问； ④ 人身安全与设备安全； ⑤ 工作岗位“6S”完成情况	① 出勤； ② 工作态度； ③ 劳动纪律； ④ 团队协作精神				0.3	
专业能力	① 掌握步进指令的编程方法； ② 能根据控制要求独立完成交通灯 PLC 程序的控制； ③ 能将程序下载到 PLC 中，并根据控制要求调试好程序； ④ 能独立进行程序的输入与调试； ⑤ 具有较强的信息分析、处理能力	① 操作的准确性和规范性； ② 工作页或项目技术总结的完成情况； ③ 专业技能任务的完成情况				0.5	
创新能力	① 在任务完成过程中能提出自己的方案； ② 在教学或生产管理上提出建议，具有创新性	① 方案的可行性及意义； ② 建议的可行性				0.2	
合计							

技能拓展

某十字路口交通灯如图 10-10 所示，每一方向的车道都有 4 盏交通灯：左转绿灯、直行绿灯、黄灯和红灯；每一方向的人行道都有 2 盏交通灯：绿灯和红灯。当按下启动按钮时，首先东西向通行，南北向禁止通行，东西向车道的直行绿灯亮，汽车直行；20 s 后直行绿灯闪烁 3 s，接着黄灯亮 3 s，车道的左转绿灯亮，汽车左转；20 s 后左转绿灯闪烁 3 s，然后黄灯亮 3 s，红灯亮，在东西向车道直行，绿灯亮和闪烁的同时，东西向人行道的绿灯同时亮和闪烁。

东西向禁止通行后，南北向车道、人行道可以通行，顺序与东西向相同。

任务设计要求：① 完成 I/O 分配表、状态流程图、梯形图；② 工作方式设置为自动循环工作；③ 程序应设有停止功能。

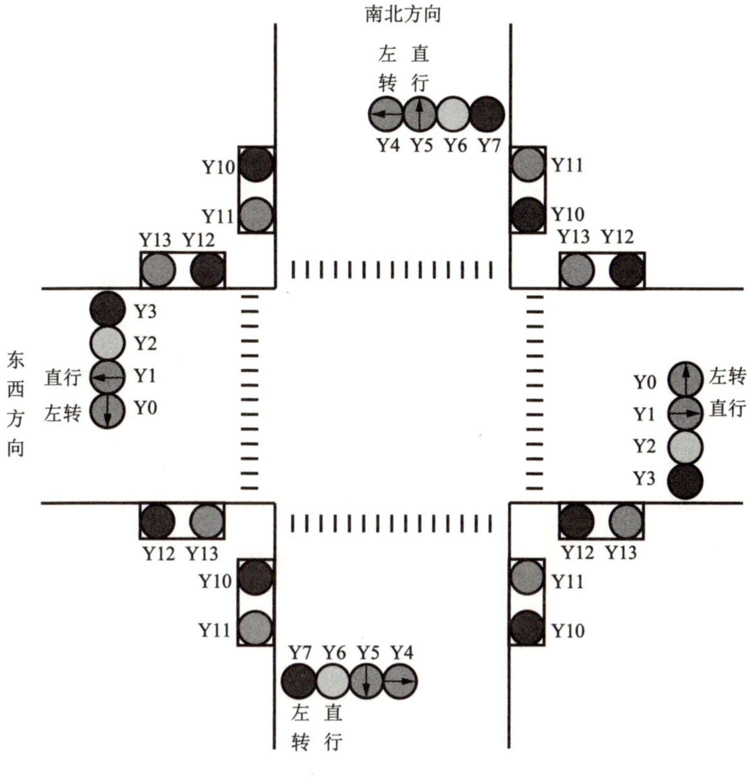

图 10-10　某十字路口交通灯示意图

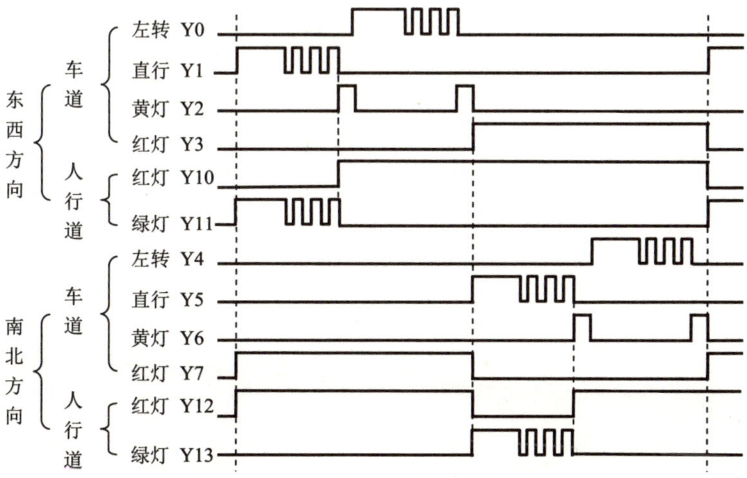

图 10-11　十字路口交通灯时序图

表 10-4 I/O 分配表

输 入			输 出		
输入	代号	作用	输出	代号	作用
X0			Y0		
X1			Y1		
X2			Y2		
X3			Y3		
X4			Y4		
X5			Y5		
X6			Y6		
X7			Y7		
X10			Y10		
			Y11		
			Y12		
			Y13		

状态流程图：

梯形图：

任务十一 彩灯闪烁花样控制

任务名称

彩灯闪烁花样控制的程序设计。

建议学时

6 学时。

任务描述

有 9 个彩灯，接在 PLC 的 Y0～Y10 上，要求进行 5 种闪烁花样控制的程序设计。

任务要求

(1) 采用 PLC 技术控制彩灯闪烁的变化。

(2) 彩灯闪烁方式的变化至少要有 5 种花样(每种花样中每一盏灯都必须用上)。

(3) 必须采用功能指令进行编程。

(4) 在任何时刻按下停止按钮，彩灯都必须熄灭；按下启动按钮后，从第一种花样开始工作，不断重复 5 种花样的变化。

(5) 各小组发挥团队协作精神，共同设计出 PLC 的 I/O 分配表，并设计出 PLC 程序，下载到控制彩灯的 PLC 内，验证程序功能，调整、优化程序。

能力目标

(1) 能利用 SFTL、SFTR 指令控制彩灯的变化。

(2) 能根据控制要求熟练画出 PLC 的 I/O 分配表。

(3) 能根据控制要求以小组合作的方式确定彩灯的几种控制花样。

(4) 各小组能根据确定的几种花样，利用合适的功能指令编写 PLC 程序。

(5) 能将程序下载到 PLC 中，并根据控制要求，调试好程序。

任务准备

一、理论知识

1. 位右移指令

(1) 该指令的助记符、指令代码、操作数、程序步(见表 11-1)。

表 11-1 位右移指令

指令名称	助记符	指令代码	操作数				程序步
			S	D	n_1	n_2	
位右移指令	SFTR	FNC34	X、Y、M、S	Y、M、S	K、H $n_2 \leqslant n_1 \leqslant 1\ 024$		SFTR、SFTRP ……9 步

(2) 指令格式(见图 11-1)。

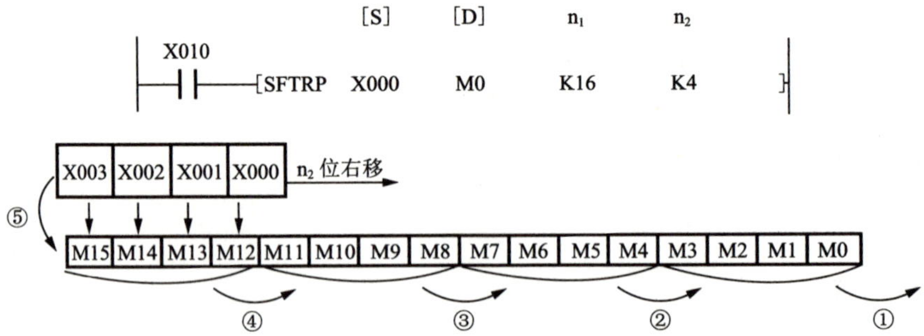

图 11-1 位右移指令梯形图格式和指令执行过程

(3) 指令说明。

① 该指令的源操作数和目标操作数都是位元件,指令中的 K16 表示有 16 个位元件,即 M0～M15;K4 表示每次移动 4 位。

② 当 X010 每接通一次,X000～X003 的四个位元件的状态移入 M0～M15 的高端,低端自动溢出,如图 11-1 所示。M3～M0→溢出,M7～M4→M3～M0,M11～M8→M7～M4,M15～M12→M11～M8,X003～X000→M15～M12。

③ 当采用连续执行型指令时,在 X010 接通期间,每个扫描周期都要移位,因此,建议采用脉冲执行型指令 SFTRP。

2. *位左移指令*

(1) 该指令的助记符、指令代码、操作数、程序步(见表 11-2)。

表 11-2 位左移指令

指令名称	助记符	指令代码	操作数				程序步
			S	D	n_1	n_2	
位左移指令	SFTL	FNC35	X、Y、M、S	Y、M、S	K、H $n_2 \leqslant n_1 \leqslant 1\ 024$		SFTL、SFTLP ……9 步

(2) 指令格式(见图 11-2)。

(3) 指令说明。

① 该指令的源操作数和目标操作数都是位元件,指令中的 K16 表示有 16 个位元件,即 M0～M15;K4 表示每次移动 4 位。

② 当 X010 每接通一次,X000～X003 的四个位元件的状态移入 M0～M15 的低端,高

端自动溢出，如图 11-2 所示。M15～M12→溢出，M11～M8→M15～M12，M7～M4→M11～M8，M3～M0→M7～M4，X003～X000→M3～M0。

③ 当采用连续执行型指令时，在 X010 接通期间，每个扫描周期都要移位，因此，建议采用脉冲执行型指令 SFTLP。

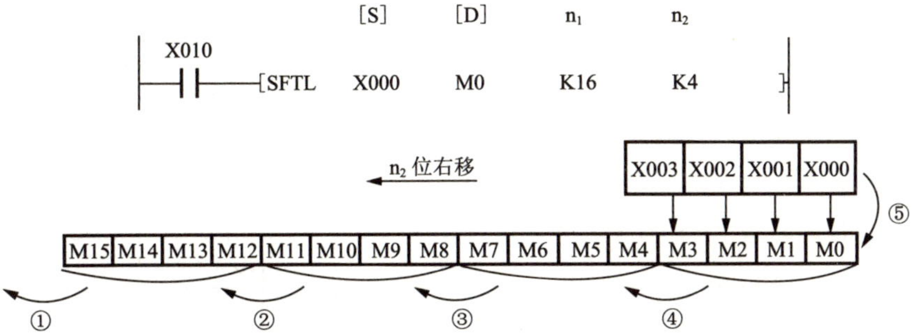

图 11-2　位左移指令梯形图格式和指令执行过程

3. 设计 I/O 分配表

在设计 PLC 程序之前，需要对 PLC 的外围资源有充分的了解，(包括有哪些控制按钮？有多少个彩灯？分别用什么符号表示？彩灯的工作电压值是多少？)形成一定的编程思路，然后设计出 PLC 的 I/O 分配表(或称地址表)。分配表的基本信息应该包含输入端和输出端，以及各端口的作用说明。

4. 花样控制部分的功能要求

(1) 第一种闪烁花样。

① 按下________按钮，彩灯 HL_1 点亮，此按钮用 PLC 的输入端口__________。然后每隔 1 s 从左至右依次点亮一个，直至全亮，1 s 后又全灭。

② 根据任务要求，只能用功能指令来完成，我们可以考虑用________指令传送一个数到__________字元件中。

(2) 第二种闪烁花样。

让彩灯 HL_9 点亮，然后每隔 1 s 从右至左依次点亮一盏，直至全亮，1 s 后又全灭，编程方法类似于第一种花样。

(3) 第三种闪烁花样。

让中间彩灯 HL_5 点亮，然后每隔 1 s 依次点亮左右两侧的彩灯，直至全亮，1 s 后全灭，再全亮，如此交替动作 3 次。

(4) 第四种闪烁花样。

使彩灯从第一盏 HL_1 开始一次点亮一盏，从左到右，当亮至第 9 盏 HL_9 时，再从右到左依次点亮一盏，如此重复 2 次。

(5) 第五种闪烁花样。

使 9 盏彩灯一次全亮，一次全灭，交替动作，重复 3 次。

(6) 请设计出更多的闪烁花样。

二、工具与材料准备

为完成工作任务，每个工作小组需要向工作站内的仓库工作人员提供借用工具清单

（见附表1）和材料清单（见附表2）。

任务决策

（1）按照上面的编程思路制定PLC的I/O分配表（见表11-3）。

表11-3 I/O分配表

输 入			输 出		
输入继电器	元件代号	作用	输出继电器	元件代号	作用
X0			Y0		
X1			Y1		
X2			Y2		
X3			Y3		
X4			Y4		
X5			Y5		
X6			Y6		
X7			Y7		
X10			Y10		

（2）各组画图表达本组的编程思路。

任务实施

实施要求：每组派代表上台展示PLC的I/O分配表，并说明I/O表的内容；各组以画图的形式展示并说明本组的编程思路；其他组同学给你们提供了哪些意见或建议。

（1）设计彩灯闪烁花样控制部分的PLC程序（梯形图）。

参考依据：PLC的I/O分配表、PLC的I/O接线图和花样控制的效果要求。

（2）回答下列问题。

① 只处理________状态的元件，称为位软元件；如______________。处理________的元件，称为字软元件，如______________。

② 组合位元件K1X0表示________。组合位元件K2Y0表示________。

③ 位右移指令的助记符是________。位左移指令的助记符是________。

④ 在使用这两条指令时，一般都采用__________执行形式。

(3) 根据以上信息，逐步编制出彩灯闪烁花样变化的控制程序。

第一种闪烁花样控制程序：

第二种闪烁花样控制程序：

第三种闪烁花样控制程序：

第四种闪烁花样控制程序：

第五种闪烁花样控制程序：

任务评价

将你们组的程序与其他组(员)的程序进行对比，发现异同，在组内和组外进行充分的讨论，得出最佳程序，并下载到 PLC 中进行调试和修改。

(1) 各小组派代表展示梯形图(利用投影仪)，并解析程序含义。

(2) 各小组派人展示彩灯闪烁花样的控制效果，接受全体同学的检阅，测试彩灯闪烁花样控制的实现情况。

启动控制功能：______________________________

停止控制功能：______________________________

第一种闪烁花样控制功能：______________________________

第二种闪烁花样控制功能：______________________________

第三种闪烁花样控制功能：______________________________

第四种闪烁花样控制功能：______________________________

第五种闪烁花样控制功能：________________

第六种闪烁花样控制功能：________________

每次启动后，是不是都是从第一种闪烁花样开始工作：________________

其他小组提出的改进建议：

(3) 学生自我评估与总结。

① 你掌握了哪些知识点？

② 你在编程、接线、调试过程中出现了哪些问题，你是怎么解决的？

③ 你觉得完成的任务中哪些地方做得比较好，哪些地方做得不够好(编程、接线、调试)？

④ 你有哪些地方还没掌握好，还不够清楚？

⑤ 说说你的心得体会。

(4) 教师评估(根据各小组学生完成任务的表现，给予综合评价，同时给出该工作任务的正确答案供学生参考)。

(5) 各小组对工作岗位的"6S"处理。

小组和教师都完成工作任务总结以后，各小组必须对自己的工作岗位进行"6S"处理("6S"指"整理、整顿、清扫、清洁、安全、素养")，归还所借的工具、量具和实习工件。

(6) 评价表(见表11-4)。

表11-4 "任务11 彩灯闪烁花样控制"评价表

班级：________ 小组：________ 姓名：________		指导教师：________ 日　　期：________					
评价项目	评价标准	评价依据	评价方式			权重	得分小计
			学生自评 20%	小组互评 30%	教师评价 50%		
职业素养	① 遵守企业规章制度、劳动纪律； ② 按时、按质完成工作任务； ③ 积极、主动承担工作任务，勤学好问； ④ 人身安全与设备安全； ⑤ 工作岗位"6S"完成情况	① 出勤； ② 工作态度； ③ 劳动纪律； ④ 团队协作精神				0.3	

续表 11-4

评价项目	评价标准	评价依据	评价方式			权重	得分小计
			学生自评 20%	小组互评 30%	教师评价 50%		
专业能力	① 熟练制作 PLC 的 I/O 分配表； ② 掌握传送指令和移位指令的综合应用； ③ 熟练运用 PLC 编程软件进行彩灯闪烁花样编程和设计的方法； ④ 能独立进行程序的输入与调试； ⑤ 具有较强的信息分析、处理能力	① 操作的准确性和规范性； ② 工作页或项目技术总结的完成情况； ③ 专业技能任务的完成情况				0.5	
创新能力	① 在任务完成过程中能提出自己的方案； ② 在教学或生产管理上提出建议，具有创新性	① 方案的可行性及意义； ② 建议的可行性				0.2	
合计							

技能拓展

在控制要求中，如果增加“在任何时刻按下暂停按钮，彩灯立即熄灭，松开暂停按钮，彩灯从暂停的状态开始继续闪烁”的控制条件，应如何修改？

任务十二
用基本指令控制抢答器

任务名称

用基本指令控制抢答器。

建议学时

6 学时。

任务描述

利用基本指令设计一个三路抢答器。

任务要求

(1) 采用基本指令控制三路抢答器。

(2) 每一位参赛者台上有一个抢答按钮和二个指示灯(绿灯抢答成功,红灯抢答违规)。

(3) 主持人台上有一个抢答开始按钮和一个复位按钮,并有一个指示灯,指示开始抢答的信号,另外还有一个七段数码管,用来显示参赛者的位号。

(4) 抢答规则:当主持人喊开始后(按下了开始按钮),抢答开始信号灯亮,三位参赛者开始抢答,谁先抢到,相应台上的绿色指示灯亮,而且数码管显示他的位号。主持人按了复位按钮,下一循环又可以开始抢答。如果主持人没有喊开始,谁先按下抢答按钮,相应台上的红色指示灯亮,数码管显示他的位号,表示其违规。当主持人按下复位按钮,才能消除。

(5) 各小组发挥团队协作精神,共同设计出 PLC 的 I/O 分配表,并设计出 PLC 程序,下载到 PLC 内,验证程序功能,调整、优化程序。

能力目标

(1) 能根据控制要求,熟练做出 PLC 的 I/O 分配表。

(2) 能根据控制要求的描述,独立完成控制抢答器的 PLC 程序。

(3) 能将程序下载到 PLC 中,并根据控制要求调试好程序。

(4) 掌握数码显示管的应用。

(5) 各小组派代表向全班同学展示学习成果。

任务准备

一、理论知识

1. 七段数码显示管

作用:用来显示阿拉伯数字、字母等。数码显示管分为共阳极和共阴极两种,本任务模型所用的是共阳极。数码显示管如图12-1所示,数码显示管内部原理如图12-2所示。

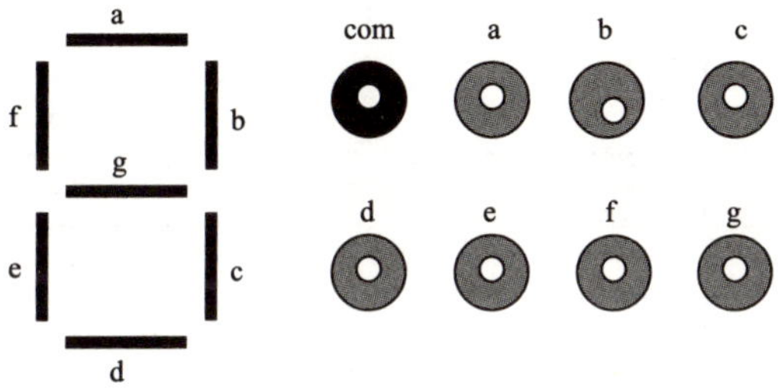

图12-1 数码显示管

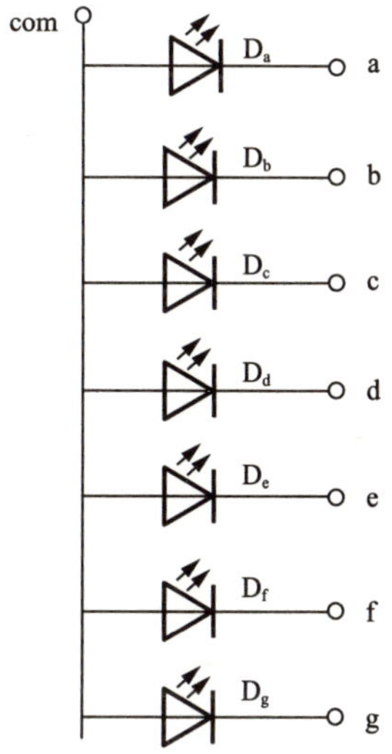

图12-2 数码显示管内部原理图

显示“1”:令“b”、“c”两段数码显示管亮。

显示“2”:令“a”、“b”、“g”、“e”、“d”5段数码显示管亮。

显示“3”:哪几段数码显示管亮?

com端应接电源的正极还是负极? a～g这7个端接电源的正极还是负极?

2. 设计I/O分配表

在设计PLC程序之前,需要对PLC的外围资源有充分的了解(包括有哪些控制按钮?有多少个指示灯?分别用什么符号表示?指示灯的工作电压值是多少?),形成一定的编程思路,然后设计出PLC的I/O分配表(或称地址表)。分配表的基本信息应该包含输入端和输出端,以及各端口的作用说明。

3. 抢答器控制部分的功能要求

仔细观察用来模拟抢答器的元器件的布局。

二、工具与材料准备

为完成工作任务,每个工作小组需要向工作站内的仓库工作人员提供借用工具清单(见附表1)和材料清单(见附表2)。

任务决策

(1) 按照上面的编程思路制定PLC的I/O分配表(见表12-3)。

表 12-3 I/O分配表

输入			输出		
输入继电器	代号	作用	输出继电器	代号	作用
	SB_1	1号参赛者		HL_1	1号抢答成功
	SB_2	2号参赛者		HL_2	1号抢答违规
	SB_3	3号参赛者		HL_3	2号抢答成功
	SB_4	主持人开始		HL_4	2号抢答违规
		主持人复位		HL_5	3号抢答成功
				HL_6	3号抢答违规
				HL_7	抢答开始信号
				a	显示号数
				b	显示号数
				C	显示号数
				d	显示号数
				e	显示号数
				f	显示号数
				g	显示号数

（2）画图表达本组的编程思路。

任务实施

实施要求：每组派代表上台展示PLC的I/O分配表，并说明I/O表的内容；各组以画图的形式展示并说明本组的编程思路；其他组同学给你们提供了哪些意见或建议。

（1）设计三路抢答器控制部分的PLC程序（梯形图）。

参考依据：PLC的I/O分配表、PLC的I/O接线图和三路抢答器的控制要求。

（2）部分功能的梯形图参考。

① 抢答开始、抢答违规分支梯形图。

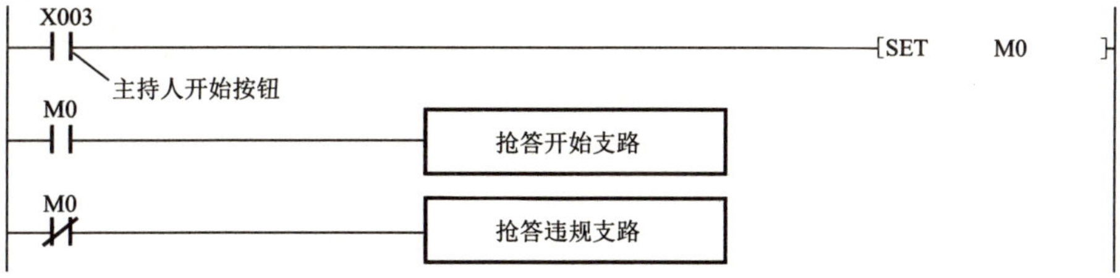

图 12-3　抢答开始、违规分支参考梯形图

M0 中间辅助继电器为主持人开始抢答的标志。

② 显示“1”的参考程序.

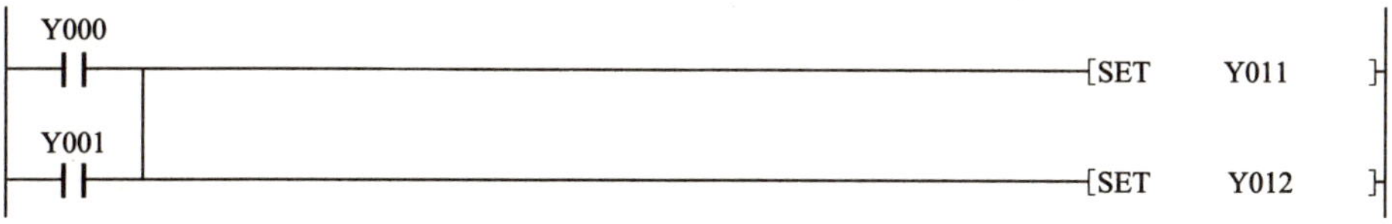

图 12-4　显示“1” 参考梯形图

Y0:抢答成功;Y1:抢答违规;Y11:数码管“b”;Y12:数码管“c”。

提示:任务中三位参赛者只能有一位抢答成功或者违规,故此任务的部分控制程序可以参考如图 12-4 所示的梯形图。

思考:主持人按下复位按钮时应复位哪些功能?数码显示管该如何连接?

(3) 根据以上信息,编制抢答器控制程序。

任务评价

将你们组的程序与其他组(员)的程序进行对比,发现异同,在组内和组外进行充分的讨论,得出最佳程序,并下载到 PLC 中进行调试和修改。

(1) 各小组派代表展示梯形图(利用投影仪),并解析程序含义。

(2) 各小组派人展示抢答器的控制效果,接受全体同学的检阅,测试抢答器控制要求的实现情况。

抢答开始控制功能:______________________________

抢答开始信号指示灯功能:______________________________

抢答成功信号指示灯功能:______________________________

抢答违规信号指示灯功能:______________________________

抢答成功位号显示功能:______________________________

抢答违规位号显示功能:______________________________

主持人复位控制功能：____

其他小组提出的改进建议：

（3）学生自我评估与总结。

① 你掌握了哪些知识点？

② 你在编程、接线、调试过程中出现了哪些问题，你是怎么解决的？

③ 你觉得完成的任务中哪些地方做得比较好，哪些地方做得不够好（编程、接线、调试）？

④ 你有哪些地方还没掌握好，还不够清楚？

⑤ 说说你的心得体会。

（4）小组评估与总结。

（5）教师评估（根据各小组学生完成任务的表现，给予综合评价，同时给出该工作任务的正确答案供学生参考）。

（6）各小组对工作岗位的“6S”处理（见表12-4）。

小组和教师都完成工作任务总结以后，各小组必须对自己的工作岗位进行“6S”处理（“6S”指“整理、整顿、清扫、清洁、安全、素养”），归还所借的工具、量具和实习工件。

（7）评价表（见表12-4）。

表12-4 “任务12 用基本指令控制抢答器”评价表

班级：________ 小组：________ 姓名：________		指导教师：________ 日　　期：________					
评价项目	评价标准	评价依据	评价方式			权重	得分小计
			学生自评 20%	小组互评 30%	教师评价 50%		
职业素养	① 遵守企业规章制度、劳动纪律； ② 按时、按质完成工作任务； ③ 积极、主动承担工作任务，勤学好问； ④ 人身安全与设备安全； ⑤ 工作岗位“6S”完成情况	① 出勤； ② 工作态度； ③ 劳动纪律； ④ 团队协作精神				0.3	

续表 12-4

评价项目	评价标准	评价依据	评价方式			权重	得分小计
			学生自评 20%	小组互评 30%	教师评价 50%		
专业能力	① 掌握基本指令 SET、RST 的用法； ② 掌握数码显示管的使用； ③ 熟练运用 PLC 编程软件进行抢答器的编程设计； ④ 能独立进行程序的输入与调试； ⑤ 具有较强的信息分析、处理能力	① 操作的准确性和规范性； ② 工作页或项目技术总结的完成情况； ③ 专业技能任务的完成情况				0.5	
创新能力	① 在任务完成过程中能提出自己的方案； ② 在教学或生产管理上提出建议，具有创新性	① 方案的可行性及意义； ② 建议的可行性				0.2	
合计							

技能拓展

如何用基本指令设计一个四路抢答器？

任务十三
用功能指令控制三相异步电动机的 Y-△降压启动

任务名称

用功能指令控制三相异步电动机的 Y-△降压启动。

建议学时

6 学时。

任务描述

用功能指令控制三相异步电动机的 Y-△降压启动。

任务要求

设计两台三相异步电动机 Y-△降压启动控制，工作方式为：按下启动按钮 M_1，电动机降压启动，3 s 后，转换成全压运行；5 s 后启动按钮 M_2，电动机降压启动，3 s 后，转换成全压运行。程序应设停止功能。

能力目标

（1）利用 PLC 设计三相异步电动机的控制程序。

（2）掌握字元件、位元件的区别。

（3）掌握利用功能指令控制三相异步电动机的 Y-△降压启动的方法。

（4）掌握功能指令的应用。

任务准备

一、理论知识

1. 功能指令

PLC 的功能指令有传送、比较、算术、逻辑运算、移位、循环等，充分利用功能指令可使编程更加方便和快捷。

字元件：处理数据的元件，例如 D、T、C。

位元件：处理闭合和断开状态的元件，例如 X、Y、M、S。

操作元件分为源操作元件和目标操作元件。

源操作元件用[S]表示。在图 13-1 中，功能指令 MOV 的源操作元件 S 是 K100。该功能指令将 100 这个常数传送到寄存器 D10 中。有时源操作数不止一个，可用[S0]、[S1]、[S2]表示。K100 中的 K 是表示十进制数，若是 H100 则表示是十六进制数。

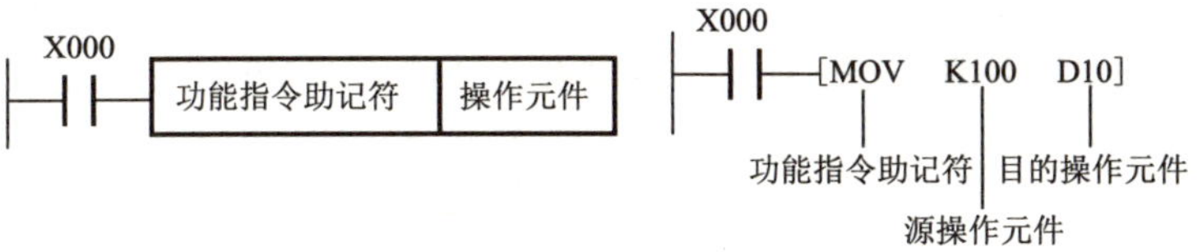

图 13-1　功能指令的组成

目标操作数元件用[D]表示。在图 13-1 中，功能指令 MOV 的目标操作元件是数据寄存器 D10。目标操作数不止一个时，可用[D0]、[D1]、[D2]表示。

二进制、十进制、十六进制、八进制数之间的相互对应关系见表 13-1。

表 13-1　常用进制数部分转换对应表

二进制	十进制	十六进制	八进制
0000	0	0	0
0001	1	1	1
0010	2	2	2
0011	3	3	3
0100	4	4	4
0101	5	5	5
0110	6	6	6
0111	7	7	7
1000	8	8	10
1001	9	9	11
1010	10	A	12
1011	11	B	13
1100	12	C	14
1101	13	D	15
1110	14	E	16
1111	15	F	17

把图 13-2 的程序输入电脑后下载到 PLC 中进行调试，并完成下面几个问题。

当 X0 接通时，输出继电器＿＿＿＿＿＿＿＿＿＿接通。

当 X1 接通时，输出继电器＿＿＿＿＿＿＿＿＿＿断开。

当 X2 接通时，输出继电器＿＿＿＿＿＿＿＿＿＿接通。

当 X3 接通时，输出继电器＿＿＿＿＿＿＿＿＿＿断开。

当 X0 接通后断开，再令 X3 接通输出继电器会出现什么情况？为什么？

MOV 属于什么指令？K7、K0 中的 K 表示什么？H0FF、H0 表示什么？K1Y000、K2Y000 中的 K 表示什么？

若要让 Y0 输出，只需将 MOV、K7、K1Y000 中的 K7 改成＿＿＿＿＿＿。

若要让 Y2 输出，只需将 MOV、K7、K1Y000 中的 K7 改成＿＿＿＿＿。

若要让 Y0～Y3 输出，只需将 MOV、HOFF、K2Y000 中的 HOFF 改成＿＿＿＿＿。

若要让 Y4～Y7 输出，只需将 MOV、HOFF、K2Y000 中的 HOFF 改成＿＿＿＿＿。

[MOV K7 K1Y0]中的 K7 转换成二进制数为 111。K1Y0 的含义为：K1 表示一组，4 个点为一组，Y0 表示从 Y0 开始算起 4 个点，即 Y0～Y3 输出；K2Y4 的含义为：Y4～Y13 输出。

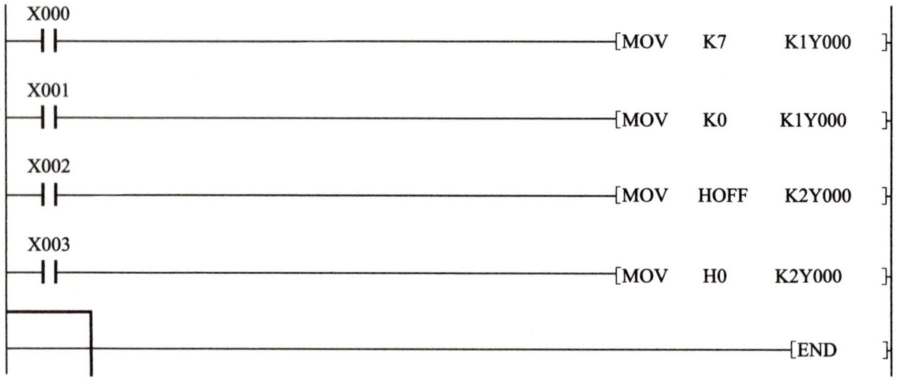

图 13-2 程序

2. 设计 I/O 分配表

在设计 PLC 程序之前，需要对 PLC 的外围资源有充分的了解形成一定的编程思路，然后设计出 PLC 的 I/O 分配表（或称地址表），分配表的基本信息应该包含输入端和输出端，以及各端口的作用说明。

二、工具与材料准备

为完成工作任务，每个工作小组需要向工作站内的仓库工作人员提供借用工具清单（见附表 1）和材料清单（见附表 2）。

任务决策

（1）按照上面的编程思路制定 PLC 的 I/O 分配表（见表 13-2）。

表 13-2 I/O 分配表

输入			输出		
输入继电器	元件代号	作用	输出继电器	元件代号	作用
X0			Y0		
X1			Y1		
X2			Y2		
X3			Y3		
X4			Y4		
X5			Y5		
X6			Y6		

（2）各组画图表达本组的编程思路。

任务实施

实施要求：每组派代表上台展示 PLC 的 I/O 分配表，并说明 I/O 表的内容；各组以画图的形式展示并说明本组的编程思路；其他组同学给你们提供了哪些意见或建议。

（1）设计三相异步电动机 Y-△降压启动的 PLC 程序（梯形图）。

参考依据：PLC 的 I/O 分配表、PLC 的 I/O 接线图和用功能指令控制三相异步电动机 Y-△降压启动的要求。

（2）试一试编程。

有 9 盏彩灯 HL_1～HL_9 接在 Y10～Y20 上，当按下 SB_1 时，HL_1、HL_3、HL_4 灯亮，按下 SB_2 灯灭，利用传送指令设计出程序并下载调试。

（3）利用传送指令完成下面控制的要求。

① 彩灯设计。

a. 按下 SB_1，彩灯 HL_1～HL_4 亮，按下 SB_2 灯灭。

程序：

b. 按下 SB_1，彩灯 HL_1～HL_8 亮，按下 SB_2 灯灭。

程序：

c. 按下 SB_1，彩灯 HL_1～HL_5 亮，按下 SB_2 灯灭。

程序：

d. 按下 SB_1，彩灯 HL_1～HL_9 全亮，按下 SB_2 灯灭。

程序：

② 三相异步电动机的 Y-△降压启动设计。

有一台三相异步电动机启动时接成 Y 形降压启动，经过 4 s 后转换成△形全压运行，程序应设有停止功能。I/O 分配表见表 13-3。

表 13-3 I/O 分配表

输　入			输　出		
输入继电器	元件代号	作用	输出继电器	元件代号	作用
		启动			接入电源
		停止			连接成 Y 形
					连接成△形

三相异步电动机的 Y-△降压启动程序：

任务评价

将你们组的程序与其他组（员）的程序进行对比，发现异同，在组内和组外进行充分的讨论，得出最佳程序，并下载到 PLC 中进行调试。

(1) 各小组派代表展示梯形图（利用投影仪），并解析程序含义。

(2) 各小组派人展示三相异步电动机降压启动的控制效果，接受全体同学的检阅，测试小车往复运行控制要求的实现情况。

启动控制功能：____

停止控制功能：____

第一台电动机功能：____________________________________

第二台电动机功能：____________________________________

其他小组提出的改进建议：

（3）学生自我评估与总结。

① 你掌握了哪些知识点？

② 你在编程、接线、调试过程中出现了哪些问题，你是怎么解决的？

③ 你觉得完成的任务中哪些地方做得比较好，哪些地方做得不够好（编程、接线、调试）？

④ 你有哪些地方还没掌握好，还不够清楚？

⑤ 说说你的心得体会。

（4）小组评估与总结。

（5）教师评估（根据各小组学生完成任务的表现，给予综合评价，同时给出该工作任务的正确答案供学生参考）。

（6）各小组对工作岗位的“6S”处理。

小组和教师都完成工作任务总结以后，各小组必须对自己的工作岗位进行“6S”处理（“6S”指“整理、整顿、清扫、清洁、安全、素养”），归还所借的工具、量具和实习工件。

（7）评价表（见表 13-4）。

表 13-4 “任务 13 用功能指令控制三相异步电动机的 Y-△降压启动”评价表

班级：______ 小组：______ 姓名：______		指导教师：______ 日　　期：______					
评价项目	评价标准	评价依据	评价方式			权重	得分小计
			学生自评 20%	小组互评 30%	教师评价 50%		
职业素养	① 遵守企业规章制度、劳动纪律； ② 按时、按质完成工作任务； ③ 积极、主动承担工作任务，勤学好问； ④ 人身安全与设备安全； ⑤ 工作岗位“6S”完成情况	① 出勤； ② 工作态度； ③ 劳动纪律； ④ 团队协作精神				0.3	

续表 13-4

评价项目	评价标准	评价依据	评价方式			权重	得分小计
			学生自评 20%	小组互评 30%	教师评价 50%		
专业能力	① 掌握传送指令的使用； ② 掌握利用传送指令进行程序设计的方法； ③ 熟练运用 PLC 编程软件进行抢答器的编程设计； ④ 能独立进行程序的输入与调试； ⑤ 具有较强的信息分析、处理能力	① 操作的准确性和规范性； ② 工作页或项目技术总结的完成情况； ③ 专业技能任务的完成情况				0.5	
创新能力	① 在任务完成过程中能提出自己的方案； ② 在教学或生产管理上提出建议，具有创新性	① 方案的可行性及意义； ② 建议的可行性				0.2	
合计							

技能拓展

设计两台三相异步电动机 Y-△降压启动的控制方案，工作方式：按下启动按钮 M_1，电动机降压启动，5 s 后转换成全压运行；3 s 后 M_2 电动机降压启动，5 s 后转换成全压运行。停止：第二台电动机停止后第一台电动机才能停止。

任务十四
用置位、复位指令控制简易机械手

任务名称

用置位、复位指令控制简易机械手。

建议学时

6 学时。

任务描述

现代工业控制发展得越来越快，大部分流水线上操作的工人越来越少了，却多了很多不怕辛苦、不怕累，做常人所不能做的工人，那就是机器人。在产品的打包、搬运和运输过程中，出现的大部分是搬运机械手。在本任务中，主要使学生掌握用置位、复位指令控制生产线上搬运机械手的方法。学生接到本任务后，应根据任务要求准备工具和仪器仪表，做好工作现场准备，严格遵守作业规范进行施工，线路安装完毕后进行调试，填写相关表格并交指导教师验收。按照现场管理规范清理场地、归置物品。

任务要求

利用置位、复位指令控制机械手，实现如图 14-1 的工件搬运。

能力目标

(1) 掌握换向阀的工作原理。

(2) 掌握控制简易机械手的管道连接。

(3) 掌握机械手的输入、输出接线。

(4) 掌握利用置位、复位指令实现对机械手控制的方法。

(5) 能独立完成任务。

任务准备

一、理论知识

1. 工作原理图

机械手工作步序如图 14-1 所示，采用 PLC 控制的简易机械手如图 14-2 所示。

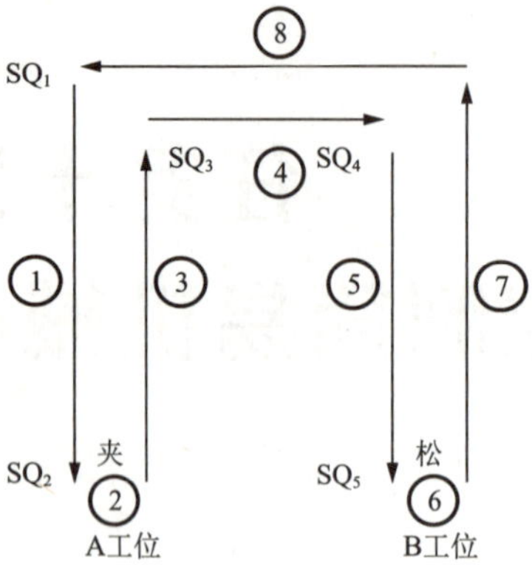

图 14-1　简易机械手工作步序图

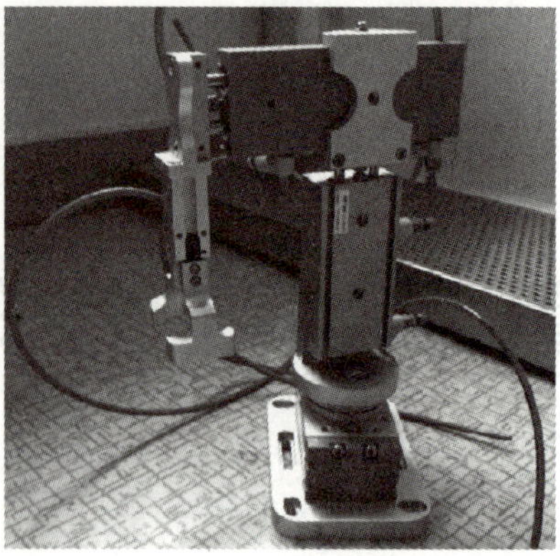

图 14-2　简易机械手

2. 控制简易机械手的部分构件

换向阀：用于控制机械手几个汽缸的动作方向，如图 14-3(a)所示。

磁性开关：把机械手汽缸的位置传给 PLC 的输入继电器，如图 14-3(b)所示。

输入、输出接口板：用于连接机械手的输入、输出信号，如图 14-3(c)所示。

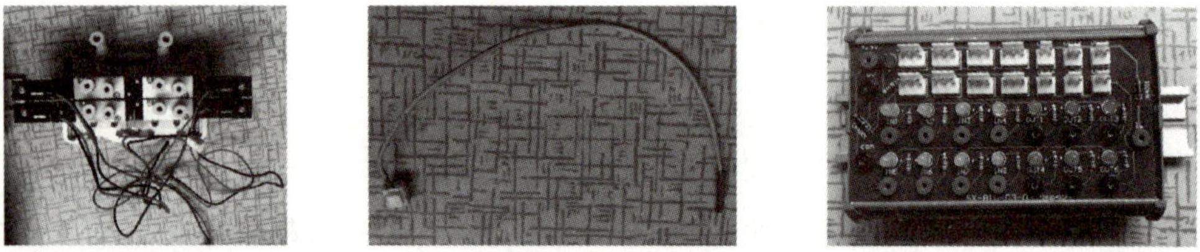

(a) 换向阀　　(b) 磁性开关　　(c) 输入、输出接口板

图 14-3　控制简易机械手的部分构件

二、工具与材料准备

为完成工作任务，每个工作小组需要向工作站内的仓库工作人员提供借用工具清单(见附表 1)和材料清单(见附表 2)。

三、团队分配的方案

将学生分为 5 个小组，每个工作技能岛为 1 组，根据技能岛的工位要求，每组 6 人，每组指定 1 人为小组长、2 人为材料管理员，小组长负责组织本组相关问题的计划、实施、讨论及汇总；材料管理员负责材料领取、分发，填写各组员工作任务实施材料的相关记录表。

任务决策

(1) 按照上面的编程思路制定 PLC 的 I/O 分配表(见表 14-1。)

表 14-1　I/O 分配表

输　入			输　出		
输入继电器	代号	作用	输出继电器	代号	作用
X10		启动	Y10	YV1	上下

(2) 各组画图表达本组的编程思路。

任务实施

(1) 设计机械手控制部分的 PLC 程序(梯形图)。

参考依据:PLC 的 I/O 分配表、PLC 的 I/O 接线图和机械手的控制要求。

(2) 部分控制功能参考。

① 控制机械手的上、下运动(见图 14-4)。

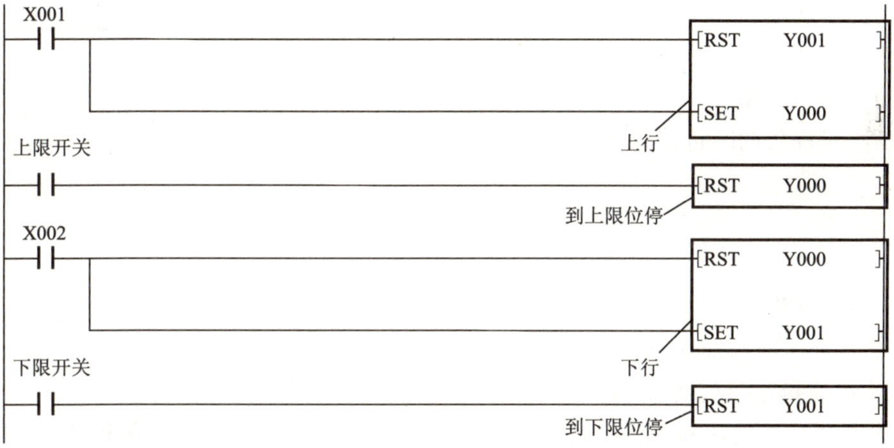

图 14-4　控制机械手的上、下运动

② 控制机械手的夹紧、松开(见图 14-5)。

图 14-5　控制机械手的夹紧、松开

(3) 根据掌握的知识编制控制机械手的程序。

任务评价

将你们组的程序与其他组(员)的程序进行对比,发现异同,在组内和组外进行充分的讨论,得出最佳程序,并下载到 PLC 中进行调试。

(1) 各小组派代表展示梯形图(利用投影仪),并解析程序含义。

(2) 各小组派人展示机械手的控制效果,接受全体同学的检阅,测试机械手控制要求的实现情况。

启动控制功能:____

停止控制功能:____

机械手搬运功能:______________________________________

其他小组提出的改进建议:

(3) 学生自我评估与总结。

① 你掌握了哪些知识点?

② 你在编程、接线、调试过程中出现了哪些问题,你是怎么解决的?

③ 你觉得完成的任务中哪些地方做得比较好,哪些地方做得不够好(编程、接线、调试)?

④ 你有哪些地方还没掌握好,还不够清楚?

⑤ 说说你的心得体会。

(4) 小组评估与总结。

(5) 教师评估(根据各小组学生完成任务的表现,给予综合评价,同时给出该工作任务的正确答案供学生参考)。

(6) 各小组对工作岗位的"6S"处理。

小组和教师都完成工作任务总结以后,各小组必须对自己的工作岗位进行"6S"处理

（“6S”指“整理、整顿、清扫、清洁、安全、素养”），归还所借的工具、量具和实习工件。

（7）评价表（见表 14-2）。

表 14-2　“任务 14　用置位、复位指令控制简易机械手”评价表

班级：________ 小组：________ 姓名：________		指导教师：________ 日　　期：________					
评价项目	评价标准	评价依据	评价方式			权重	得分小计
			学生自评 20%	小组互评 30%	教师评价 50%		
职业素养	① 遵守企业规章制度、劳动纪律； ② 按时、按质完成工作任务； ③ 积极、主动承担工作任务，勤学好问； ④ 人身安全与设备安全； ⑤ 工作岗位“6S”完成情况	① 出勤； ② 工作态度； ③ 劳动纪律； ④ 团队协作精神				0.3	
专业能力	① 掌握利用置位、复位指令进行工步程序设计的方法； ② 熟练运用置位、复位指令对机械手的编程设计； ③ 能够根据实际设备进行编程设计； ④ 能独立进行程序的输入与调试	① 操作的准确性和规范性； ② 工作页或项目技术总结完成情况； ③ 专业技能任务完成情况				0.5	
创新能力	① 在任务完成过程中能提出自己的有一定见解的方案； ② 在教学或生产管理上提出建议，具有创新性	① 方案的可行性及意义； ② 建议的可行性				0.2	
合计							

技能拓展

有 9 盏灯 HL_1～HL_9 接在 Y0～Y10 上，要求：按下启动按钮，由 HL_1～HL_9 每间隔 1 s 依次全部点亮；再由 HL_9～HL_1 依次全部熄灭。利用置位、复位指令进行设计，程序应有停止功能。

任务十五
用步进指令控制简易机械手

任务名称

用步进指令控制简易机械手。

建议学时

6学时。

任务描述

现代工业控制发展得越来越快，大部分流水线上操作的工人越来越少了，却多了很多不怕辛苦、不怕累，做常人所不能做的“工人”，那就是机器人。在产品的打包、搬运和运输过程中，出现的大部分是搬运机械手。在本任务中，主要使学生掌握用步进指令控制生产线上搬运机械手的方法。学生接到本任务后，应根据任务要求准备工具和仪器仪表，做好工作现场准备，严格遵守作业规范进行施工，线路安装完毕进行调试，填写相关表格并交指导教师验收。按照现场管理规范清理场地、归置物品。

任务要求

利用步进指令控制机械手，实现图15-1所示顺序的搬运。

能力目标

（1）掌握换向阀的工作原理。

（2）掌握控制简易机械手的管道连接。

（3）掌握机械手的输入、输出接线。

（4）掌握利用步进指令实现对机械手控制的方法。

（5）能独立完成任务。

任务准备

一、理论知识

1.工作原理图

机械手工作步序如图15-1所示，采用PLC控制的简易机械手如图15-2所示。

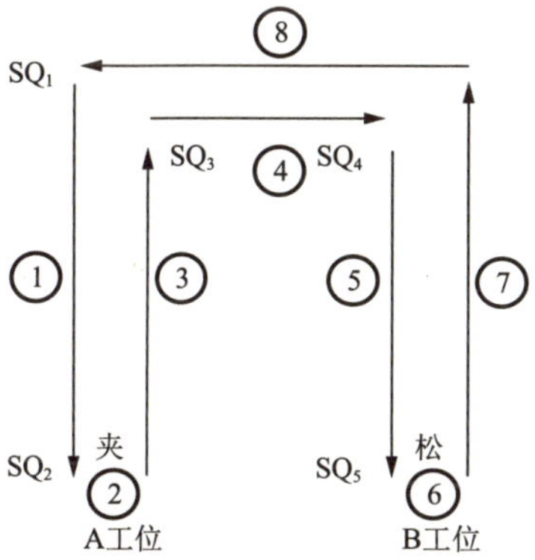

图 15-1　机械手工作步序

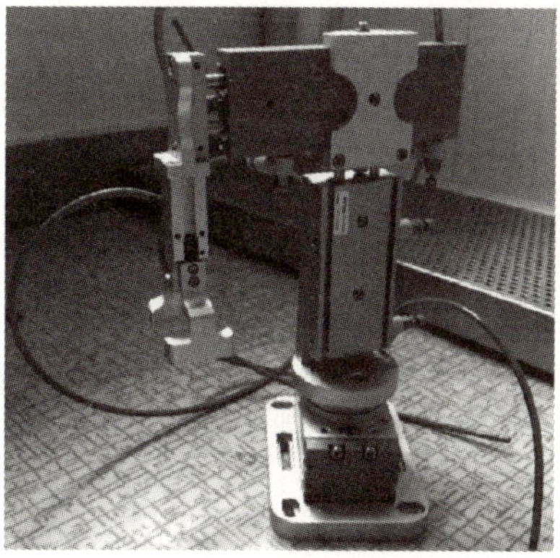

图 15-2　机械手

2. 控制简易机械手的部分构件

换向阀：用于控制机械手几个气缸的动作方向，如图 15-3(a)所示。

磁性开关：把机械手气缸的位置传给 PLC 的输入继电器，如图 15-3(b)所示。

输入、输出接口板：用于连接机械手的输入、输出信号，如图 15-3(c)所示。

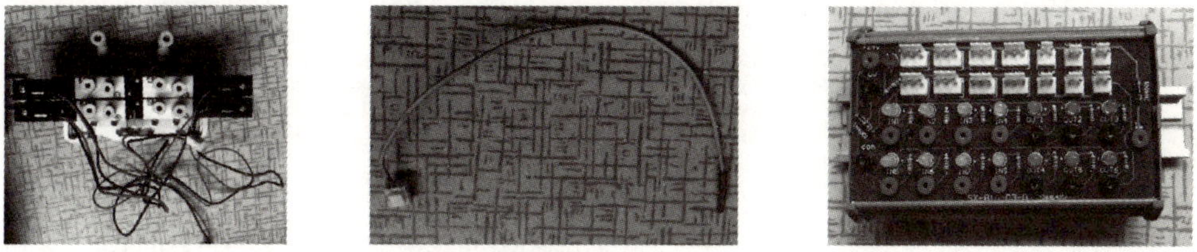

(a) 换向阀　　(b) 磁性开关　　(c) 输入、输出接口板

图 15-3　控制简易机械手的部分构件

二、工具与材料准备

为完成工作任务，每个工作小组需要向工作站内的仓库工作人员提供借用工具清单(见附表 1)和材料清单(见附表 2)。

三、团队分配的方案

将学生分为 5 个小组，每个工作技能岛为 1 组，根据技能岛的工位要求，每组 6 人，每组指定 1 人为小组长、2 人为材料管理员，小组长负责组织本组相关问题的计划、实施、讨论及汇总；材料管理员负责材料领取、分发，填写各组员工作任务实施材料的相关记录表。

任务决策

(1) 按照前面的编程思路制定 PLC 的 I/O 分配表(见表 15-1)。

表 15-1　I/O 分配表

输　入			输　出		
输入继电器	代号	作用	输出继电器	代号	作用
X10		启动	Y10	YV1	上下

（2）各组画图表达本组的编程思路。

任务实施

（1）设计机械手控制部分的PLC程序（梯形图）。

参考依据：PLC的I/O分配表、PLC的I/O接线图和机械手控制要求。

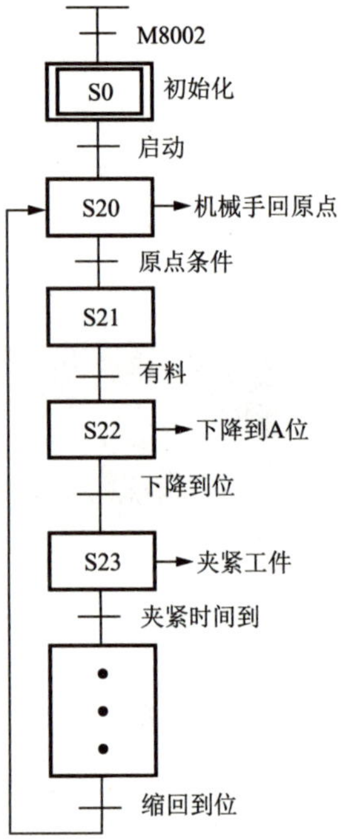

图15-4　状态转移图

（2）部分控制功能参考。

① 状态转移图。

状态转移图如图15-4所示。

② 机械手回原点参考程序。

若要求机械手的原点位置为缩回、上升、松开状态，则机械手回原点的参考程序如图15-5所示。

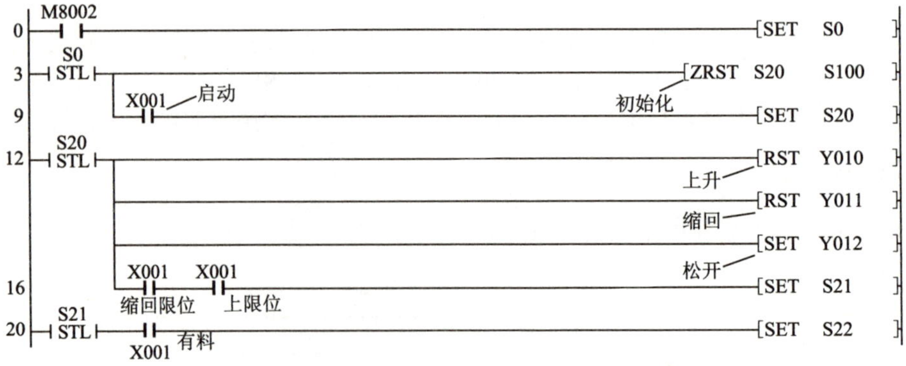

图15-5　机械手回原点参考程序

③ 机械手搬运部分参考程序。

机械手搬运部分的参考程序如图15-6所示。

图 15-6　机械手搬运部分参考程序

（3）根据掌握的信息编制控制机械手的状态转移图及程序。

（4）设计机械手的几种工作方式。

① 第一种工作方式。

半自动：在全自动基础上增加半自动工作方式。当选择半自动工作方式时，机械手完成一周流程后停止，再次按下启动按钮时重新启动。

② 第二种工作方式。

单步：在全自动与半自动的基础上增加单步的工作方式。当选择单步工作方式后，每按一下启动按钮，机械手执行一步工序。

任务评价

将你们组的程序与其他组（员）的程序进行对比，发现异同，在组内和组外进行充分的讨论，得出最佳程序，并下载到 PLC 中进行调试和修改。

（1）各小组派代表展示梯形图（利用投影仪），并解析程序含义。

（2）各小组派人展示机械手的控制效果，接受全体同学的检阅，测试机械手控制要求的实现情况。

启动控制功能：________________

停止控制功能：________________

回原点功能：________________

机械手第一种工作方式：________________

机械手第二种工作方式：________________

其他小组提出的改进建议：

(3) 学生自我评估与总结。

① 你掌握了哪些知识点?

② 你在编程、接线、调试过程中出现了哪些问题,你是怎么解决的?

③ 你觉得完成的任务中哪些地方做得比较好,哪些地方做得不够好(编程、接线、调试)?

④ 你有哪些地方还没掌握好,还不够清楚?

⑤ 说说你的心得体会。

(4) 小组评估与总结。

(5) 教师评估(根据各小组学生完成任务的表现,给予综合评价,同时给出该工作任务的正确答案供学生参考)。

(6) 各小组对工作岗位的"6S"处理。

小组和教师都完成工作任务总结以后,各小组必须对自己的工作岗位进行"6S"处理("6S"指"整理、整顿、清扫、清洁、安全、素养"),归还所借的工具、量具和实习工件。

(7) 评价表(见表15-2)。

表15-2 "任务15 用步进指令控制简易机械手"评价表

班级:________ 小组:________ 姓名:________		指导教师:________ 日　　期:________					
评价项目	评价标准	评价依据	评价方式			权重	得分小计
			学生自评 20%	小组互评 30%	教师评价 50%		
职业素养	① 遵守企业规章制度、劳动纪律; ② 按时、按质完成工作任务; ③ 积极、主动承担工作任务,勤学好问; ④ 人身安全与设备安全; ⑤ 工作岗位"6S"完成情况	① 出勤; ② 工作态度; ③ 劳动纪律; ④ 团队协作精神				0.3	

续表 15-2

评价项目	评价标准	评价依据	评价方式			权重	得分小计
			学生自评 20%	小组互评 30%	教师评价 50%		
专业能力	① 掌握步进顺序指令的应用； ② 熟练运用步进指令对机械手进行编程设计； ③ 掌握机械手几种工作方式的编程设计； ④ 能独立进行程序的输入与调试	① 操作的准确性和规范性； ② 工作页或项目技术总结的完成情况； ③ 专业技能任务的完成情况				0.5	
创新能力	① 在任务完成过程中能提出自己的方案； ② 在教学或生产管理上提出建议，具有创新性	① 方案的可行性及意义； ② 建议的可行性				0.2	
合计							

技能拓展

回原点：启动前，当机械手不在原点时，按下启动按钮，机械手必须自动返回原点；若机械手夹有工件，则应把工件放至目的地后再返回原点。

任务十六 控制物料分拣（一）

任务名称

用传感器控制物料分拣(一)。

建议学时

6 学时。

任务描述

物品分拣在邮局中经常用于包裹和信件的分拣；在一些流水线生产中也经常用这种方式区分物品的大小、颜色和材质。在此项典型工作任务中，主要使学生掌握用 PLC 控制物料分拣的方法。学生接到本任务后，应根据任务要求准备工具和仪器仪表，做好工作现场准备，严格遵守作业规范进行施工，线路安装完毕进行调试，填写相关表格并交指导教师验收。按照现场管理规范清理场地、归置物品。

任务要求

(1) 初步理解传感器的工作原理，学会光电传感器、光纤传感器、金属与非金属检测传感器的正确接线。

(2) 各小组发挥团队协作精神，学会传感器在自动生产线控制中的应用。

能力目标

(1) 掌握传感器的原理。

(2) 掌握传感器在 PLC 中的应用，利用传感器实现自动控制。

任务准备

一、理论知识

什么叫传感器？从广义上讲，传感器就是能感知外界信息并能按一定规律将这些信息转换成可用信号的装置。简单地说，传感器是将外界信号转换为电信号的装置，它由敏感元器件(感知元件)和转换器件两部分组成，有的半导体敏感元器件可以直接输出电信号，本身就构成传感器。

敏感元器件品种繁多，就其感知外界信息的原理来讲，可分为：① 物理类，基于力、热、光、电、磁和声等物理效应；② 化学类，基于化学反应的原理；③ 生物类，基于酶、抗体和激素等分子识别功能。通常依据其基本感知功能可分为热敏元件、光敏元件、气敏元件、力敏元件、磁敏元件、湿敏元件、声敏元件、放射线敏感元件、色敏元件和味敏元件十大类。

1. 温度传感器及热敏元件

(1) 半导体热敏电阻的工作原理。

半导体热敏电阻按温度特性可分为两类，随温度上升电阻增加的为正温度系数热敏电阻，反之为负温度系数热敏电阻。

① 正温度系数热敏电阻的工作原理。

此种热敏电阻以钛酸钡($BaTiO_3$)为基本材料，再掺入适量的稀土元素，利用陶瓷工艺高温烧结而成。纯钛酸钡是一种绝缘材料，但掺入适量的稀土元素[如镧(La)和铌(Nb)等]后，就变成了半导体材料，称为半导体化钛酸钡。它是一种多晶体材料，晶粒之间存在着晶粒界面，对于导电电子而言，晶粒间界面相当于一个位垒。当温度低时，由于半导体化钛酸钡内电场的作用，导电电子很容易越过位垒，所以电阻值较小；当温度升高到居里点(即临界温度，是此元件的“温度控制点”，钛酸钡的居里点一般为 120 ℃)时，内电场受到破坏，不能帮助导电电子越过位垒，所以电阻值急剧增加。这种元件未达居里点前电阻随温度变化非常缓慢，具有恒温、调温和自动控温的功能，只发热，不发红，无明火，不易燃烧，交流、直流电压 3～440 V 均可，使用寿命长，非常适用于电动机等电气装置的过热探测。

② 负温度系数热敏电阻的工作原理。

负温度系数热敏电阻是以氧化锰、氧化钴、氧化镍、氧化铜和氧化铝等金属氧化物为主要原料，采用陶瓷工艺制造而成的。这些金属氧化物材料都具有半导体性质，因为在导电方式上完全类似于锗、硅等半导体材料。温度低时，它们体内的载流子(电子和空穴)数目少，因此电阻值较高；随着温度升高其体内载流子数目增加，所以电阻值降低。负温度系数热敏电阻类型很多，分低温(−60～300 ℃)、中温(300～600 ℃)、高温(600 ℃以上)三种，有灵敏度高、稳定性好、响应快、寿命长、价格低等优点，广泛应用于需要定点测温的温度自动控制电路中，如冰箱、空调、温室等温控系统。

2. 光传感器及光敏元件

光传感器主要由光敏元件组成。光敏元件发展迅速、品种繁多、应用广泛。市场出售的有光敏电阻器、光电二极管、光电三极管、光电耦合器和光电池等。

(1) 光敏电阻器。

光敏电阻器由能透光的半导体光电晶体构成，根据半导体光电晶体的成分，又可分为可见光光敏电阻(硫化镉晶体)、红外光光敏电阻(砷化镓晶体)和紫外光光敏电阻(硫化锌晶体)。当敏感波长的光照在半导体光电晶体表面上时，晶体内载流子增加，则电导率增加(即电阻减小)。

(2) 光电二极管。

和普通二极管相比，除它的管芯也是一个 PN 结，具有单向导电性能外，其他均差异很大。第一，管芯内的 PN 结结深比较浅(小于 1 μm)，这样可以提高光电转换能力；第二，PN 结面积比较大，电极面积很小，这样有利于光敏面多收集光线；第三，光电二极管在外观上都有一个用有机玻璃透镜密封，能汇聚光线于光敏面的“窗口”，所以光电二极管的灵敏度和响应时间远远优于光敏电阻。

3.气敏传感器及气敏元件

半导体气敏元件有N型和P型之分。检测时N型阻值随气体浓度的增大而减小，P型阻值随气体浓度的增大而增大。SnO_2 金属氧化物半导体气敏材料属于N型半导体，200～300 ℃时吸附空气中的氧，形成氧的负离子吸附，使半导体中的电子密度减小，从而使电阻值增加。当遇到能供给电子的可燃气体(如CO等)时，原来吸附的氧脱附，而由可燃气体以正离子状态吸附在金属氧化物半导体的表面上。氧脱附放出电子，可燃性气体以正离子状态吸附也要放出电子，从而使氧化物半导体导中的电子密度增加，电阻值下降。可燃性气体不存在时金属氧化物半导体又会自动恢复氧的负离子吸附，使电阻值升高到初始状态。这就是半导体气敏元件检测可燃气体的基本原理。

目前，国产的气敏元件有两种：一种是直热式，加热丝和测量电极一同烧结在金属氧化物的半导体管芯内；另一种是旁热式，气敏元件以陶瓷管为基底，管内穿加热丝，管外侧有两个测量极，测量极之间为金属氧化物气敏材料，经高温烧结而成。

4.力敏传感器和力敏元件

力敏传感器的种类甚多，传统的测量方法利用弹性材料的形变和位移来表示。随着微电子技术的发展，利用半导体材料的压阻效应(即对其某一方向施加压力，其电阻率发生变化)和良好的弹性，已经研制出体积小、重量轻、灵敏度高的力敏传感器，广泛用于测量压力、加速度等物理力学量。

5.磁敏传感器和磁敏元件

目前磁敏元件有霍尔器件(基于霍尔效应)、磁阻器件(基于磁阻效应：外加磁场使半导体的电阻随磁场的增大而增加)、磁敏二极管和三极管等。以磁敏元件为基础的磁敏传感器在一些电学量、磁学量和力学量的测量中得到广泛应用。

6.常见传感器的外观

几种常见传感器的外观如图16-1所示。

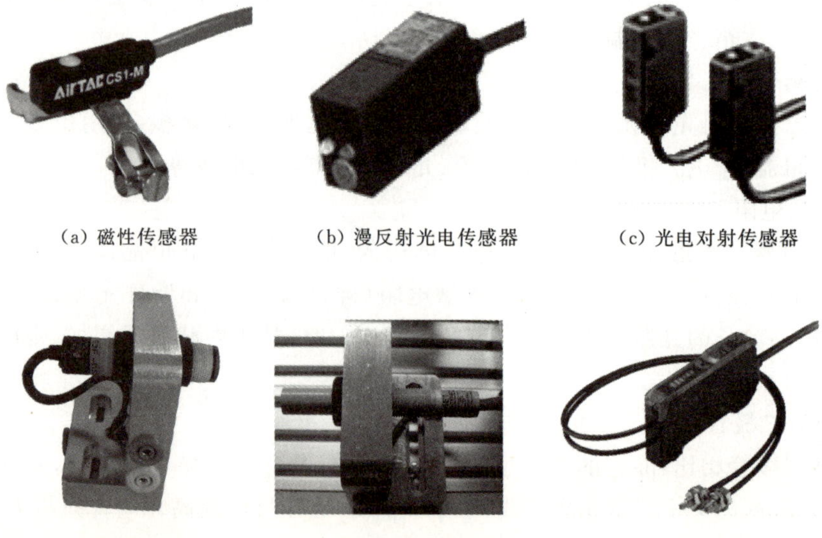

(a) 磁性传感器　(b) 漫反射光电传感器　(c) 光电对射传感器

(d) 光电传感器　(e) 金属传感器　(f) 光纤传感器

图16-1　常见传感器的外观

二、工具与材料准备

为完成工作任务，每个工作小组需要向工作站内的仓库工作人员提供借用工具清单(见附表1)和材料清单(见附表2)。

三、团队分配的方案

将学生分为5个小组，每个工作技能岛为1组，根据技能岛的工位要求，每组6人，每组指定1人为小组长、2人为材料管理员，小组长负责组织本组相关问题的计划、实施、讨论及汇总；材料管理员负责材料领取、分发，填写各组员工作任务实施材料的相关记录表。

任务决策

按照设计的编程思路，首先需要制定PLC的I/O分配表(见表16-1)，重点需要弄清楚分拣机上的传感器与PLC相对应的输入信号及PLC相对应的输出信号。

表16-1　I/O分配表

输入			输出		
输入继电器	元件代号	作用	输出继电器	元件代号	作用
X0			Y0		
X1			Y1		
X2			Y2		
X3			Y3		
X4			Y4		
X5			Y5		
X6			Y6		
X7			Y7		
X10			Y10		
X11			Y11		
X12			Y12		
X13			Y13		
X14			Y14		

任务实施

实施要求：每组派代表上台展示PLC的I/O分配表，并说明I/O表的内容；各组以画图的形式展示并说明本组的编程思路；其他组同学给你们提供了哪些意见或建议。

(1) 根据控制要求分类编写 PLC 控制程序(梯形图)。

参考依据:PLC 的 I/O 分配表和自动分拣生产线的控制要求。

(2) 参考前面的 I/O 分配表,根据控制要求画出状态流程图。

任务评价

将你们组的 I/O 分配表与其他组(员)的进行对比,发现异同,在组内和组外进行充分的讨论,得出正确的 I/O 分配表,为后续编程做准备。

(1) 各小组派代表展示正确的 I/O 分配表(利用投影仪),并解析各 I/O 的含义。

其他小组提出的改进建议:

(2) 学生自我评估与总结。

① 你掌握了哪些知识点?

② 你在编程、接线、调试过程中出现了哪些问题,你是怎么解决的?

③ 你觉得完成的任务中哪些地方做得比较好,哪些地方做得不够好(编程、接线、调试)?

④ 你有哪些地方还没掌握好,还不够清楚?

⑤ 说说你的心得体会。

(3) 小组评估与总结。

(4) 教师评估(根据各小组学生完成任务的表现,给予综合评价,同时给出该工作任务的正确答案供学生参考)。

(5) 各小组对工作岗位的“6S”处理。

小组和教师都完成工作任务总结以后，各小组必须对自己的工作岗位进行“6S”处理(“6S”指“整理、整顿、清扫、清洁、安全、素养”)，归还所借的工具、量具和实习工件。

(6) 评价表(见表 16-2)。

表 16-2 “任务 16 控制物料分拣(一)”评价表

班级：________ 小组：________ 姓名：________		指导教师：________ 日　期：________					
评价项目	评价标准	评价依据	评价方式			权重	得分小计
			学生自评 20%	小组互评 30%	教师评价 50%		
职业素养	① 遵守企业规章制度、劳动纪律； ② 按时、按质完成工作任务； ③ 积极、主动承担工作任务，勤学好问； ④ 人身安全与设备安全； ⑤ 工作岗位“6S”完成情况	① 出勤； ② 工作态度； ③ 劳动纪律； ④ 团队协作精神				0.3	
专业能力	① 熟练制作 PLC 的 I/O 分配表； ② 能独立进行程序的输入与调试； ③ 掌握传感器在自动化控制中的应用； ④ 有较强的信息分析、处理能力	① 操作的准确性和规范性； ② 工作页或项目技术总结的完成情况； ③ 专业技能任务的完成情况；				0.5	
创新能力	① 在任务完成过程中能提出自己的方案； ② 在教学或生产管理上提出建议，具有创新性	① 方案的可行性及意义； ② 建议的可行性				0.2	
合计							

任务十七
控制物料分拣（二）

任务名称

用传感器控制物料分拣(二)。

建议学时

6 学时。

任务描述

用传感器控制物料分拣机。

任务要求

(1) 学会根据控制要求分类编写 PLC 控制程序的方法。

(2) 学会气动控制元件的使用及正确接线。

(3) 学会使用真空吸盘。

(4) 各小组发挥团队协作精神,学会传感器在自动分拣机控制中的应用。

能力目标

配合利用 PLC 和传感器区分不同类型的物料,掌握根据控制要求分类编写 PLC 控制程序的方法。

任务准备

一、理论知识

1. 自动分拣生产线实训台

自动分拣生产线实训台由物料筒、推料缸、光纤传感器、运输皮带、交流电动机、光电传感器、金属检测传感器、旋转气缸、手抓、阀岛、金属工件料仓、非金属工件料仓、开关电源、PLC、变频器、触摸屏等组成。自动分拣生产线实训台如图 17-1 所示。

传感器的用途:漫反射传感器用于检测料筒内是否有物料;光电开关用于检测三种物料;金属传感器用于检测金属物料;光纤传感器用于检测白色物料。

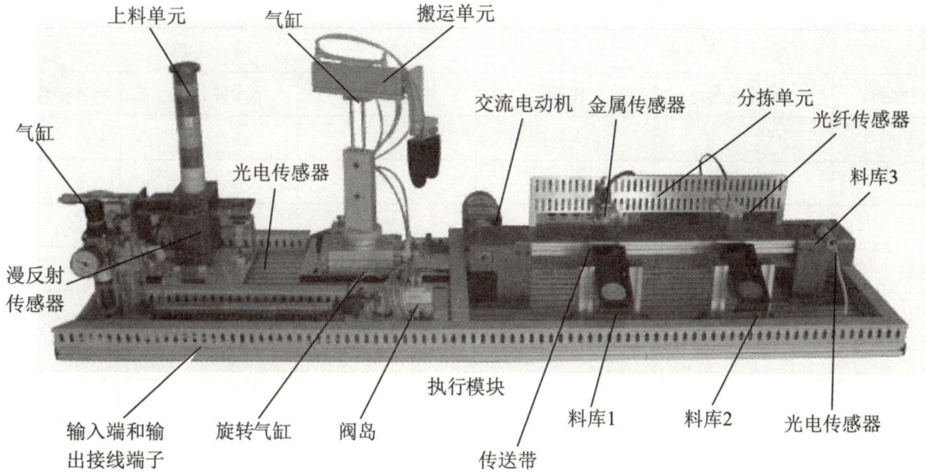

图 17-1 自动分拣生产线实训台

2. 自动分拣生产线的控制要求

系统原点：所有推料气缸缩回；机械手：上方、左方气缸松开；无杆气缸：放料位(物料筒上下对齐)气缸松开。

(1) 按下启动按钮，物料筒漫反射传感器检测是否有工件。

(2) 如果物料筒有工件，1 s 后顶料再推料，将工件推出。

(3) 工件推出后，推料气缸缩回，启动机械手搬运。

(4) 机械手搬运后，启动传送带运行到工件属性判别位。

(5) 金属检测传感器对工件进行属性检测，如果是金属工件，置位辅助继电器软元件，传送带停止运行并把金属工件推到料库 1；如果是非金属，则留传送带上继续往后传送。

3. 设计 I/O 分配表

在设计总的 PLC 程序之前，需要对 PLC 的外围资源有充分的了解，在这个基础上，首先进行分程序的控制设计，形成一定的编程思路，然后设计出 PLC 的 I/O 分配表(或称地址表)，分配表的基本信息应该包含输入端和输出端，以及各端口作用的说明。

二、工具与材料准备

为完成工作任务，每个工作小组需要向工作站内的仓库工作人员提供借用工具清单(见附表 1)和材料清单(见附表 2)。

三、团队分配的方案

将学生分为 5 个小组，每个工作技能岛为 1 组，根据技能岛的工位要求，每组 6 人，每组指定 1 人为小组长、2 人为材料管理员，小组长负责组织本组相关问题的计划、实施、讨论及汇总；材料管理员负责材料领取、分发，填写各组员工作任务实施材料的相关记录表。

任务决策

(1) 按照前面的编程思路制定 PLC 的 I/O 分配表(见表 17-1)。

表 17-1 I/O 分配表

输入			输出		
输入继电器	元件代号	作用	输出继电器	元件代号	作用
X0			Y0		
X1			Y1		
X2			Y2		
X3			Y3		
X4			Y4		
X5			Y5		
X6			Y6		
X7			Y7		
X10			Y10		
X11			Y11		
X12			Y12		
X13			Y13		
X14			Y14		
X15			Y15		
X16			Y16		
X17			Y17		
X20			Y20		
X21			Y21		
X22			Y22		
X23			Y23		
X24			Y24		
X25			Y25		
X26			Y26		
X27			Y27		

(2) 各组画方框图表达本组的编程思路(见图 17-2)。

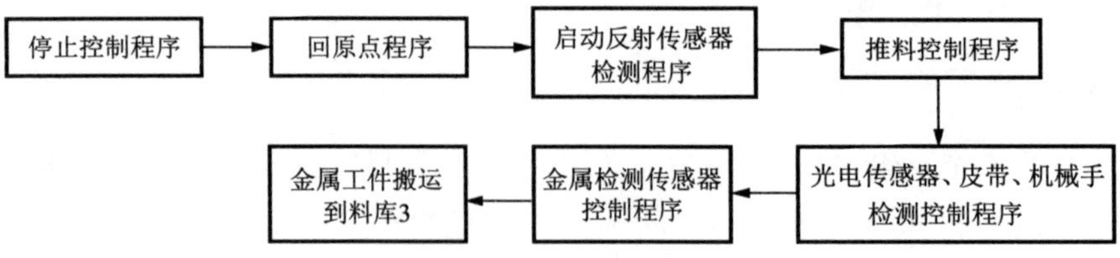

图 17-2 编程框图

任务实施

实施要求：每组派代表上台展示 PLC 的 I/O 分配表，并说明 I/O 表的内容；各组以画图的形式展示并说明本组的编程思路；其他组同学给你们提供了哪些意见或建议。

(1) 根据控制要求分类编写 PLC 控制程序(梯形图)。

参考依据:PLC 的 I/O 分配表和自动分拣生产线的控制要求。

(2) 参考前面的 I/O 分配表,根据控制要求画出状态流程图。

任务评价

将你们组的程序与其他组(员)的程序进行对比,发现异同,在组内和组外进行充分的讨论,得出最佳程序,并下载到 PLC 中进行调试和修改。

(1) 各小组派代表展示梯形图(利用投影仪),并解析程序含义。

(2) 各小组派人展示物料分拣机的控制效果,接受全体同学的检阅,测试物料分拣机控制要求的实现情况。

系统原点功能:______________________________

物料筒检测工件功能:______________________________

顶料、推料功能:______________________________

启动传送带功能:______________________________

金属判别功能:______________________________

非金属判别功能:______________________________

其他小组提出的改进建议:

(3) 学生自我评估与总结。

① 你掌握了哪些知识点?

② 你在编程、接线、调试过程中出现了哪些问题,你是怎么解决的?

③ 你觉得完成的任务中哪些地方做得比较好,哪些地方做得不够好(编程、接线、调试)?

④ 你有哪些地方还没掌握好,还不够清楚?

⑤ 说说你的心得体会。

（4）小组评估与总结。

（5）教师评估（根据各小组学生完成任务的表现，给予综合评价，同时给出该工作任务的正确答案供学生参考）。

（6）各小组对工作岗位的“6S”处理。

小组和教师都完成工作任务总结以后，各小组必须对自己的工作岗位进行“6S”处理（“6S”指“整理、整顿、清扫、清洁、安全、素养”），归还所借的工具、量具和实习工件。

（7）评价表（见表17-2）。

表17-2 “任务17 控制物料分拣(二)”评价表

班级：________ 小组：________ 姓名：________		指导教师：________ 日　　期：________					
评价项目	评价标准	评价依据	评价方式			权重	得分小计
			学生自评 20%	小组互评 30%	教师评价 50%		
职业素养	① 遵守企业规章制度、劳动纪律； ② 按时、按质完成工作任务； ③ 积极、主动承担工作任务，勤学好问； ④ 人身安全与设备安全； ⑤ 工作岗位“6S”完成情况	① 出勤； ② 工作态度； ③ 劳动纪律； ④ 团队协作精神				0.3	
专业能力	① 熟练制作PLC的I/O分配表； ② 能独立进行分类程序的编写与调试； ③ 具有较强的信息分析、处理能力	① 操作的准确性和规范性； ② 工作页或项目技术总结的完成情况； ③ 专业技能任务的完成情况				0.5	
创新能力	① 在任务完成过程中能提出自己的方案； ② 在教学或生产管理上提出建议，具有创新性	① 方案的可行性及意义； ② 建议的可行性				0.2	
合计							

参考程序附件：

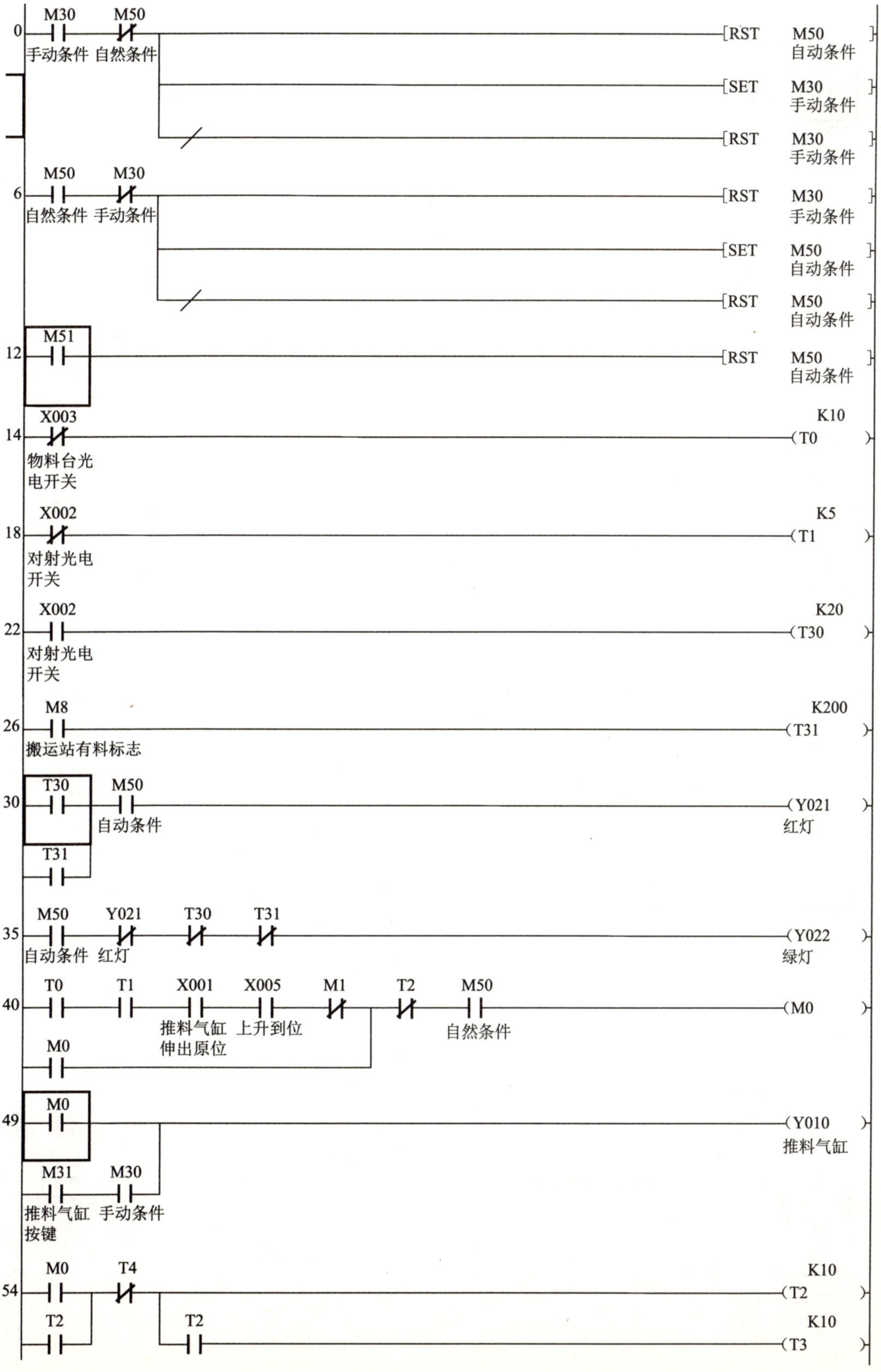
0
M30
手动条件
M50
自然条件
RST M50
自动条件
SET M30
手动条件
RST M30
手动条件
6
M50
自然条件
M30
手动条件
RST M30
手动条件
SET M50
自动条件
RST M50
自动条件
12
M51
RST M50
自动条件
14
X003
物料台光电开关
K10
T0
18
X002
对射光电开关
K5
T1
22
X002
对射光电开关
K20
T30
26
M8
搬运站有料标志
K200
T31
30
T30
M50
自动条件
T31
Y021
红灯
35
M50
自动条件
Y021
红灯
T30
T31
Y022
绿灯
40
T0
T1
X001
推料气缸伸出原位
X005
上升到位
M1
T2
M50
自然条件
M0
M0
49
M0
M31
推料气缸按键
M30
手动条件
Y010
推料气缸
54
M0
T4
T2
K10
T2
T2
K10
T3

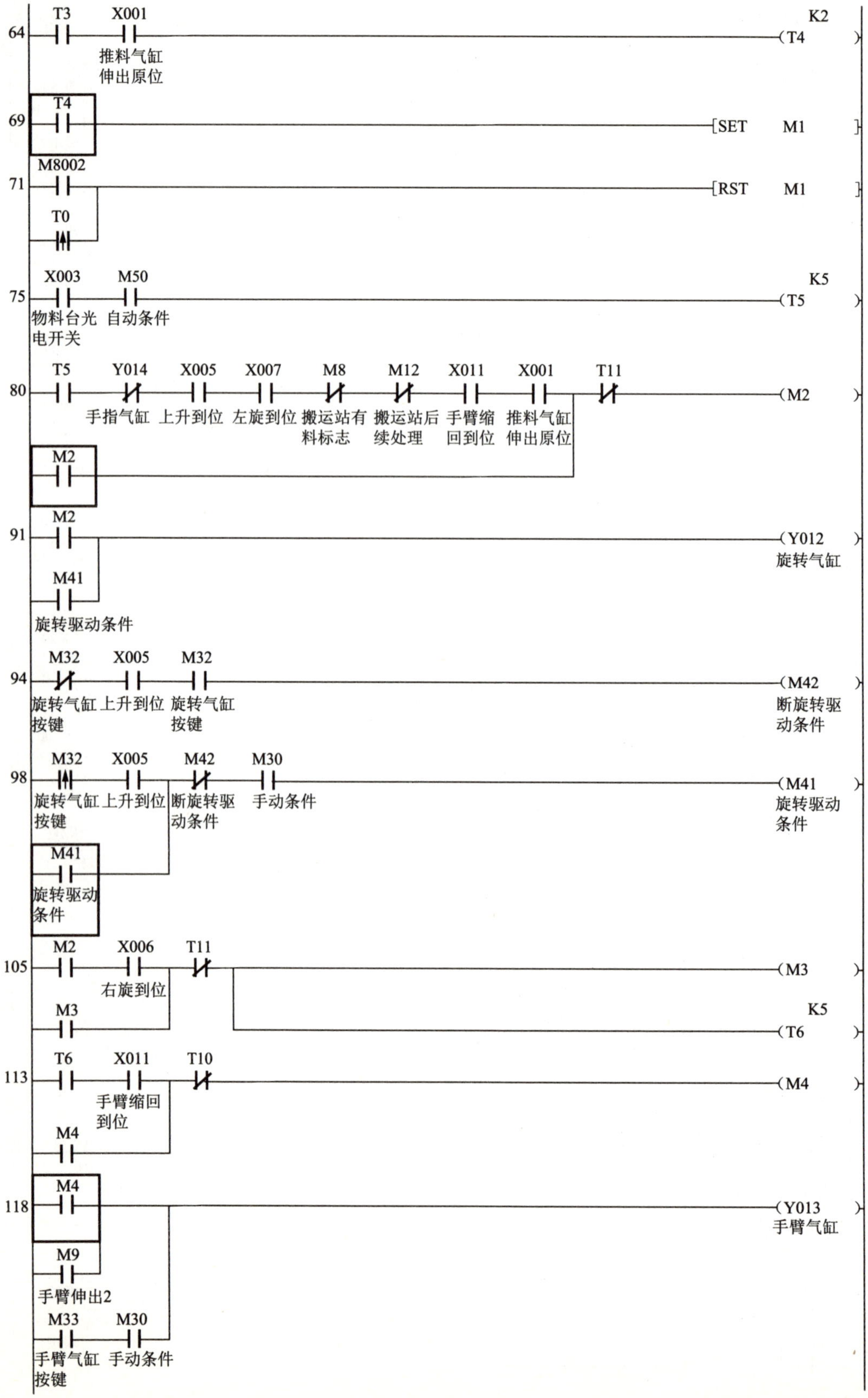
64
T3
X001
推料气缸伸出原位
K2
T4
69
T4
SET M1
71
M8002
T0
RST M1
75
X003
物料台光电开关
M50
自动条件
K5
T5
80
T5
Y014
手指气缸
X005
上升到位
X007
左旋到位
M8
搬运站有料标志
M12
搬运站后续处理
X011
手臂缩回到位
X001
推料气缸伸出原位
T11
M2
M2
91
M2
M41
旋转驱动条件
Y012
旋转气缸
94
M32
旋转气缸按键
X005
上升到位
M32
旋转气缸按键
M42
断旋转驱动条件
98
M32
旋转气缸按键
X005
上升到位
M42
断旋转驱动条件
M30
手动条件
M41
旋转驱动条件
M41
旋转驱动条件
105
M2
X006
右旋到位
T11
M3
M3
K5
T6
113
T6
X011
手臂缩回到位
T10
M4
M4
118
M4
M9
手臂伸出2
M33
手臂气缸按键
M30
手动条件
Y013
手臂气缸

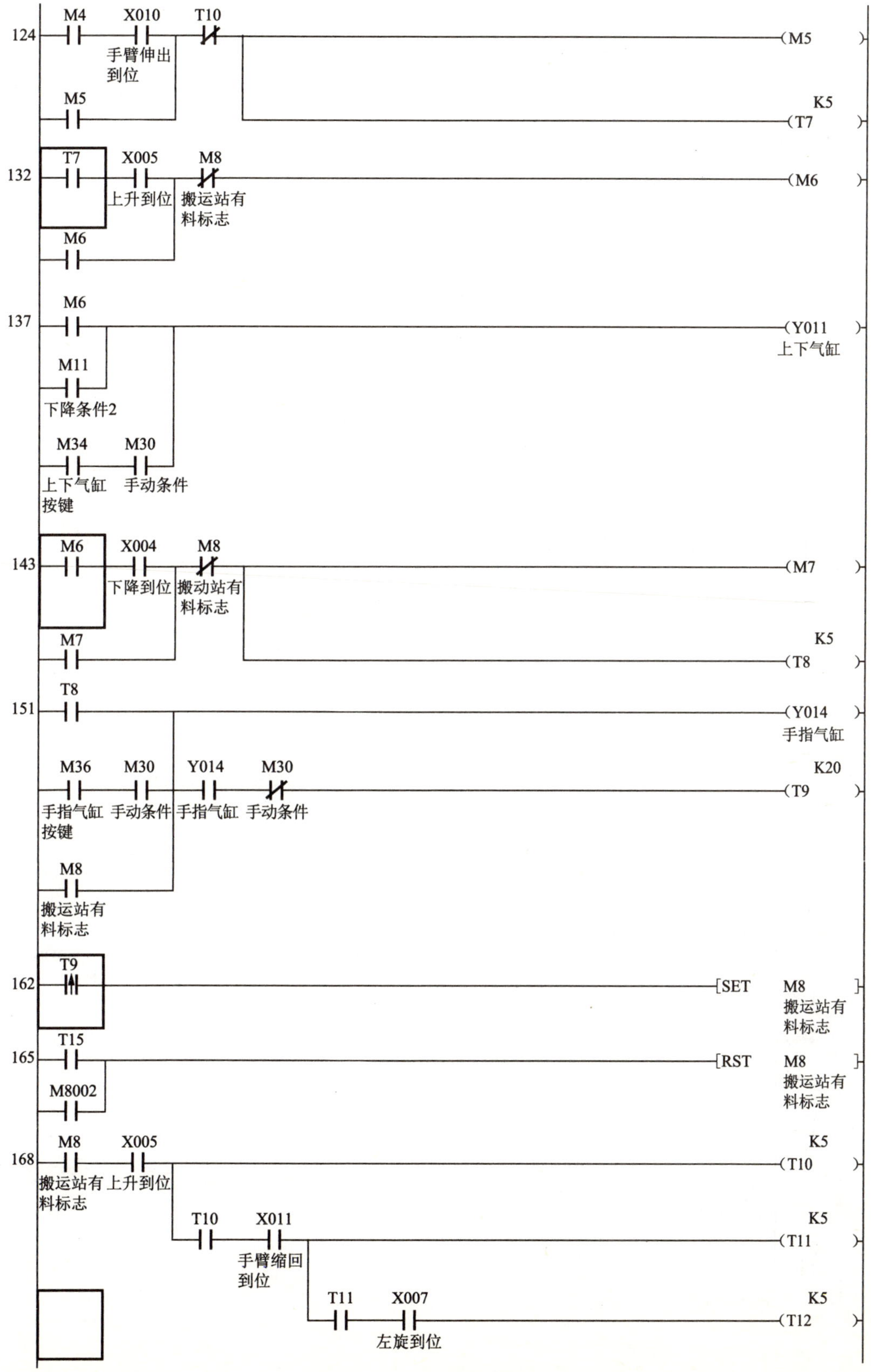
124
M4
X010
手臂伸出
到位
T10
M5
M5
K5
T7
132
T7
X005
上升到位
M8
搬运站有
料标志
M6
M6
137
M6
Y011
上下气缸
M11
下降条件2
M34
上下气缸
按键
M30
手动条件
143
M6
X004
下降到位
M8
搬动站有
料标志
M7
M7
K5
T8
151
T8
Y014
手指气缸
M36
手指气缸
按键
M30
手动条件
Y014
手指气缸
M30
手动条件
K20
T9
M8
搬运站有
料标志
162
T9
SET
M8
搬运站有
料标志
165
T15
M8002
RST
M8
搬运站有
料标志
168
M8
搬运站有
料标志
X005
上升到位
K5
T10
T10
X011
手臂缩回
到位
K5
T11
T11
X007
左旋到位
K5
T12

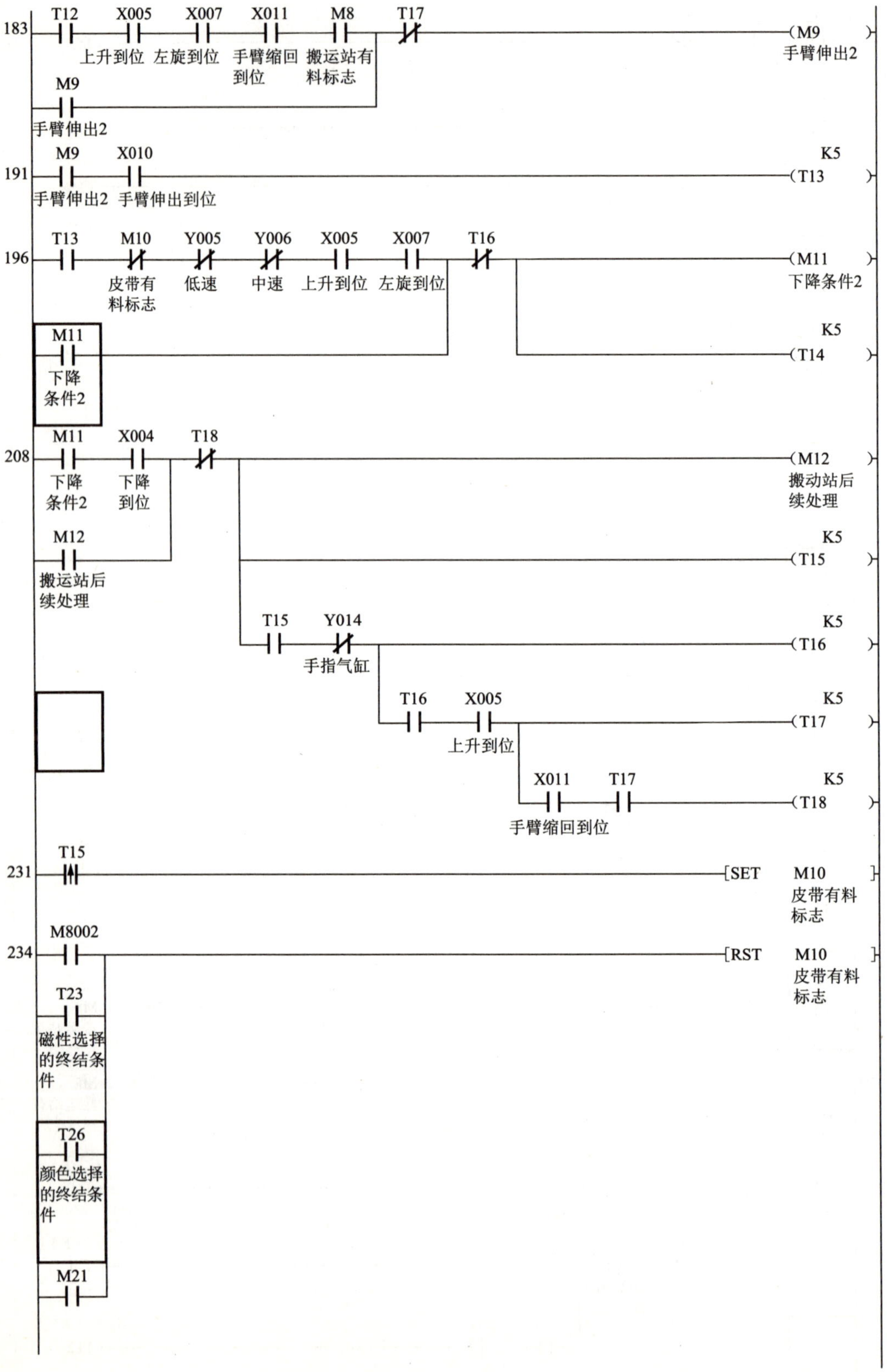
183
T12
X005
上升到位
X007
左旋到位
X011
手臂缩回到位
M8
搬运站有料标志
T17
M9
手臂伸出2
M9
手臂伸出2
191
M9
手臂伸出2
X010
手臂伸出到位
K5
T13
196
T13
M10
皮带有料标志
Y005
低速
Y006
中速
X005
上升到位
X007
左旋到位
T16
M11
下降条件2
M11
下降条件2
K5
T14
208
M11
下降条件2
X004
下降到位
T18
M12
搬动站后续处理
M12
搬运站后续处理
K5
T15
T15
Y014
手指气缸
K5
T16
T16
X005
上升到位
K5
T17
X011
手臂缩回到位
T17
K5
T18
231
T15
SET
M10
皮带有料标志
234
M8002
T23
磁性选择的终结条件
T26
颜色选择的终结条件
M21
RST
M10
皮带有料标志

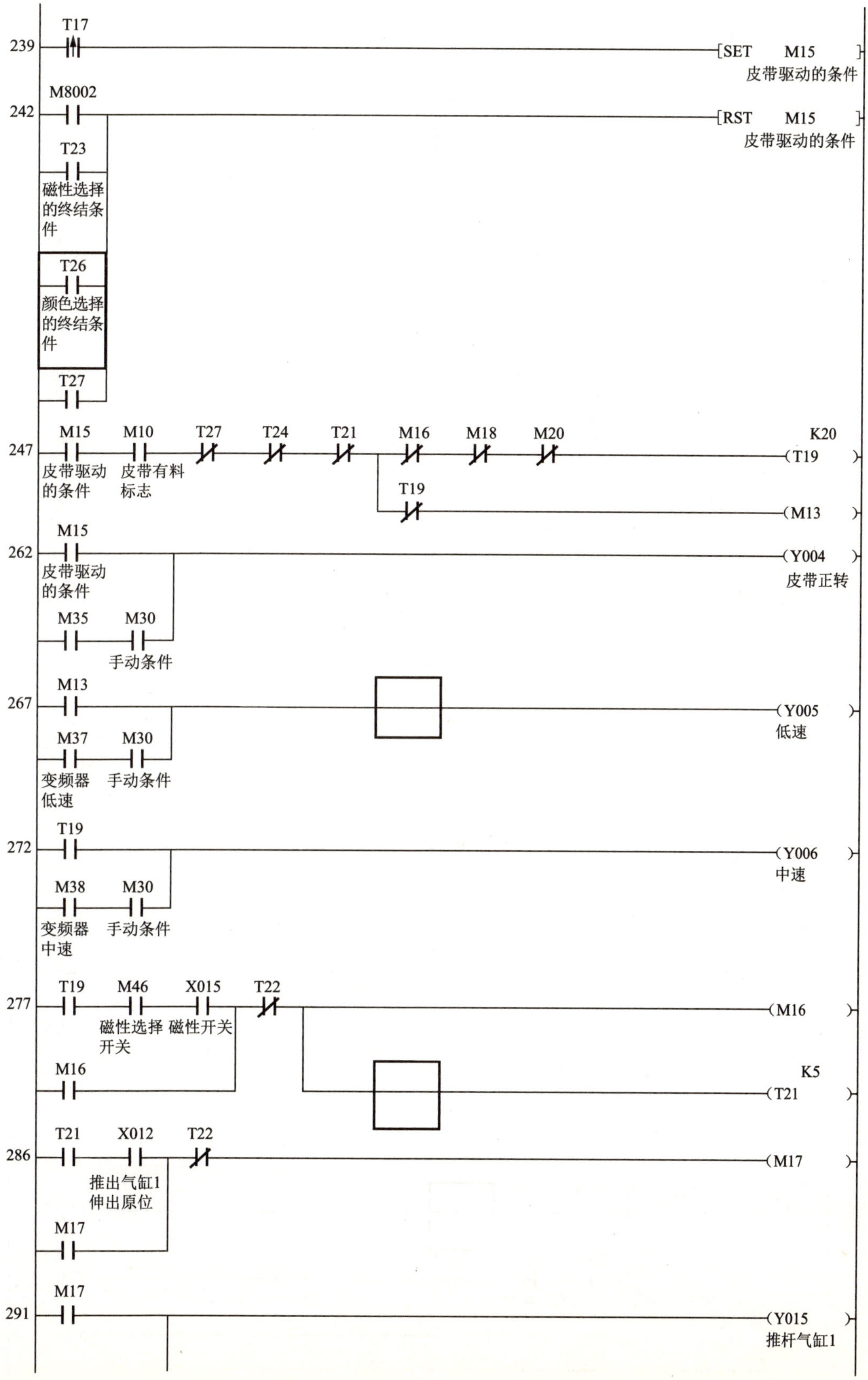
239
T17
SET M15
皮带驱动的条件
242
M8002
RST M15
皮带驱动的条件
T23
磁性选择的终结条件
T26
颜色选择的终结条件
T27
247
M15
M10
T27
T24
T21
M16
M18
M20
K20
T19
皮带驱动的条件
皮带有料标志
T19
M13
262
M15
Y004
皮带驱动的条件
皮带正转
M35
M30
手动条件
267
M13
Y005
低速
M37
M30
变频器低速
手动条件
272
T19
Y006
中速
M38
M30
变频器中速
手动条件
277
T19
M46
X015
T22
M16
磁性选择开关
磁性开关
M16
K5
T21
286
T21
X012
T22
M17
推出气缸1伸出原位
M17
291
M17
Y015
推杆气缸1

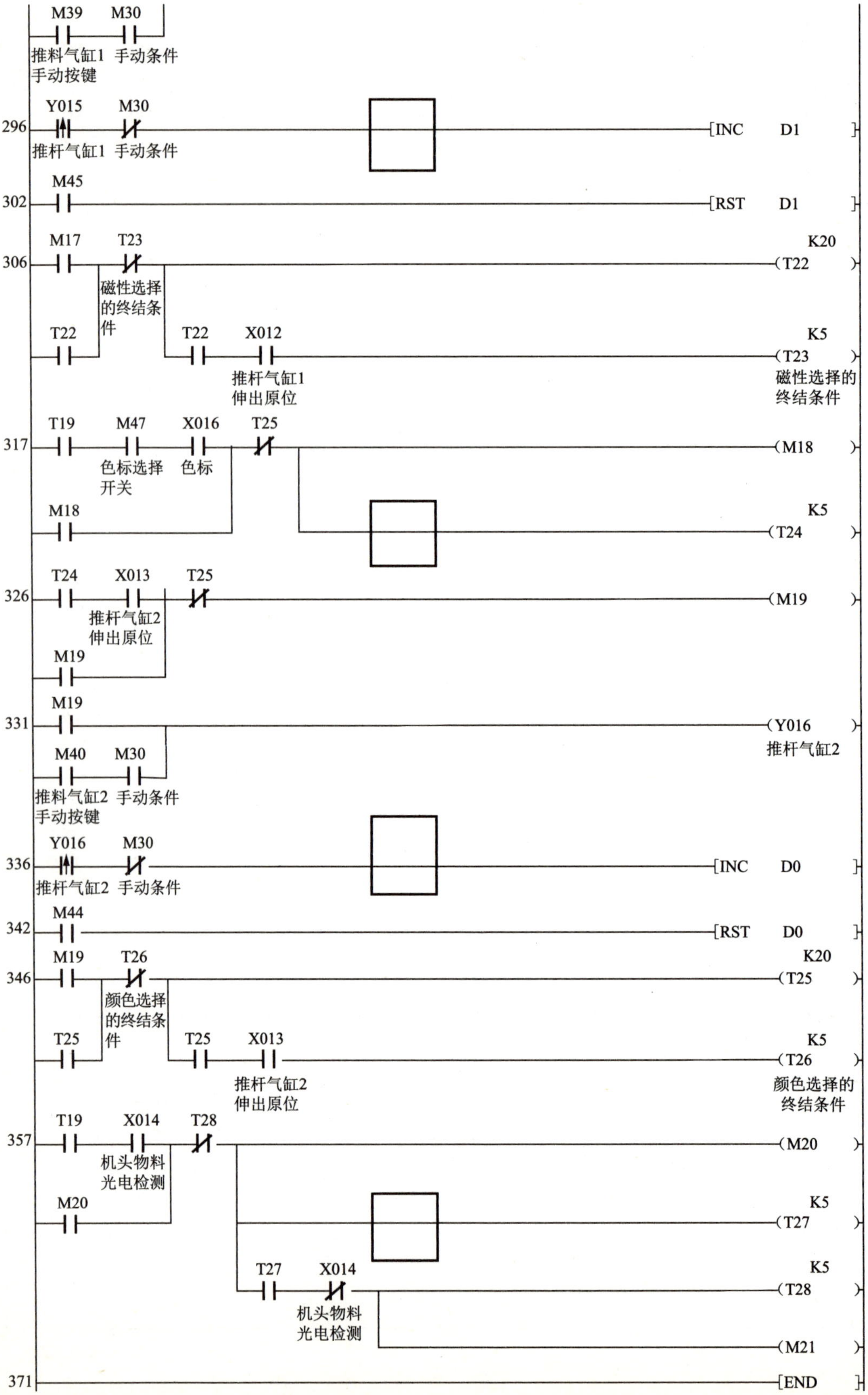
M39 M30
推料气缸1 手动按键
手动条件
296 Y015 M30
推杆气缸1 手动条件
INC D1
302 M45
RST D1
306 M17 T23
磁性选择的终结条件
K20 T22
T22
T22 X012
推杆气缸1 伸出原位
K5 T23
磁性选择的终结条件
317 T19 M47 X016 T25
色标选择开关 色标
M18
M18
K5 T24
326 T24 X013 T25
推杆气缸2 伸出原位
M19
M19
331 M19
Y016
推杆气缸2
M40 M30
推料气缸2 手动按键
手动条件
336 Y016 M30
推杆气缸2 手动条件
INC D0
342 M44
RST D0
346 M19 T26
颜色选择的终结条件
K20 T25
T25
T25 X013
推杆气缸2 伸出原位
K5 T26
颜色选择的终结条件
357 T19 X014 T28
机头物料光电检测
M20
M20
K5 T27
T27 X014
机头物料光电检测
K5 T28
M21
371
END

任务十八
控制物料分拣（三）

任务名称

用传感器控制物料分拣(三)。

建议学时

6 学时。

任务描述

用传感器控制物料分拣机。

任务要求

(1) 学会根据控制要求分类编写 PLC 控制程序的方法。

(2) 学会气动控制元件的使用及正确接线。

(3) 学会使用真空吸盘。

(4) 各小组发挥团队协作精神,学会传感器在自动分拣机控制中的应用。

能力目标

配合利用 PLC 和传感器区分不同类型的物料,掌握根据控制要求分类编写 PLC 控制程序的方法。

任务准备

一、理论知识

1. 自动分拣生产线实训台

自动分拣生产线实训台是由物料筒、推料缸、光纤传感器、运输皮带、交流电动机、光电传感器、金属检测传感器、旋转气缸、手抓、阀岛、金属工件料仓、白属工件料仓、开关电源、PLC、变频器、触摸屏等组成。自动分拣生产线实训台如图 18-1 所示。

传感器的用途:漫反射传感器用于检测料筒内是否有物料;光电开关用于检测三种物料;金属传感器用于检测金属物料;光纤传感器用于检测白色物料。

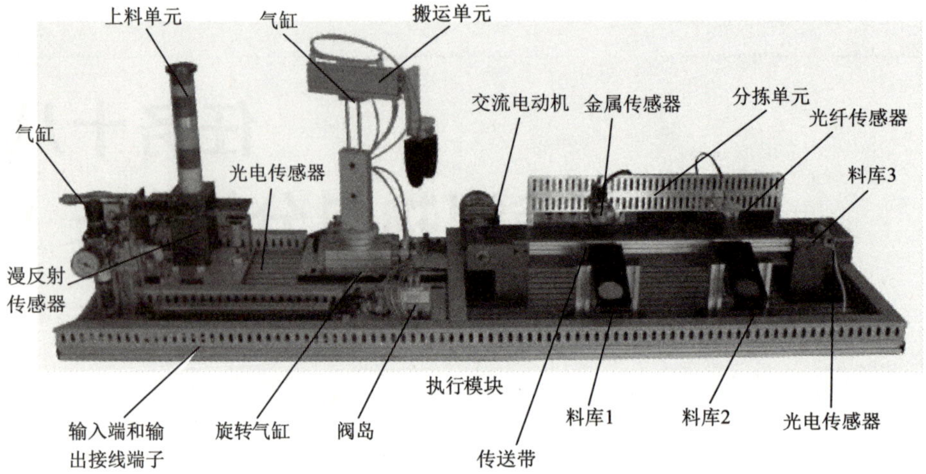

图 18-1 自动分拣生产线实训台

2. 自动分拣生产线的控制要求

系统原点：所有推料气缸缩回；机械手：上方、左方气缸松开；无杆气缸：放料位（物料筒上下对齐）气缸松开。

(1) 经检测若是蓝色工件时，置位辅助继电器软元件继续往后传送，送至料库 3 位停 5 s，等待取料。

(2) 经检测若是白色工件时，置位辅助继电器软元件继续往后传送，送到料库 2。

(3) 到达料库 2 时传送带停止运行，把白色工件推到料库 2，停留 3 s。

(4) 启动工件推出气缸，工件推出后，推料气缸缩回，启动机械手搬运。

(5) 机械手搬运后，启动传送带运行到工件属性判别位。

二、工具与材料准备

为完成工作任务，每个工作小组需要向工作站内的仓库工作人员提供借用工具清单（见附表 1）和材料清单（见附表 2）。

任务决策

各组画方框图表达本组的编程思路（见图 18-2）。

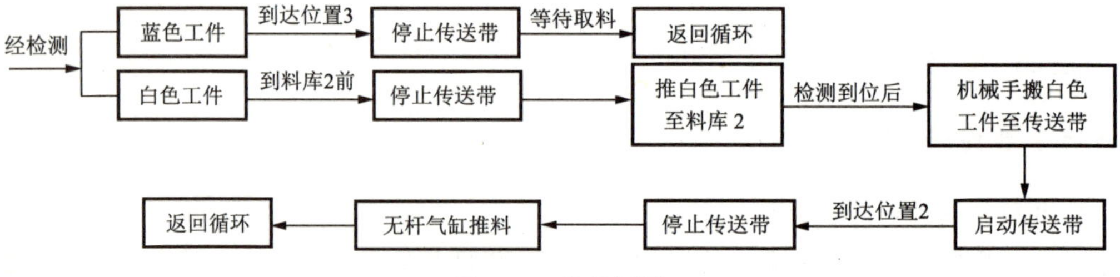

图 18-2 编程框图

任务实施

实施要求：每组派代表上台展示 PLC 的 I/O 分配表，并说明 I/O 表的内容；各组以画图的形式展示并说明本组的编程思路；其他组同学给你们提供了哪些意见或建议。

(1) 根据控制要求分类编写 PLC 控制程序(梯形图)。

参考依据:PLC 的 I/O 分配表和自动分拣生产线的控制要求。

(2) 参考前面的 I/O 分配表,根据控制要求画出状态流程图。

任务评价

将你们组的程序与其他组(员)的程序进行对比,发现异同,在组内和组外进行充分的讨论,得出最佳程序,并下载到 PLC 中进行调试和修改。

(1) 各小组派代表展示梯形图(利用投影仪),并解析程序含义。

(2) 各小组派人展示物料分拣机的控制效果,接受全体同学的检阅,测试物料分拣机控制要求的实现情况。

蓝色工件往后传送至 C 位,等待取料功能:______________________

白色工件推到料库 2 功能:______________________

白色工件从料库 2 搬至传送带 A 位功能:______________________

启动传送带,把白色工件往后传送功能:______________________

白色工件到 B 位后重新放回物料筒功能:______________________

其他小组提出的改进建议:

(3) 学生自我评估与总结。

① 你掌握了哪些知识点?

② 你在编程、接线、调试过程中出现了哪些问题,你是怎么解决的?

③ 你觉得完成的任务中哪些地方做得比较好,哪些地方做得不够好(编程、接线、调试)?

④ 你有哪些地方还没掌握好,哪些地方还不够清楚?

⑤ 说说你的心得体会。

（4）小组评估与总结。

（5）教师评估（根据各小组学生完成任务的表现，给予综合评价，同时给出该工作任务的正确答案供学生参考）。

（6）各小组对工作岗位的“6S”处理。

小组和教师都完成工作任务总结以后，各小组必须对自己的工作岗位进行“6S”处理（“6S”指“整理、整顿、清扫、清洁、安全、素养”），归还所借的工具、量具和实习工件。

（7）评价表（见表 18-1）。

表 18-1 “任务 18 控制物料分拣(三)”评价表

班级：________ 小组：________ 姓名：________		指导教师：________ 日　期：________					
评价项目	评价标准	评价依据	评价方式			权重	得分小计
			学生自评 20%	小组互评 30%	教师评价 50%		
职业素养	① 遵守企业规章制度、劳动纪律； ② 按时、按质完成工作任务； ③ 积极、主动承担工作任务，勤学好问； ④ 人身安全与设备安全； ⑤ 工作岗位“6S”完成情况	① 出勤； ② 工作态度； ③ 劳动纪律； ④ 团队协作精神				0.3	
专业能力	① 熟练制作 PLC 的 I/O 分配表； ② 能独立进行分类程序的编写与调试； ③ 具有较强的信息分析、处理能力	① 操作的准确性和规范性； ② 工作页或项目技术总结的完成情况； ③ 专业技能任务的完成情况				0.5	
创新能力	① 在任务完成过程中能提出自己的方案； ② 在教学或生产管理上提出建议，具有创新性	① 方案的可行性及意义； ② 建议的可行性				0.2	
合计							

参考程序附件：

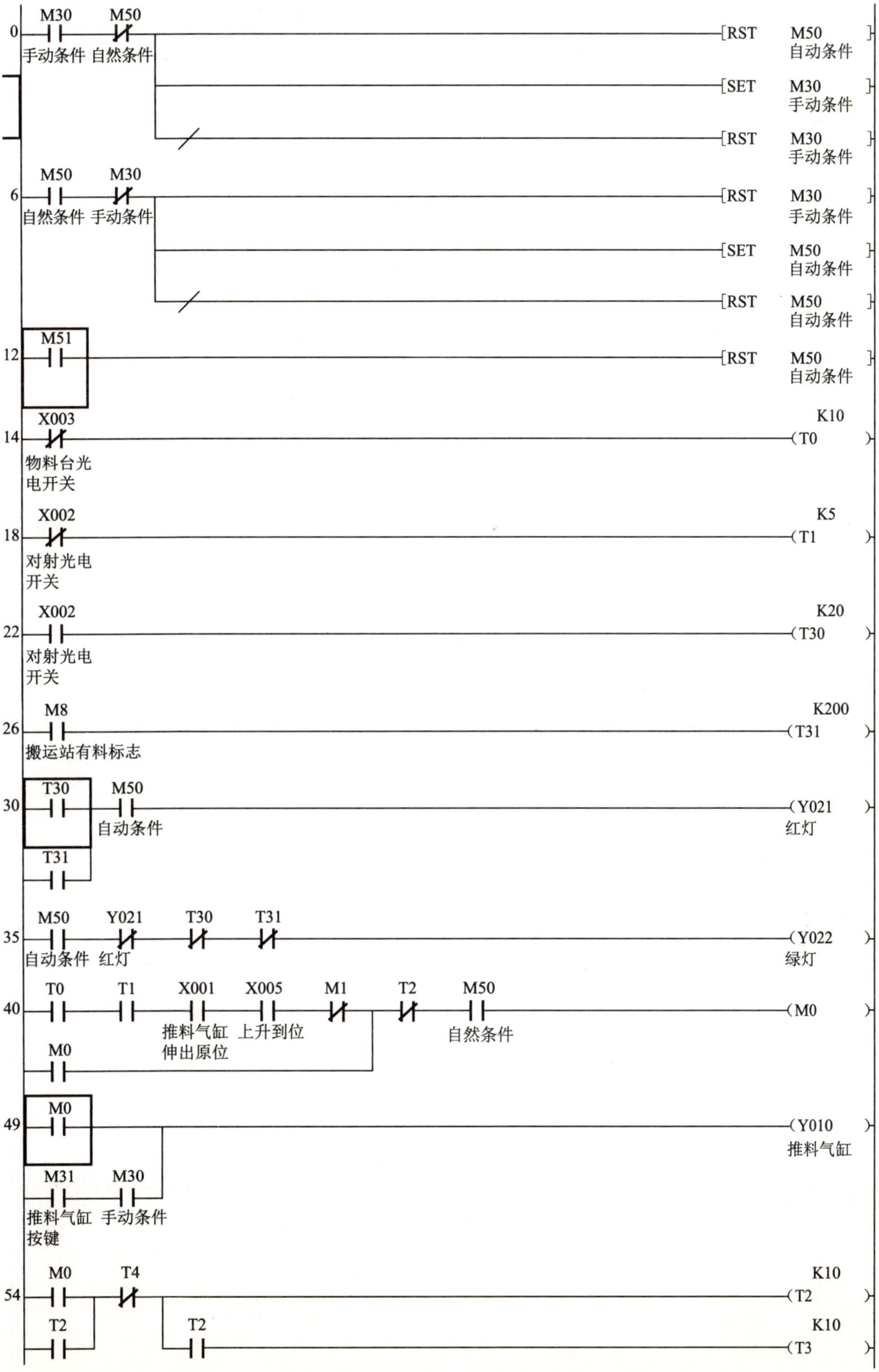
0
M30
M50
手动条件
自然条件
RST M50 自动条件
SET M30 手动条件
RST M30 手动条件
6
M50
M30
自然条件
手动条件
RST M30 手动条件
SET M50 自动条件
RST M50 自动条件
12
M51
RST M50 自动条件
14
X003
物料台光电开关
K10
T0
18
X002
对射光电开关
K5
T1
22
X002
对射光电开关
K20
T30
26
M8
搬运站有料标志
K200
T31
30
T30
M50
自动条件
T31
Y021
红灯
35
M50
Y021
T30
T31
自动条件
红灯
Y022
绿灯
40
T0
T1
X001
X005
M1
T2
M50
推料气缸伸出原位
上升到位
自然条件
M0
M0
49
M0
M31
M30
推料气缸按键
手动条件
Y010
推料气缸
54
M0
T4
T2
T2
K10
T2
K10
T3

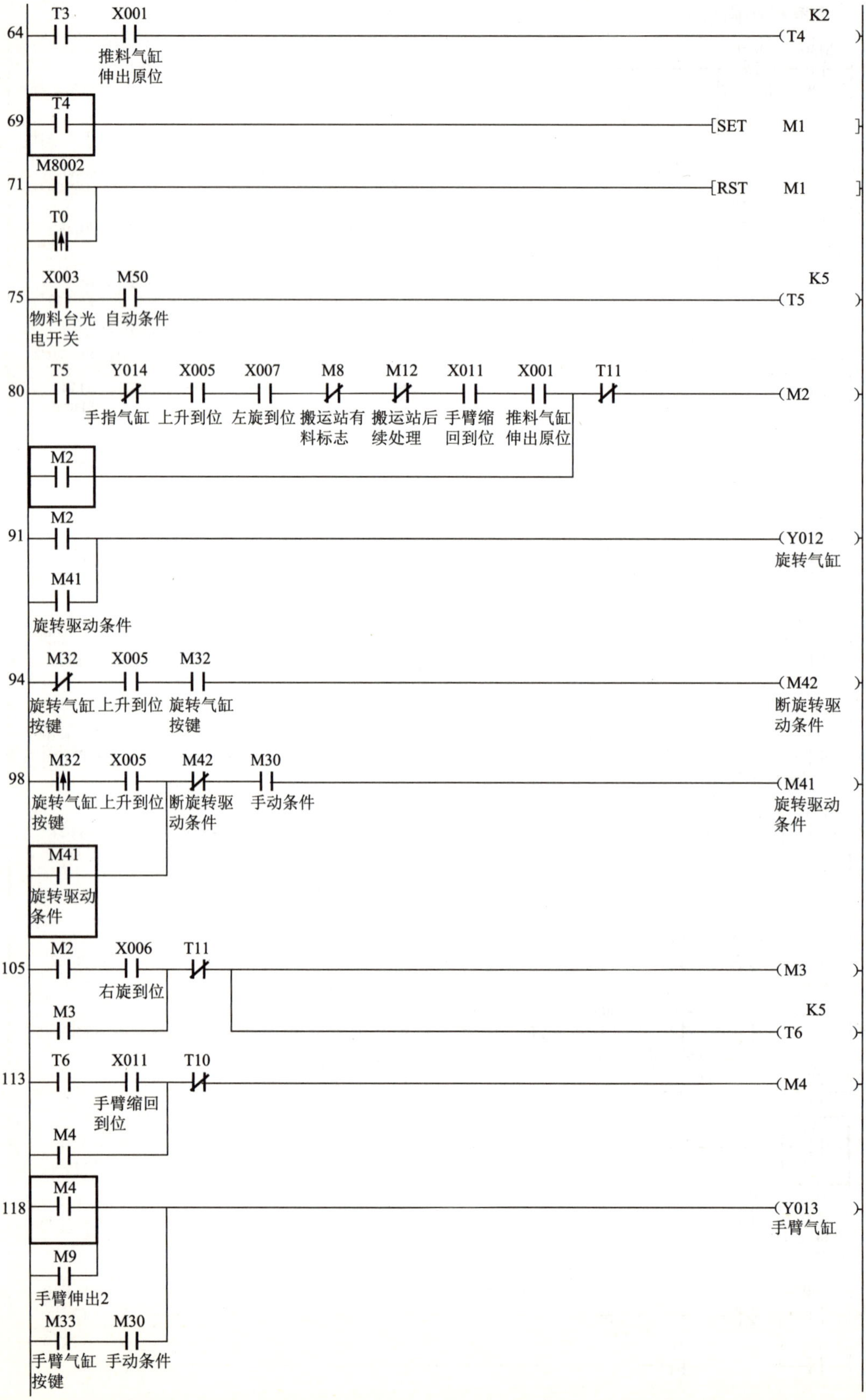
64
T3
X001
推料气缸伸出原位
K2
T4
69
T4
SET M1
71
M8002
T0
RST M1
75
X003
物料台光电开关
M50
自动条件
K5
T5
80
T5
Y014
手指气缸
X005
上升到位
X007
左旋到位
M8
搬运站有料标志
M12
搬运站后续处理
X011
手臂缩回到位
X001
推料气缸伸出原位
T11
M2
M2
91
M2
M41
旋转驱动条件
Y012
旋转气缸
94
M32
旋转气缸按键
X005
上升到位
M32
旋转气缸按键
M42
断旋转驱动条件
98
M32
旋转气缸按键
X005
上升到位
M42
断旋转驱动条件
M30
手动条件
M41
旋转驱动条件
M41
旋转驱动条件
105
M2
X006
右旋到位
T11
M3
M3
K5
T6
113
T6
X011
手臂缩回到位
T10
M4
M4
118
M4
M9
手臂伸出2
M33
手臂气缸按键
M30
手动条件
Y013
手臂气缸

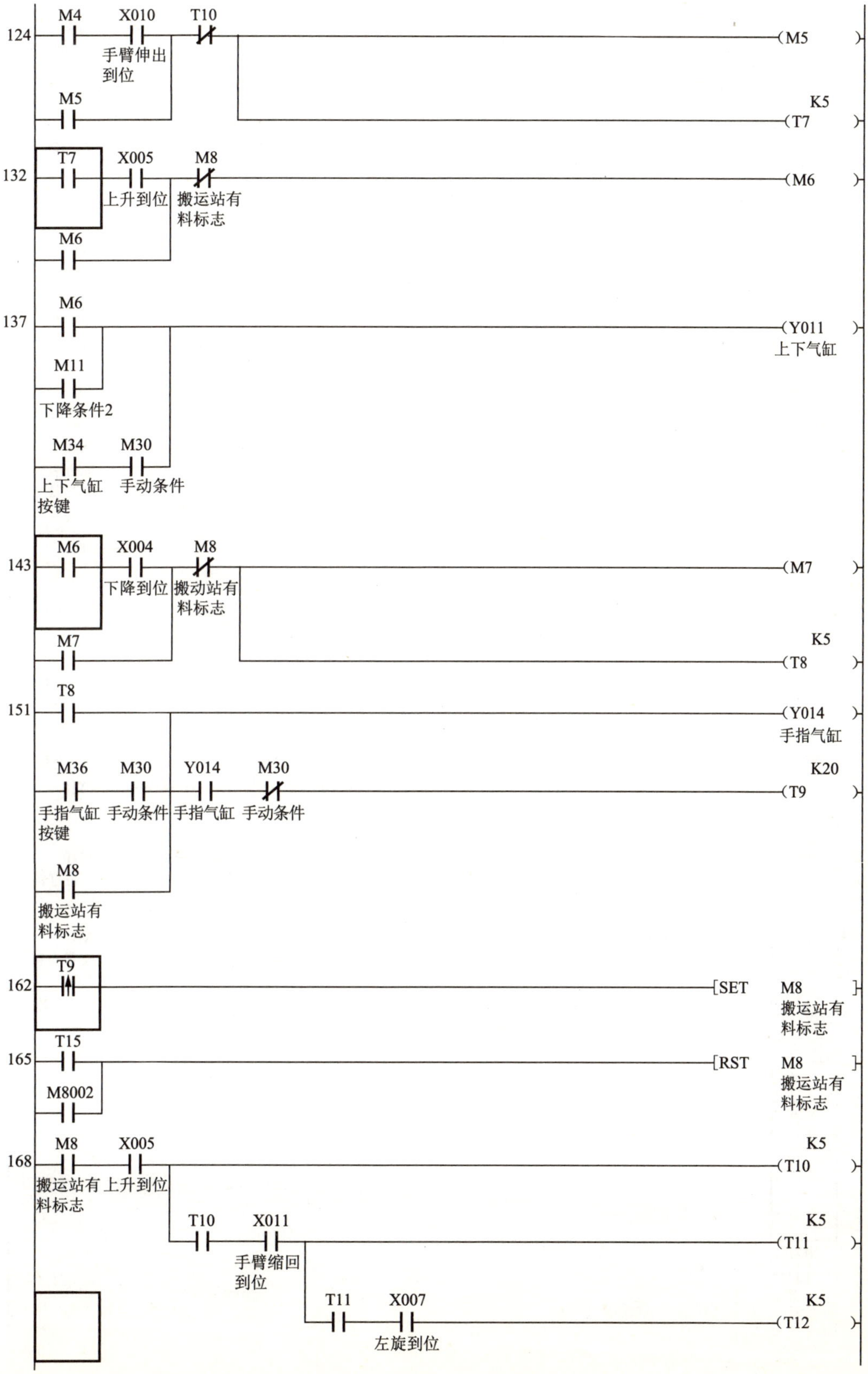
124
M4
X010
手臂伸出到位
T10
M5
M5
K5
T7
132
T7
X005
上升到位
M8
搬运站有料标志
M6
M6
137
M6
Y011
上下气缸
M11
下降条件2
M34
上下气缸按键
M30
手动条件
143
M6
X004
下降到位
M8
搬动站有料标志
M7
M7
K5
T8
151
T8
Y014
手指气缸
M36
手指气缸按键
M30
手动条件
Y014
手指气缸
M30
手动条件
K20
T9
M8
搬运站有料标志
162
T9
SET
M8
搬运站有料标志
165
T15
M8002
RST
M8
搬运站有料标志
168
M8
搬运站有料标志
X005
上升到位
K5
T10
T10
X011
手臂缩回到位
K5
T11
T11
X007
左旋到位
K5
T12

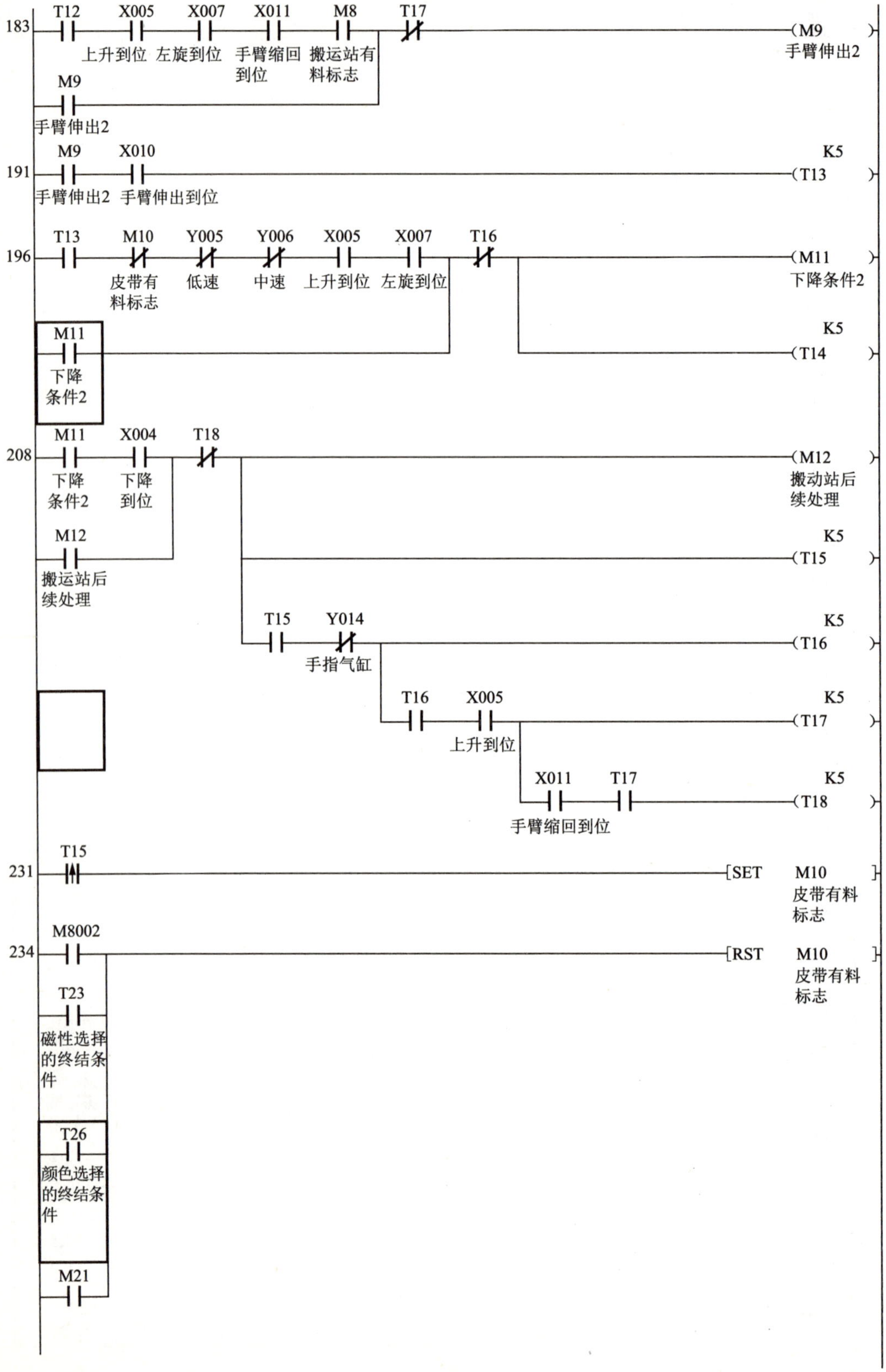
183
T12
X005
X007
X011
M8
T17
上升到位
左旋到位
手臂缩回到位
搬运站有料标志
M9
手臂伸出2
M9
手臂伸出2
191
M9
X010
手臂伸出2
手臂伸出到位
K5
T13
196
T13
M10
Y005
Y006
X005
X007
T16
皮带有料标志
低速
中速
上升到位
左旋到位
M11
下降条件2
M11
下降条件2
K5
T14
208
M11
X004
T18
下降条件2
下降到位
M12
搬动站后续处理
M12
搬运站后续处理
K5
T15
T15
Y014
手指气缸
K5
T16
T16
X005
上升到位
K5
T17
X011
T17
手臂缩回到位
K5
T18
231
T15
SET
M10
皮带有料标志
234
M8002
RST
M10
皮带有料标志
T23
磁性选择的终结条件
T26
颜色选择的终结条件
M21

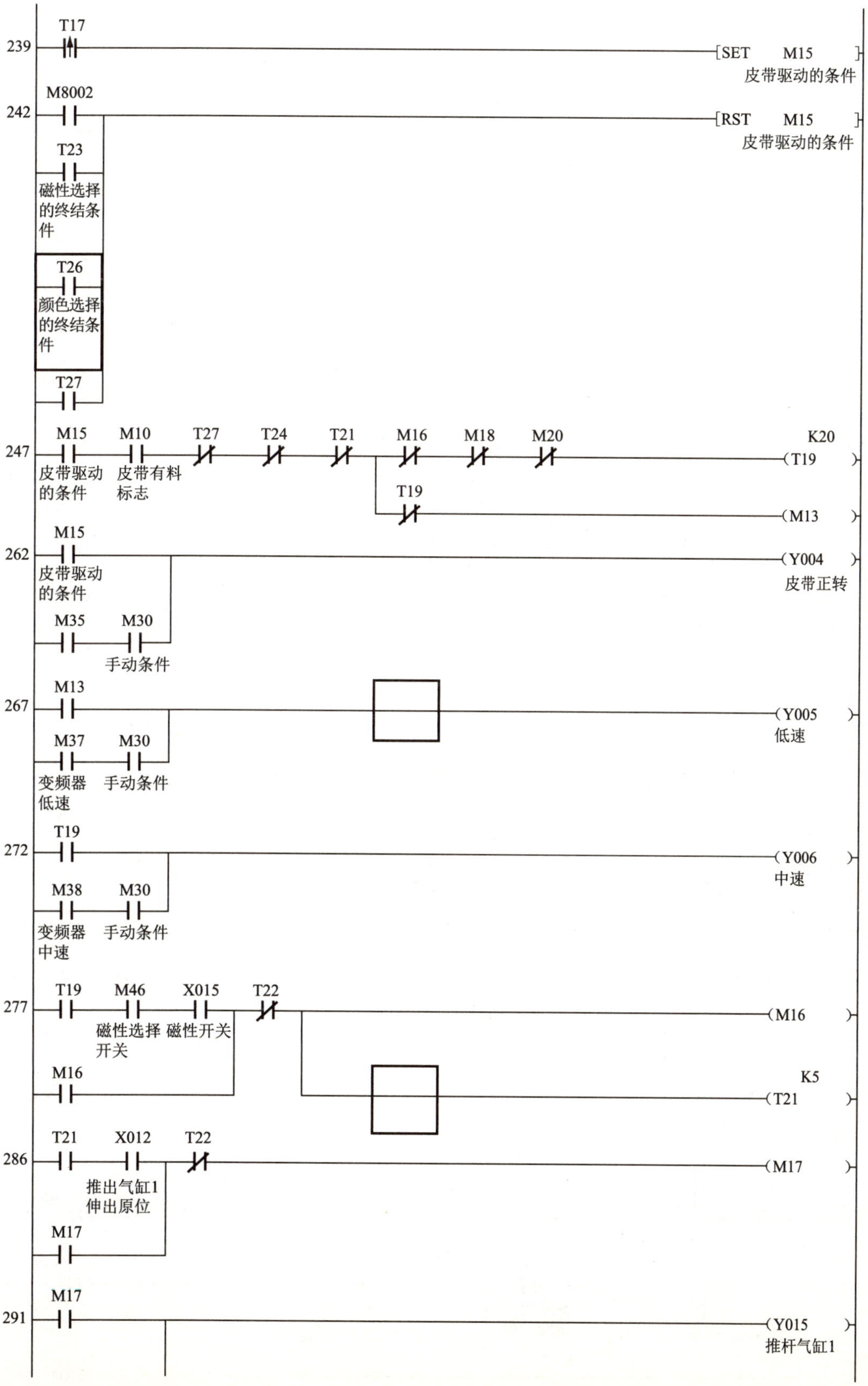
239
T17
SET M15
皮带驱动的条件
242
M8002
RST M15
皮带驱动的条件
T23
磁性选择的终结条件
T26
颜色选择的终结条件
T27
247
M15
M10
T27
T24
T21
M16
M18
M20
K20
T19
皮带驱动的条件
皮带有料标志
T19
M13
262
M15
Y004
皮带驱动的条件
皮带正转
M35
M30
手动条件
267
M13
Y005
低速
M37
M30
变频器低速
手动条件
272
T19
Y006
中速
M38
M30
变频器中速
手动条件
277
T19
M46
X015
T22
M16
磁性选择开关
磁性开关
M16
K5
T21
286
T21
X012
T22
M17
推出气缸1伸出原位
M17
291
M17
Y015
推杆气缸1

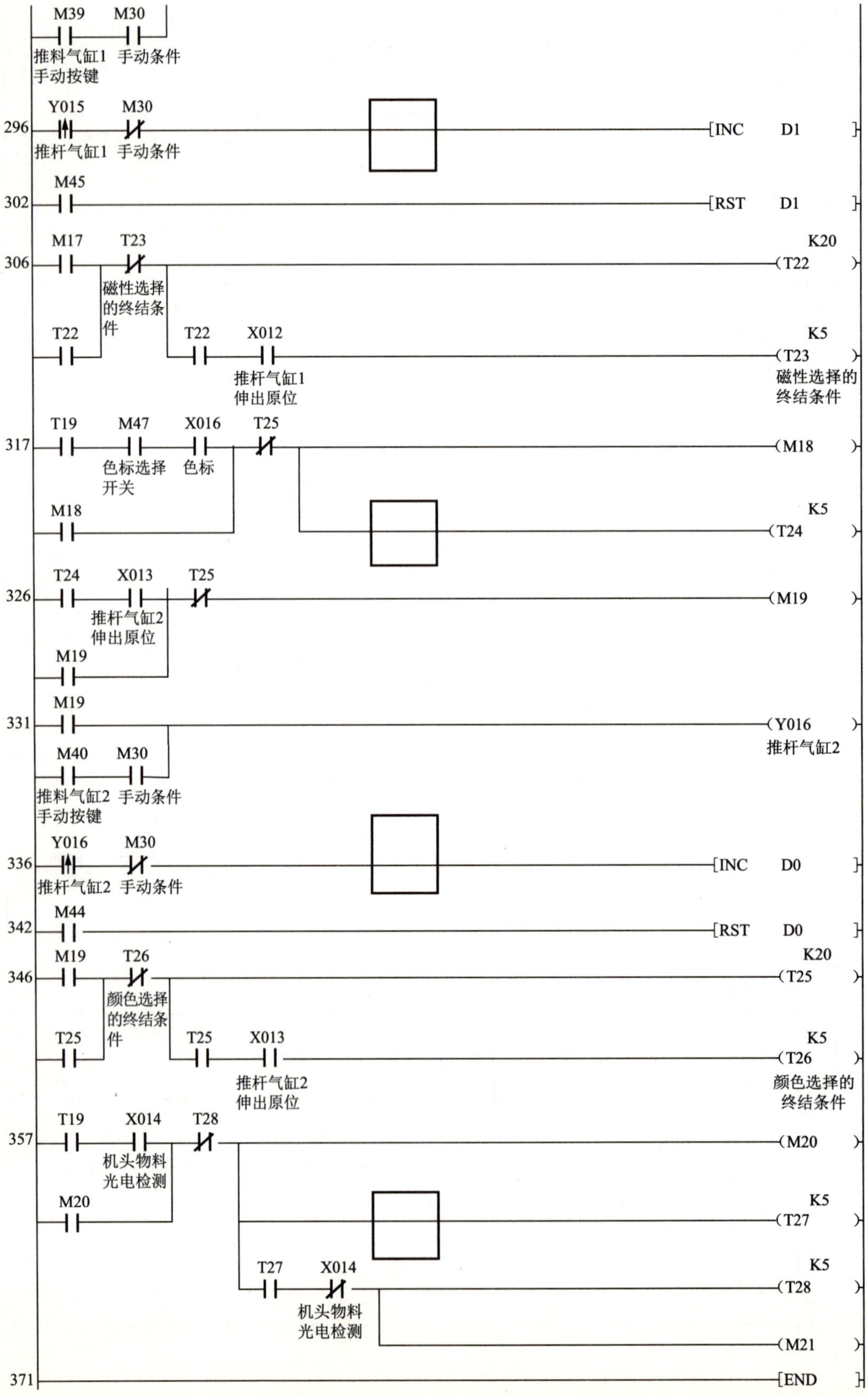
M39
M30
推料气缸1
手动按键
手动条件
296
Y015
M30
推杆气缸1
手动条件
INC D1
302
M45
RST D1
306
M17
T23
磁性选择的终结条件
K20
T22
T22
T22
X012
推杆气缸1
伸出原位
K5
T23
磁性选择的终结条件
317
T19
M47
X016
T25
色标选择开关
色标
M18
M18
K5
T24
326
T24
X013
T25
推杆气缸2
伸出原位
M19
M19
331
M19
Y016
推杆气缸2
M40
M30
推料气缸2
手动按键
手动条件
336
Y016
M30
推杆气缸2
手动条件
INC D0
342
M44
RST D0
346
M19
T26
颜色选择的终结条件
K20
T25
T25
T25
X013
推杆气缸2
伸出原位
K5
T26
颜色选择的终结条件
357
T19
X014
T28
机头物料光电检测
M20
M20
K5
T27
T27
X014
机头物料光电检测
K5
T28
M21
371
END

任务十九
用步进控制系统进行定位控制

工作任务

用步进控制系统进行定位控制。

任务目标

(1) 步进电动机的基本原理。

(2) 用步进控制系统进行定位控制。

任务要求

(1) 掌握步进电动机的基本结构及工作原理。

(2) 完成 PLC、步进驱动器与步进电动机之间的接线。

(3) 利用 PLC 作为上位机,使步进电动机按一定的角度旋转。

(4) 控制要求:利用 PLC 控制步进电动机顺时针转 2 周,停 5 s,逆时针转 1 周,停 2 s,如此循环,按下停止按钮,步进电动机马上停止。

(5) 各小组发挥团队协作精神,共同设计出 PLC 的 I/O 分配表及 I/O 分配图,并利用 PLC 脉冲输出指令(PLSY、PLSR)设计出 PLC 程序,下载到立体仓库控制的 PLC 内,验证程序功能,调整、优化程序。

能力目标

(1) 能利用 PLSY、PLSR 指令进行脉冲输出控制。

(2) 掌握 PLC、步进驱动器与步进电动机之间的接线。

(3) 能确定步进定位控制系统的编程方案。

(4) 掌握步进定位控制系统控制程序的正确编写。

(5) 能将程序下载到 PLC 中,并根据控制要求调试好程序。

任务准备

一、理论知识

1. 脉冲输出指令

该指令的助记符、指令代码、操作数、程序步见表 19-1。指令梯形图如图 19-1 所示。

表 19-1 脉冲输出指令

指令名称	助记符	指令代码	操作数			程序步
			S1	S2	D	
脉冲输出指令	PLSY	FNC57	K、H、KnX、KnY、KnM、KnS、T、C、D、V、Z		Y0 或 Y1	PLSY……7 步 DPLSY……13 步

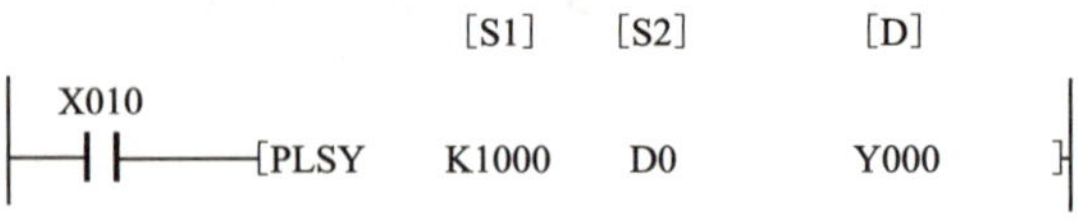

图 19-1 脉冲输出指令梯形图

指令说明如下：

(1) 该指令能让 PLC 产生一个占空比为 50%的脉冲信号，该脉冲从 Y0 或 Y1 输出。

(2) 上述指令中[S1]表示产生脉冲的频率，FX_{2N}系列 PLC 的频率范围是 2～20 kHz。[S2]是产生脉冲的个数，16 位指令可指定脉冲个数范围是 1～32 767；32 位指令可指定脉冲个数范围是 1～2 147 483 647；如果指定值是 0，则表示脉冲持续发生。[D]指脉冲的输出点，只限于 Y0 或 Y1，采用中断方式直接输出。输出为晶体管输出。

(3) 脉冲产生完毕后，标志位 M8029 置 1。输出的脉冲数存于 D8136(下位)、D8137(上位)。

(4) 连续产生脉冲的过程中，如果 X10 变为 OFF，则脉冲停止输出；当 X10 再次置 ON 时，脉冲重新开始发送。

(5) [S1]中的内容在该指令执行过程中可以改变。但[S2]中的内容如果在该指令执行过程中改变，指令不接受，要等到 X10 下一次由 OFF 再置 ON 时才能接受。

(6) PLSY 和 PLSR 两条指令在程序中只能使用其中一条，一条指令可以使用二次，但输出地址号不能重复。PLSY 与 PWM 指令可以同时使用，但输出地址号不能重复。

2. 可调速脉冲输出指令

该指令的助记符、指令代码、操作数、程序步见表 19-2。指令梯形图如图 19-2 所示。

表 19-2 可调速脉冲输出

指令名称	助记符	指令代码	操作数				程序步
			S1	S2	S3	D	
可调速脉冲输出	PLSR	FNC59	K、H、KnX、KnY、KnM、KnS、T、C、D、V、Z			Y0 或 Y1	PLSR……9 步 DPLSR……17 步

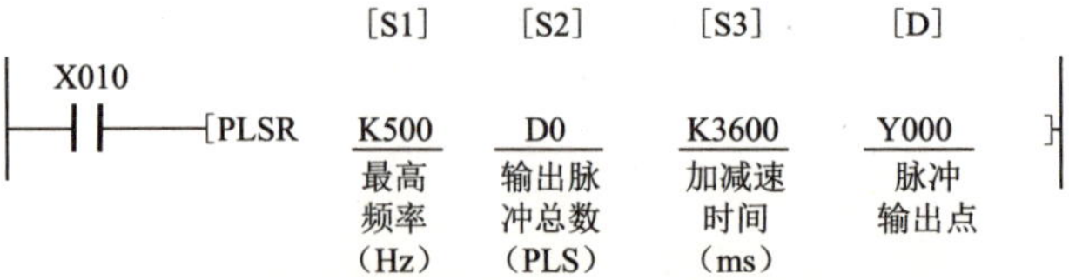

图 19-2 可调速脉冲输出指令梯形图

指令说明如下：

(1) 指令中[S1]表示最高频率，[S2]表示输出脉冲总数，[S3]表示加减速时间。各操作数的有关规定如图 19-3 所示。

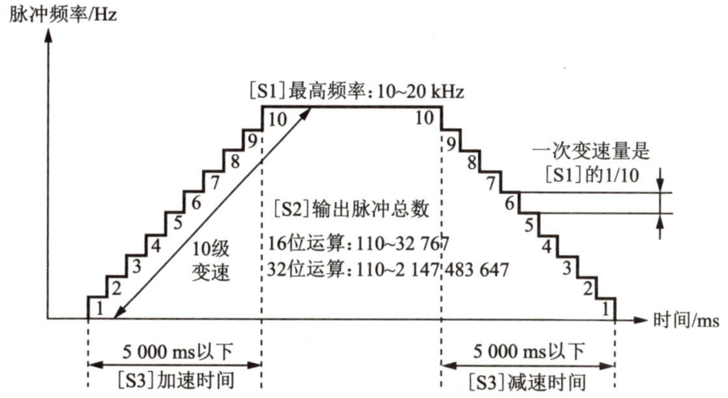

图 19-3　PLSR 指令说明

(2) 指令中的最高频率要设成 10 的倍数。输出脉冲总数不能小于 110 个，否则不能正常输出。脉冲输出点只能指定 Y0 或 Y1，且不能和 PWM 指令位于同一输出点。输出一定为晶体管输出。

(3) 设定脉冲输出完毕后，标志位 M8029 置 ON。在脉冲没有发送完毕时，如果 X10 变为 OFF，则脉冲输出终止；当 X10 再度置 ON 时，脉冲个数重新从“0”开始发送。

(4) 如果在指令执行过程中改写操作数，PLSR 指令不执行本次操作，变更内容要等到 X10 下一次由 OFF 变为 ON 时，PLSR 指令才执行。

(5) 该指令和前面的 PLSY 指令在程序中能使用两次，但输出地址号不能重复。

(6) 加减速时间设定范围的计算公式：$\frac{90\ 000}{[S1]}\times 5\leqslant[S3]\not<\frac{[S2]}{[S1]}\times 818$。

3. 步进电动机的工作原理

(1) 步进电动机的结构。

步进电动机由定子与转子两部分组成，如图 19-4 所示。

图 19-4　步进电动机的结构

(2) 步进电动机的原理。

步进电动机作为控制用的特种电动机，是机电一体化关键产品之一，广泛应用于各种自动化控制系统中的开环控制。步进电动机是一种将电脉冲信号转化为角位移的执行机构。当步进驱动器接收到一个脉冲信号，它就驱动步进电动机按设定的方向转动一个固定的角度(称为“步距角”)，它是以固定的角度一步一步旋转的。步进电动机可以通过控制脉冲个数来控制角位移量，从而达到准确定位的目的；同时也可以通过控制脉冲频率来控制步进电动机转动的速度和加速度，从而达到调速的目的。

(3) 步进电动机的基本参数。

① 步进电动机的固有步距角。

固有步距角表示控制系统每发一个步进脉冲信号，电动机所转动的角度。计算公式为：步距角＝360/($M\times Z$)，Z 为定子齿数，M 为拍数。

② 步进电动机的相数。

相数指电动机内部的线圈组数，目前常用的有两相、三相、四相、五相步进电动机。电动机相数不同，其步距角也不同，一般两相电动机的步距角为 0.9°/1.8°、三相电动机的步距角为 0.75°/1.5°、五相电动机的步距角为 0.36°/0.72°。在没有细分驱动器时，用户主要靠选择不同相数的步进电动机来满足步距角的要求。如果使用细分驱动器，则“相数”将变得没有意义，用户只需在驱动器上改变细分数就可以改变步距角。

③ 保持转矩。

保持转矩是指步进电动机通电但没有转动时定子锁住转子的力矩。

④ 步进电动机与驱动器之间的接线。

仔细观察步进驱动器的布局（如图 19-5 所示），了解各端子的功能。

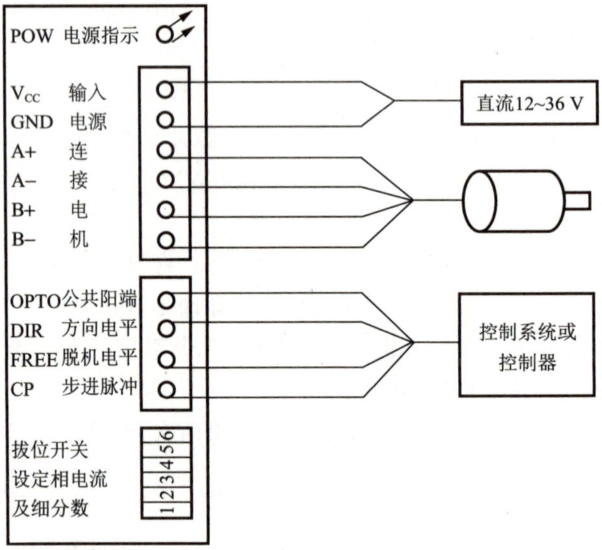

图 19-5　步进驱动器端子的功能

(4) 控制要求。

利用 PLC 控制步进电动机顺时针转 2 周，停 5 s，逆时针转 1 周，停 2 s，如此循环，按下停止按钮，步进电动机马上停止。

① 程序启停动作：按下________按钮，步进控制系统工作，此按钮可接入 PLC 的输入继电器__________端口。在任何时候按下_________按钮，系统停止，此按钮信号可由 PLC 输入__________端口。系统工作指示灯可接 PLC 的输出继电器__________端口信号。

② 用________指令实现对步进驱动器脉冲信号的发送，脉冲信号的发送可接 PLC 的输出继电器__________端口信号，方向信号可接 PLC 的输出继电器__________端口信号。

③ 步进电动机转 1 周需要______个脉冲；步进电动机转 2 周需要______个脉冲。

(5) 请设计出更多的步进控制系统方案。

二、工具与材料准备

为完成工作任务，每个工作小组需要向工作站内的仓库工作人员提供借用工具清单（见附表 1）和材料清单（见附表 2）。

任务决策

（1）按照上面的编程思路制定 PLC 的 I/O 分配表（见表 19-3）。

表 19-3　I/O 分配表

输　　入			输　　出		
输入继电器	元件代号	作用	输出继电器	元件代号	作用

（2）按照制定 PLC 的 I/O 分配表绘制 PLC 的 I/O 接线图。

（3）各组设计出 PLC、步进驱动器和步进电动机之间的电气接线原理图。

（4）各组画梯形图表达本组的编程思路

任务实施

实施要求：每组派代表上台展示 PLC 的 I/O 分配表，并说明 I/O 表的内容；各组以画图的形式展示并说明本组的编程思路；其他组同学给你们提供了哪些意见或建议。

（1）认识步进控制系统的各部件、面板接线位置并进行接线。

参考依据：PLC 的 I/O 分配表；PLC、步进驱动器和步进电动机之间的电气接线原理图；PLC、步进驱动器和步进电动机之间进行接线的要求。

(2) 回答下列问题。

① 只处理________状态的元件，称为位软元件，例如______________。处理________的元件，称为字软元件，例如________________。

② 组合位元件 K1X0 表示________，组合位元件 K2Y0 表示________。

③ 位右移指令的助记符是________，位左移指令的助记符是________。

(3) PLC、步进驱动器和步进电动机之间接好线后，用 PLC 做上位机给步进驱动器发送 100 个脉冲，验证步进驱动器的步距角。

(4) 参考前面的 I/O 分配表和 I/O 接线图，利用 PLC 控制步进电动机顺时针转 2 周，停 5 s，逆时针转 1 周，停 2 s，如此循环，按下停止按钮，电动机马上停止，请编制程序。

任务评价

将你们组的程序与其他组(员)的程序进行对比，发现异同，在组内和组外进行充分的讨论，得出最佳程序，并下载到 PLC 中进行调试和修改。

(1) 各小组派代表展示梯形图(利用投影仪)，并解析程序含义。

(2) 各小组派人展示步进系统进行定位控制的效果，接受全体同学的检阅，测试步进系统进行定位控制要求的实现情况。

启动控制功能：____

停止控制功能：____

顺时针转 2 周功能：____________________________________

停止 5 s 功能：_______________________________________

逆时针转 1 周功能：____________________________________

停止 2 s 功能：_______________________________________

循环功能：____

其他小组提出的改进建议：

(3) 学生自我评估与总结。

① 你掌握了哪些知识点？

② 你在编程、接线、调试过程中出现了哪些问题，你是怎么解决的？

③ 你觉得完成的任务中哪些地方做得比较好，哪些地方做得不够好（编程、接线、调试）？

④ 你有哪些地方还没掌握好，还不够清楚？

⑤ 说说你的心得体会。

（4）小组评估与总结。

（5）教师评价（根据各小组学生完成任务的表现，给予综合评价，同时给出该工作任务的正确答案供学生参考）。

（6）各小组对工作岗位的“6S”处理。

小组和教师都完成工作任务总结以后，各小组必须对自己的工作岗位进行“6S”处理（“6S”指“整理、整顿、清扫、清洁、安全、素养”），归还所借的工具、量具和实习工件。

（7）评价表（见表 19-4）。

表 19-4　“任务 19　用步进控制系统进行定位控制”评价表

班级：________ 小组：________ 姓名：________		指导教师：________ 日　　期：________					
评价项目	评价标准	评价依据	评价方式			权重	得分小计
			学生自评 20%	小组互评 30%	教师评价 50%		
职业素养	① 遵守企业规章制度、劳动纪律； ② 按时、按质完成工作任务； ③ 积极、主动承担工作任务，勤学好问； ④ 人身安全与设备安全； ⑤ 工作岗位“6S”完成情况	① 出勤； ② 工作态度； ③ 劳动纪律； ④ 团队协作精神				0.3	
专业能力	① 掌握脉冲输出指令； ② 熟练运用脉冲输出指令进行编程、设计； ③ 掌握步进电动机的工作原理； ④ 能独立进行程序的输入与调试	① 操作的准确性和规范性； ② 工作页或项目技术总结的完成情况； ③ 专业技能任务的完成情况；				0.5	

续表 19-4

评价项目	评价标准	评价依据	评价方式			权重	得分小计
			学生自评 20%	小组互评 30%	教师评价 50%		
创新能力	① 在任务完成过程中能提出自己的方案； ② 在教学或生产管理上提出建议，具有创新性	① 案的可行性及意义； ② 建议的可行性				0.2	
合计							

技能拓展

在控制要求中，为了增加步进控制系统的定位精度，步进驱动器应当怎样处理？PLC的程序应如何修改？

任务二十
用伺服控制系统进行定位控制

工作任务

用伺服控制系统进行定位控制。

任务目标

(1) 伺服控制系统的基本原理。

(2) 用伺服系统进行定位控制。

任务要求

(1) 掌握伺服电动机的基本结构及工作原理。

(2) 完成伺服驱动器与 PLC、伺服电动机之间的接线。

(3) 掌握伺服驱动器定位控制模式常用参数的含义及运用。

(4) 利用 PLC 作为上位机进行伺服定位控制。

(5) 控制要求:按下启动按钮,电动机旋转,拖动工作台从 A 点开始向右行驶 30 mm,停 2 s,然后向左行驶返回 A 点,再停 2 s,如此循环,按下停止按钮,工作台行驶一周后返回 A 点。工作台移动的速度要达到 10 mm/s,丝杆的螺距为 5 mm。

(6) 各小组发挥团队协作精神,共同设计出 PLC 作为上位机进行伺服定位控制的 PLC 程序,完成 PLC 与伺服驱动器、伺服电动机之间的接线及伺服驱动器参数的设置。验证控制要求,调整、优化程序及参数。

能力目标

(1) 能利用 PLSY、PLSR 指令进行脉冲输出定位控制。

(2) 能熟练做出 PLC 的 I/O 分配表,画出 I/O 分配图,设计出伺服定位控制主电路及控制电路的电气原理图。

(3) 能熟练进行 PLC 与伺服驱动器、伺服电动机之间的接线。

(4) 能熟练对伺服驱动器进行参数设置。

(5) 能将程序下载到立体仓库的 PLC 中,并根据控制要求调试好程序。

任务准备

一、理论知识

1. 步进电动机和交流伺服电动机定位控制的区别

(1) 运行性能不同。

步进电动机的控制为开环控制，启动频率过高或负载过大易出现丢步或堵转的现象，停止时转速过高易出现过冲的现象，所以为保证其控制精度，应处理好升速、降速问题。交流伺服电动机为闭环控制，驱动器可直接对电动机编码器反馈信号进行采样，内部构成位置环和速度环，一般不会出现步进电动机的丢步或过冲现象，控制性能更为可靠。

(2) 控制精度、性价比不同。

步进电动机的精度由步距角决定。固有步距角一般比较大，精度低，所以在一些要求不高的场合也经常用步进电动机作为执行电动机；主要原因是步进电动机性价比高，操作简单。但有一些高性能的步进电动机通过细分后步距角很小甚至达到伺服的精度，失去了步进电动机操作简单与性价比高的特点。

交流伺服电动机的控制精度由电动机轴后端的旋转编码器保证。旋转编码器的分辨率越高，脉冲当量越小，精度越高。另外伺服的操作比较复杂，还需要设置伺服参数。

(3) 矩频特性不同。

步进电动机的输出力矩随转速升高而下降，且在较高转速时会急剧下降，所以其最高工作转速一般为 300～600 r/min。交流伺服电动机为恒力矩输出，即在其额定转速(一般为 2 000 r/min 或 3 000 r/min)以内都能输出额定转矩，在额定转速以上为恒功率输出。

(4) 过载能力不同。

步进电动机一般不具有过载能力。交流伺服电动机具有较强的过载能力。以三洋交流伺服系统为例，它具有速度过载和转矩过载能力。其最大转矩为额定转矩的 2～3 倍，可用于克服惯性负载在启动瞬间的惯性力矩。步进电动机因为没有这种过载能力，在选型时为了克服这种惯性力矩，往往需要选取较大转矩的电动机，而机器在正常工作期间又不需要那么大的转矩，便出现了力矩浪费的现象。

(5) 综合比较。

综上所述，交流伺服电动机许多方面的性能都优于步进电动机。但在一些要求不高的场合也经常用步进电动机作为执行电动机。所以，在控制系统的设计过程中要综合考虑控制要求、成本等多方面的因素，选用适当的控制电动机。

2. 交流伺服电动机的结构

(1) 交流伺服电动机的定子结构。

交流伺服电动机的定子是三相绕组，接通三相交流电后产生一个旋转磁场，其工作原理和普通三相电动机一样，如图 20-1 所示。

(2) 交流伺服电动机的转子结构。

交流伺服电动机的转子是一个永磁体，在定子产生的旋转磁场作用下，转子和磁场同步旋转，如图 20-2 所示。

(3) 交流伺服电动机的编码器结构。

交流伺服电动机的编码器是一个光电编码器，三菱伺服电动机编码器的分辨率是

131 072 脉冲/r。当电动机旋转时，编码器输出脉冲反馈到伺服驱动器，如图 20-3 所示。

(4) 交流伺服电动机的整体结构。

交流伺服电动机的整体结构由定子、转子、编码器组成，如图 20-4 所示。

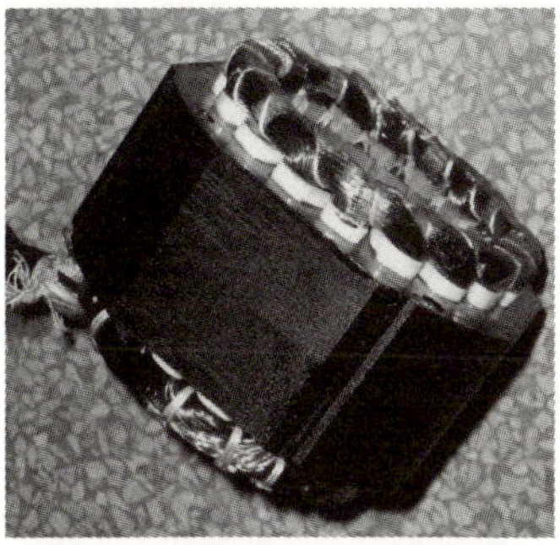

图 20-1　交流伺服电动机的定子结构

图 20-2　交流伺服电动机的转子结构

图 20-3　交流伺服电动机的编码器结构

图 20-4　交流伺服电动机的整体结构

3. 伺服系统主电路接线原理图。

伺服系统主电路接线原理图如图 20-5 所示。

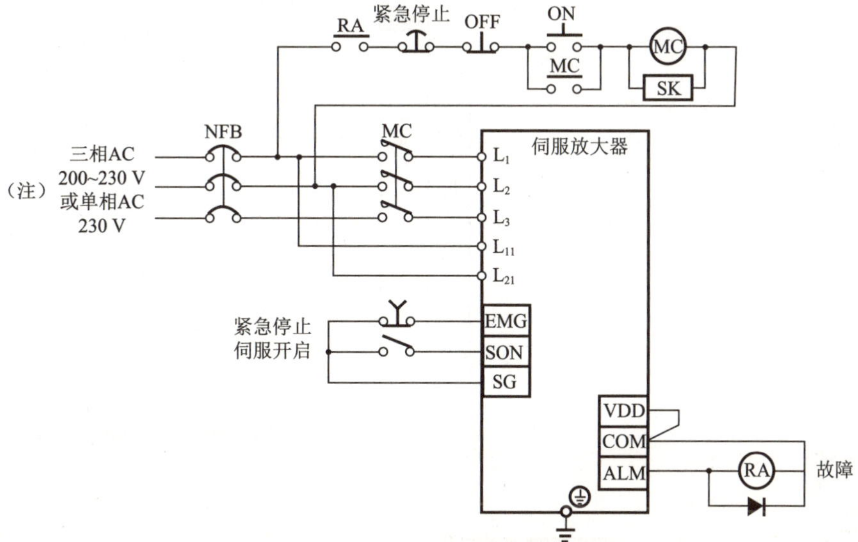

图 20-5　伺服系统主电路接线原理图

4. 伺服驱动器和伺服电动机的连接。

伺服驱动器和伺服电动机的连接如图 20-6 所示。

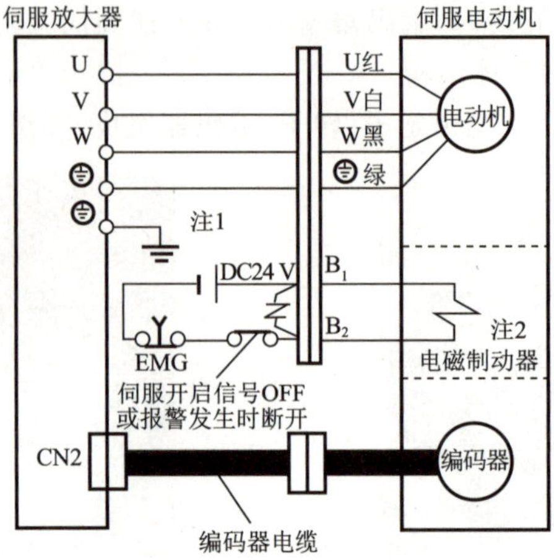

图 20-6 伺服驱动器与伺服电动机接线图

5. 位置控制模式控制电路的接线

位置控制模式控制电路的接线如图 20-7 所示。

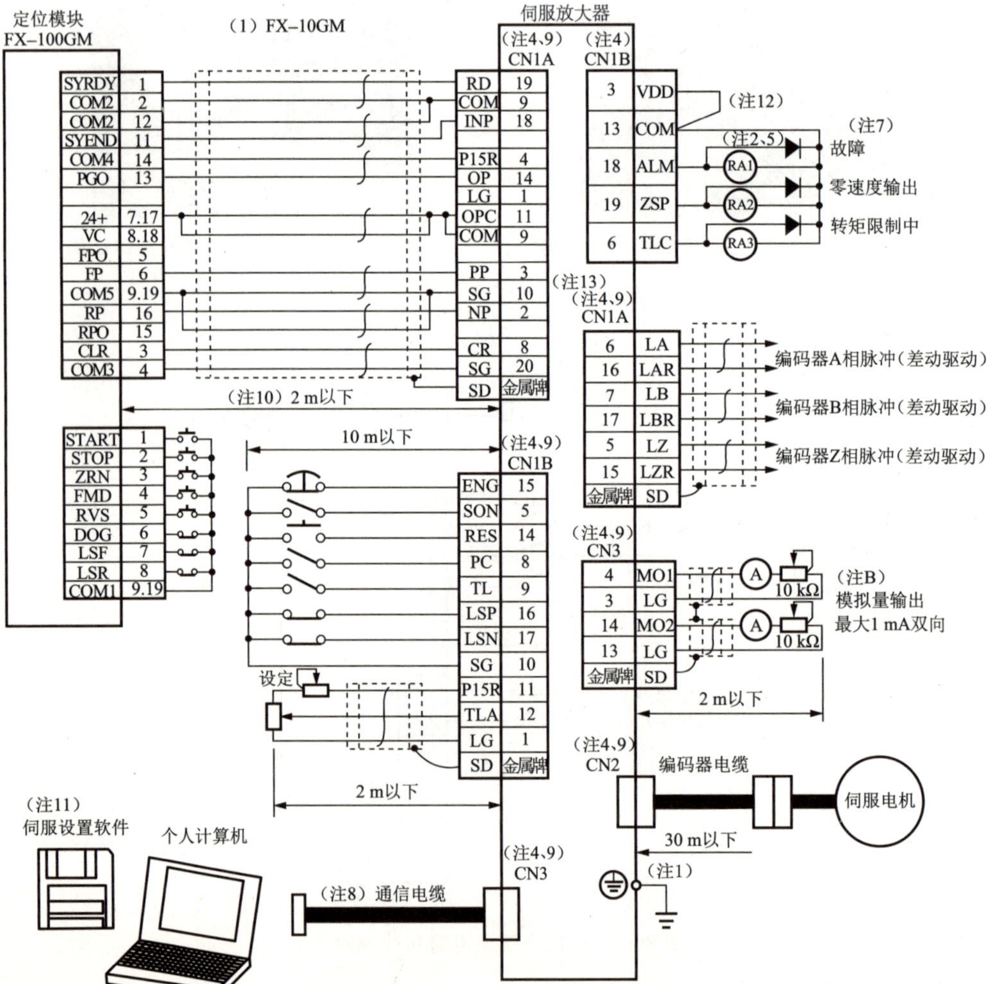

图 20-7 位置控制模式控制电路接线图

6. 伺服放大器内部接线图及各端子的功能

伺服放大器内部接线图及各端子的功能如图 20-8 所示。

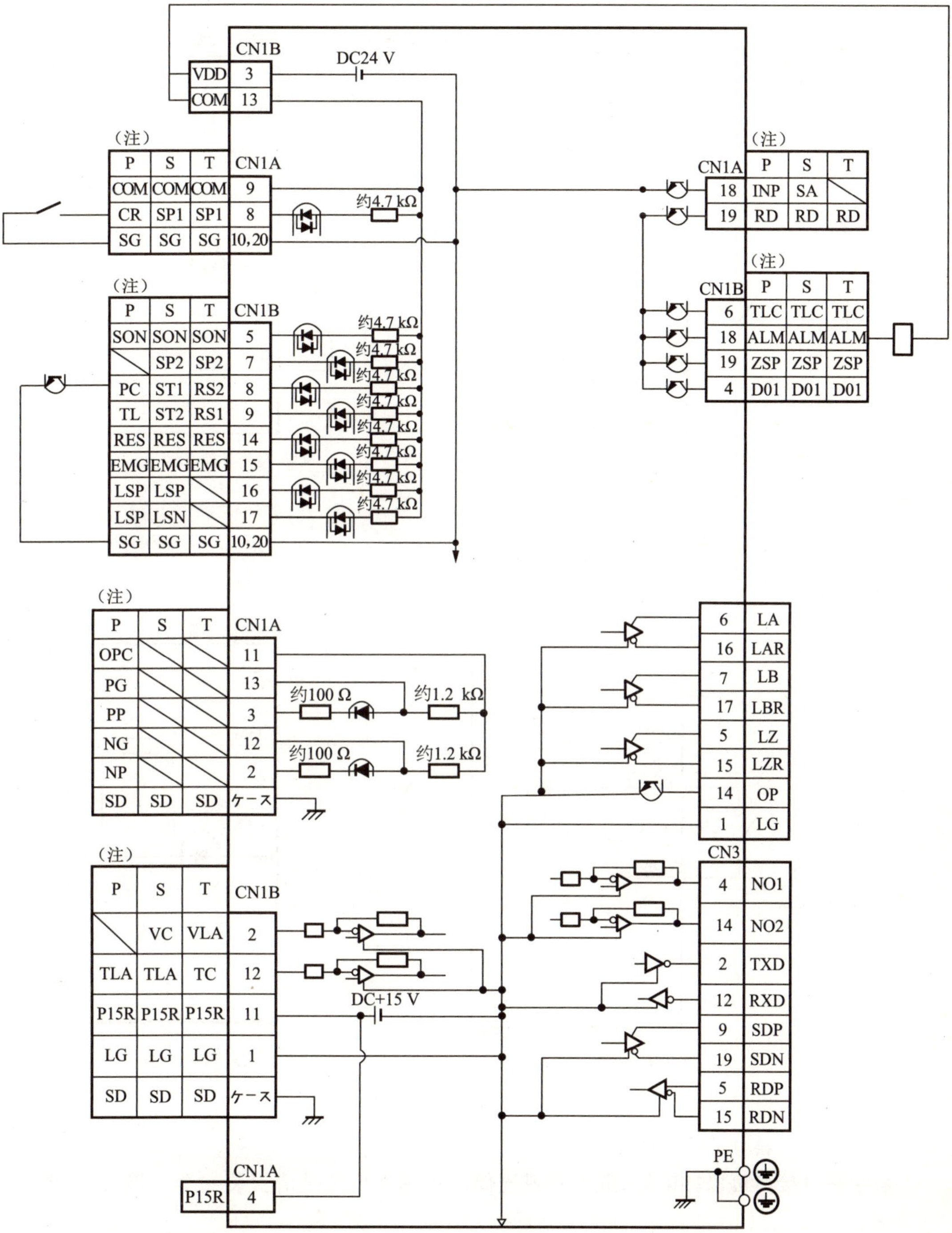

注：P为位置控制模式；S为速度控制模式；T为转矩控制模式

图 20-8　伺服放大器内部接线图

7. 数字输入接口 DI-1 接线原理

用继电器或集电极开路晶体管输入信号，源型输入如图 20-9 所示。

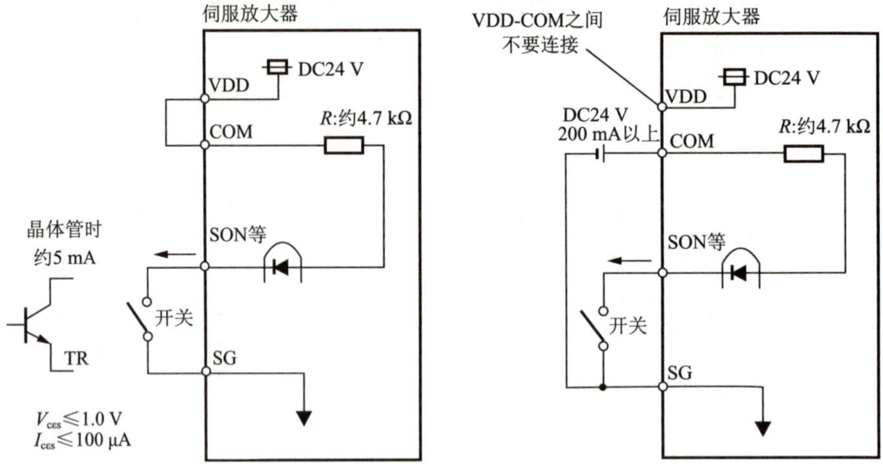

（a）使用内部电源　　（b）使用外部电源

图 20-9　源型输入接线

8. 数字输入接口 DI-接线原理

用继电器或集电极开路晶体管输入信号，漏型输入如图 20-10 所示。

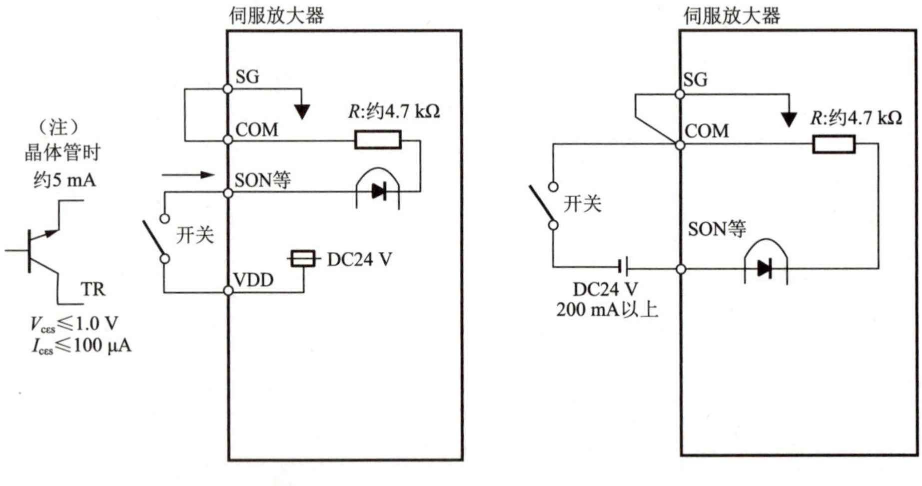

（a）使用内部电源　　（b）使用外部电源

图 20-10　漏型输入接线

9. 数字输出接口 DO-1 接感性负载

数字输出接口可以接电灯、继电器或光偶。接感性负载时请安装一个二极管，如图 20-11 所示。

10. 数字输出接口 DO-1 接电灯类负载

接电灯类负载时，可以使用一个浪涌电流吸收电阻，数字输出接口 DO-1 接电灯类负载如图 20-12 所示。

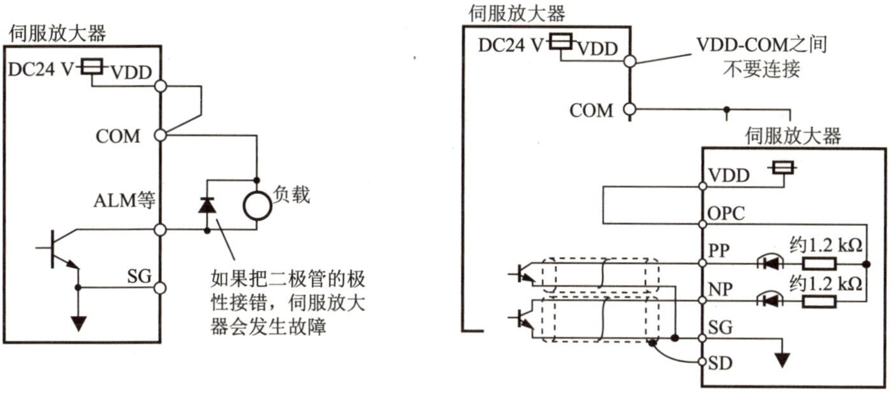

（a）使用内部电源　　（b）使用外部电源

图 20-11　输出接感性负载接线

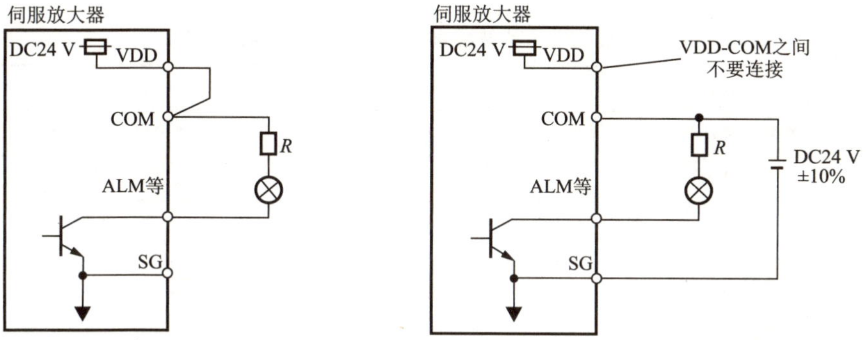

（a）使用内部电源　　（b）使用外部电源

图 20-12　输出接电灯类负载接线

11. 集电极开路输入方式

集电极开路输入方式如图 20-13 所示。

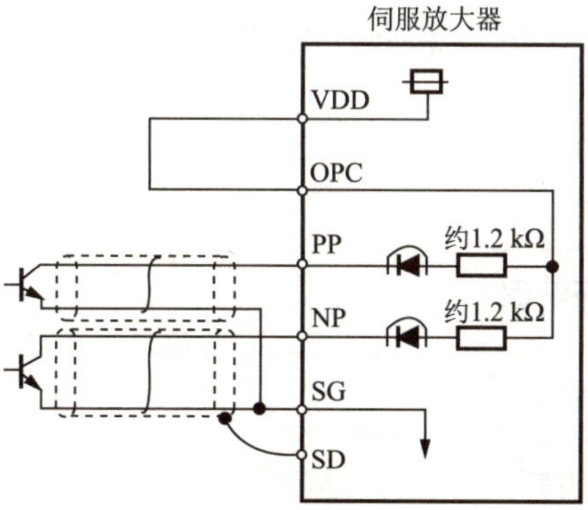

图 20-13　集电极开路输入方式

12. 差动脉冲输入方式

差动脉冲输入方式如图 20-14 所示，输入脉冲最高频率为 500 kHz。

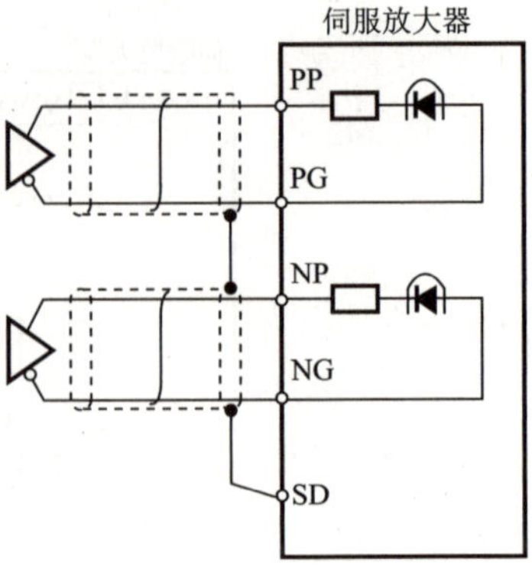

图 20-14　差动脉冲输入方式

13. 位置控制模式常用的伺服参数

首先设置参数:NO. 19＝000E,然后再设置表 20-1 中的参数,设置完毕后,重新启动系统,则参数有效。

表 20-1　位置控制模式要设置的参数

参数	名称	出厂值	设定值	说　明
NO. 0	控制模式选择	0000	0000	设置成转矩控制模式
NO. 2	自动调整	0105	0105	设置为自动调整
NO. 3	电子齿轮分子	1	16 384	设置成上位机发出 5 000 个脉冲电动机转 1 周
NO. 4	电子齿轮分母	1	625	
NO. 21	功能选择 3	0000	0001	用于选择脉冲串输入信号波形（设定脉冲加方向控制）

14. 控制要求

按下启动按钮,电动机旋转,拖动工作台从 A 点开始向右行驶 30 mm,停 2 s,然后向左行驶返回 A 点,再停 2 s,如此循环,按下停止按钮,工作台行驶 1 周后返回 A 点。要求工作台移动的速度达到 10 mm/s,丝杆的螺距为 5 mm。

(1) 控制工作台示意图。

控制工作台示意图如图 20-15 所示。

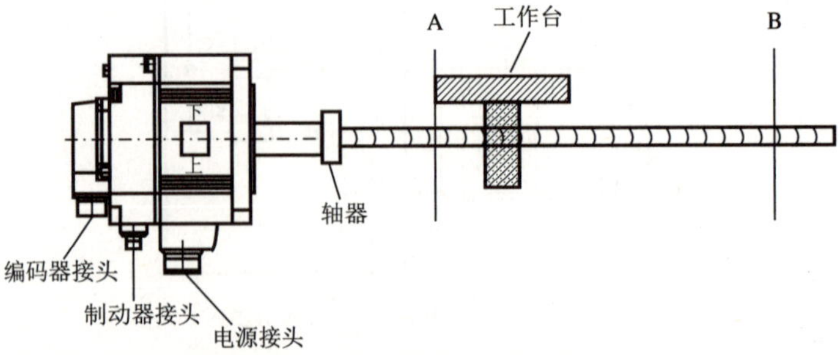

图 20-15　控制工作台示意图

(2) 程序启停动作:按下__________按钮,伺服系统工作,此按钮可接入 PLC 的输入继电器__________端口。在任何时候按下__________按钮,系统停止,此按钮信号可接入

PLC 的输入____________端口。系统工作指示灯可接入 PLC 的输出继电器____________端口信号。

（3）用________指令来实现对伺服驱动器脉冲信号的发送；脉冲信号的发送可接入 PLC 的输出继电器__________端口信号。方向信号可接入 PLC 的输出继电器__________端口信号。

（4）工作台从 A 点移到 B 点，电动机转 6 周，因此 PLC 要发出______个脉冲，工作台移动的速度要达到 10 mm/s，则产生脉冲的频率为________Hz。

（5）请设计出更多的伺服控制的案例。

二、工具与材料准备

为完成工作任务，每个工作小组需要向工作站内的仓库工作人员提供借用工具清单（见附表 1）和材料清单（见附表 2）。

任务决策

（1）各组设计出定位控制模式的主电路原理图。

（2）各组设计出定位控制模式的控制电路原理图。

（3）各组查阅伺服手册找出定位控制模式的主要参数。

（4）按照主电路、控制电路的电气原理图制定 PLC 的 I/O 分配表（见表 20-2）。

表 20-2　I/O 分配表

输　入			输　出		
输入继电器	元件代号	作用	输出继电器	元件代号	作用

任务实施

实施要求:每组派代表上台展示PLC的I/O分配表,并说明I/O表的内容;各组展示设计的主电路、控制电路原理图并说明本组的设计思路;其他组同学给你们提供了哪些意见或建议。

(1) PLC、伺服驱动器、伺服电动机的接线。

参考依据:PLC的I/O分配表,伺服驱动器的主电路原理图,伺服驱动器的控制电路原理图,PLC、伺服驱动器和伺服电动机的接线图。

(2) 伺服驱动器的参数设置。

首先设置参数:NO. 19=000E,然后再设置表20-3中的参数,设置完毕后,重新启动系统,则参数有效。

表20-3 位置控制模式要设置的参数

参数	名称	出厂值	设定值	说明

(3) 编写PLC的控制程序。

任务评价

将你们组的程序与其他组(员)的程序进行对比,发现异同,在组内和组外进行充分的讨论,得出最佳程序,并下载到PLC中进行调试和修改。观察电动机的运行情况,每次是否转6周,停止位置是否和启动位置重叠。

(1) 各小组派代表展示梯形图(利用投影仪),并解析程序含义。

(2) 各小组派人展示伺服定位控制的效果，接受全体同学的检阅，测试伺服定位控制要求的实现情况。

启动控制功能：________________

停止控制功能：________________

A 点向 B 点运行 30 mm 功能：________________

B 点停止 2 s 功能：________________

B 点向 A 点运行 30 mm 功能：________________

A 点停止 2 s 功能：________________

循环控制功能：________________

工作台移动速度功能：________________

工作台定位精度功能：________________

其他小组提出的改进建议：

(3) 学生自我评估与总结。

① 你掌握了哪些知识点？

② 你在编程、接线、调试过程中出现了哪些问题，你是怎么解决的？

③ 你觉得完成的任务中哪些地方做得比较好，哪些地方做得不够好(编程、接线、调试)？

④ 你有哪些地方还没掌握好，还不够清楚？

⑤ 说说你的心得体会。

(4) 小组评估与总结。

(5) 教师评价(根据各小组学生完成任务的表现，给予综合评价，同时给出该工作任务的正确答案供学生参考)。

(6) 各小组对工作岗位的"6S"处理。

小组和教师都完成工作任务总结以后，各小组必须对自己的工作岗位进行"6S"处理("6S"指"整理、整顿、清扫、清洁、安全、素养")，归还所借的工具、量具和实习工件。

(7) 评价表(见表 20-4)。

表 20-4 “任务 20 用伺服系统进行定位控制”评价表

班级：________ 小组：________ 姓名：________		指导教师：________ 日　　期：________					
评价项目	评价标准	评价依据	评价方式			权重	得分小计
			学生自评 20%	小组互评 30%	教师评价 50%		
职业素养	① 遵守企业规章制度、劳动纪律； ② 按时、按质完成工作任务； ③ 积极、主动承担工作任务，勤学好问； ④ 人身安全与设备安全； ⑤ 工作岗位“6S”完成情况	① 出勤； ② 工作态度； ③ 劳动纪律； ④ 团队协作精神				0.3	
专业能力	① 熟练制作 PLC 的 I/O 分配表； ② 能进行伺服主电路的设计； ③ 能进行伺服控制电路的设计； ④ 能利用伺服手册进行参数的设置； ⑤ 能独立进行程序的编写、输入与调试； ⑥ 具有较强的信息分析、处理能力	① 操作的准确性和规范性； ② 工作页或项目技术总结的完成情况； ③ 专业技能任务的完成情况				0.5	
创新能力	① 在任务完成过程中能提出自己的方案； ② 在教学或生产管理上提出建议，具有创新性	① 方案的可行性及意义； ② 建议的可行性				0.2	
合计							

技能拓展

在控制要求中，如何用一个 PLC 控制两个或多个伺服电动机同步运行，即当主电动机速度改变时，其他电动机也同步运行。设计控制方案并调试。

任务二十一 认识触摸屏

任务名称

认识触摸屏。

建议学时

6 学时。

任务描述

掌握触摸屏的硬件组成及工作原理。

任务要求

(1) 掌握触摸屏的硬件组成及结构。

(2) 了解触摸屏的工作原理。

(3) 能独立进行触摸屏与个人计算机、PLC 等的连接。

能力目标

(1) 了解触摸屏的工作原理。

(2) 认识触摸屏的结构。

(3) 掌握触摸屏与个人计算机和 PLC 的连接方法。

任务准备

一、理论知识

1. MT5000 和 MT4000

MT5000 和 MT4000 是全新一代的工业嵌入式触摸屏人机界面，全新一代的 HMI 具有以下特点：

(1) 使用高速低功耗嵌入式 RISC CPU。

(2) 使用嵌入式操作系统。

(3) 具有更高的速度和更流畅的操作。

(4) 更丰富的色彩和更细腻的显示。

(5) MT5000 全面支持以太网、USB 等高速接口，MT4000 支持 USB 高速接口。

(6) 更多的资源，相对低的价格。

(7) 简单易用、稳定可靠。

(8) 65536色显示方式使触摸屏的表达更加丰富多彩，效果胜人一筹。

(9) 200～400 MHz强大的32位RISC处理器使MT5000、MT4000拥有更快的处理速度。

(10) 支持多串口同时通信，标准硬件的2个串口可以同时使用不同协议，连接不同的控制器。

(11) MT5000全面支持以太网通信功能，多个触摸屏可以任意组网。

(12) 增加图形文件支持，支持24位位图JPEG、GIF等格式的图像导入。

(13) 使用标准C语言，宏代码可以以多种方式被触发，功能强大、灵活易用。

(14) 具有强大的定时器功能。

(15) USB大大加快了用户组态的下载速度。

(16) 增加USB口通信能力，可以通过USB口下载程序。

(17) 程控调节对比度和亮度功能，可以通过置位本地LB，调节对比度和亮度。

(18) 用户可更改启动画面，用户可以定制自己的启动LOGO画面。

(19) 支持Windows平台的所有字体。

(20) 支持任意弧形、扇形图的绘制。

(21) 和绝大多数主流PLC的直接连接使MT5000、MT4000拥有更广阔的市场和应用。

(22) 简单易用而又功能强大的EV5000组态软件使用户能以最快的速度掌握其设计方法，并设计出一流的作品。

2. 安装EV5000

(1) 计算机最低硬件要求(推荐配置)。

CPU:INTEL Pentium Ⅱ以上等级；

内存：128 MB以上(推荐512 M)；

硬盘：2.5 GB以上，最少留有100 MB以上的磁盘空间(推荐40 G以上)；

光驱：4倍速以上光驱一个；

显示器:分辨率800×600,16位色以上(推荐1 024×768,32位真彩色以上)；

鼠标、键盘：各一个；

RS-232 COM口：至少保留一个，以备触摸屏在使用串口线通信时使用；

USB口：USB 1.1以上主口；

打印机:一台(可根据需要选配)。

(2) 操作系统。

操作系统为Windows 2000、Windows XP或Windows VISTA。

图21-1 EV5000系列触摸屏

(3) EV5000系列触摸屏。

EV5000系列触摸屏如图21-1所示。

二、工具与材料准备

为完成工作任务，每个工作小组需要向工作站内的仓库工作人员提供借用工具清单（见附表 1）和材料清单（见附表 2）。

任务决策

填写计算机配置表格（见表 20-1）。

表 20-1　计算机配置

计算机配置		可使用的操作系统	
CPU			
内存			
硬盘			
光驱			
显示器			
鼠标、键盘			
RS-232 COM 口			
USB 口			

任务实施

实施要求：每组派代表上台展示计算机配置表，并说明表中内容的含义；其他组同学给你们提供了哪些意见或建议。

认识 EV5000 系列触摸屏的硬件。

（1）画出触摸屏与计算机连接的示意图。

（2）简要说明触摸屏的工作原理。

（3）简要说明触摸屏的基本结构。

任务评价

将你们组的答案与其他组(员)的程序进行对比,发现异同,在组内和组外进行充分的讨论,得出最佳结论。

(1) 各小组派代表利用投影仪展示学习成果,接受全体同学的检阅。

其他小组提出的改进建议:

(2) 学生自我评估与总结。

① 你掌握了哪些知识点?

② 你在编程、接线、调试过程中出现了哪些问题,你是怎么解决的?

③ 你觉得完成的任务中哪些地方做得比较好,哪些地方做得不够好(编程、接线、调试)?

④ 你有哪些还没掌握好,还不够清楚?

⑤ 说说你的心得体会。

(3) 小组评估与总结。

(4) 教师评估(根据各小组学生完成任务的表现,给予综合评价,同时给出该工作任务的正确答案供学生参考)。

(5) 各小组对工作岗位的"6S"处理。

小组和教师都完成工作任务总结以后,各小组必须对自己的工作岗位进行"6S"处理("6S"指"整理、整顿、清扫、清洁、安全、素养"),归还所借的工具、量具和实习工件。

(6) 评价表(见表21-2)。

表 21-2 “任务 21　认识触摸屏”评价表

<table>
<tr><td colspan="2">班级：________
小组：________
姓名：________</td><td colspan="6">指导教师：________
日　　期：________</td></tr>
<tr><td rowspan="2">评价项目</td><td rowspan="2">评价标准</td><td rowspan="2">评价依据</td><td colspan="3">评价方式</td><td rowspan="2">权重</td><td rowspan="2">得分小计</td></tr>
<tr><td>学生自评
20%</td><td>小组互评
30%</td><td>教师评价
50%</td></tr>
<tr><td>职业素养</td><td>① 遵守企业规章制度、劳动纪律；
② 按时、按质完成工作任务；
③ 积极、主动承担工作任务，勤学好问；
④ 人身安全与设备安全；
⑤ 工作岗位“6S”完成情况</td><td>① 出勤；
② 工作态度；
③ 劳动纪律；
④ 团队协作精神</td><td></td><td></td><td></td><td>0.3</td><td></td></tr>
<tr><td>专业能力</td><td>① 掌握基本指令 SET、RST 的用法；
② 掌握数码显示管的使用；
③ 熟练运用 PLC 编程软件进行抢答器编程设计；
④ 能独立进行程序的输入与调试；
⑤ 具有较强的信息分析、处理能力</td><td>① 操作的准确性和规范性；
② 工作页或项目技术总结的完成情况；
③ 专业技能任务的完成情况</td><td></td><td></td><td></td><td>0.5</td><td></td></tr>
<tr><td>创新能力</td><td>① 在任务完成过程中能提出自己的方案；
② 在教学或生产管理上提出建议，具有创新性</td><td>① 方案的可行性及意义；
② 建议的可行性</td><td></td><td></td><td></td><td>0.2</td><td></td></tr>
<tr><td>合计</td><td colspan="7"></td></tr>
</table>

技能拓展

仔细观察，认真比较三菱触摸屏和 EV5000C 系列触摸屏的异同点。

任务二十二
三菱 GOT 的基本操作

任务名称

三菱 GOT 的基本操作。

建议学时

6 学时。

任务描述

用触摸屏设计两个基本画面，画面 1 实现对 1 号电动机正反转控制并对运行时间进行控制；画面 2 实现对 2 号电动机正反转控制并对运行时间进行控制。

任务要求

(1) 采用三菱 GOT 技术实现电动机的正反转控制。

(2) 采用 GT Designer 2 进行画面设计、传送，并下载至 GOT。

(3) 画面 1 和画面 2 可以互相切换。

(4) 各小组发挥团队协作精神，共同设计出各画面所需的基本元件数，将其进行排列组合，下载至 GOT，验证画面合理性，优化画面。

能力目标

(1) 掌握 GT Designer 2 软件的操作、GOT 画面的设计和下载。

(2) 掌握 GOT 的设置。

(3) 掌握 GOT 与 PLC 的连接方法。

任务准备

一、理论知识

1. GT Designer 2 软件安装

GT Designer 2 属于触摸屏画面设计软件，其安装过程包括环境程序和运行程序两个步骤。

(1) 安装环境程序。

打开环境程序文件，进入程序文件首页，如图 22-1 所示。双击“环境软件”文件夹，进入“环境软件”页面，如图 22-2 所示。双击“SETUP”安装包，进入欢迎页面，如图 22-3 所示。

点击欢迎页面的"下一个"按钮，进入信息页面，如图 22-4 所示。继续点击"下一个"按钮，进入设置完成界面，点击"结束"按钮完成设置，如图 22-5 所示。

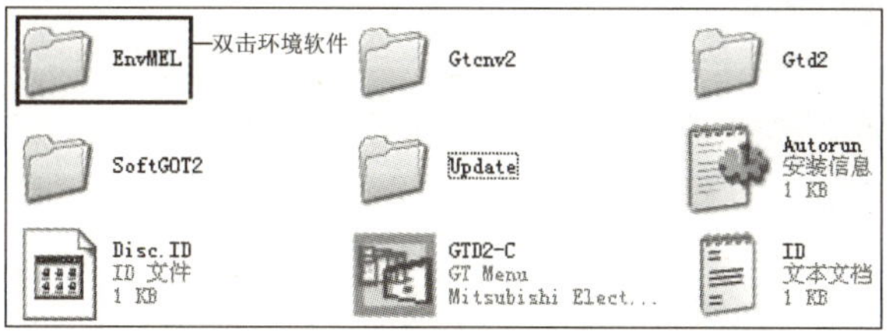

图 22-1　环境程序文件首页

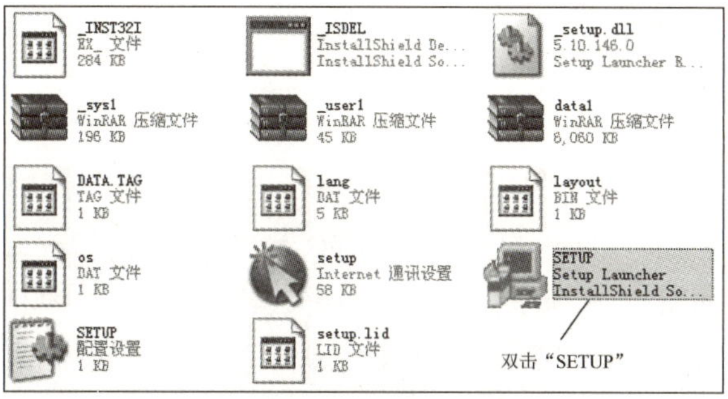

图 22-2　"环境软件"页面

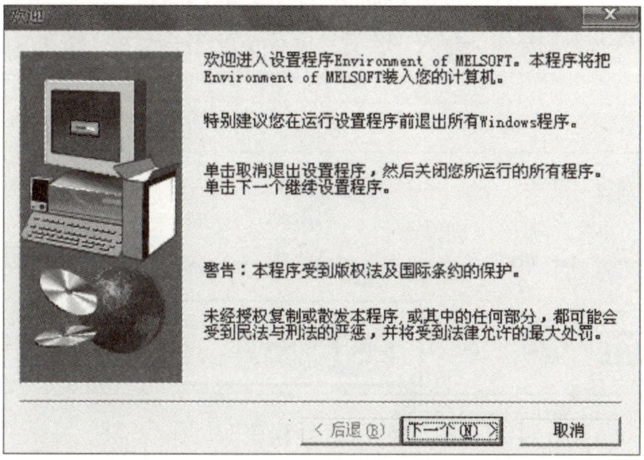

图 22-3　欢迎页面

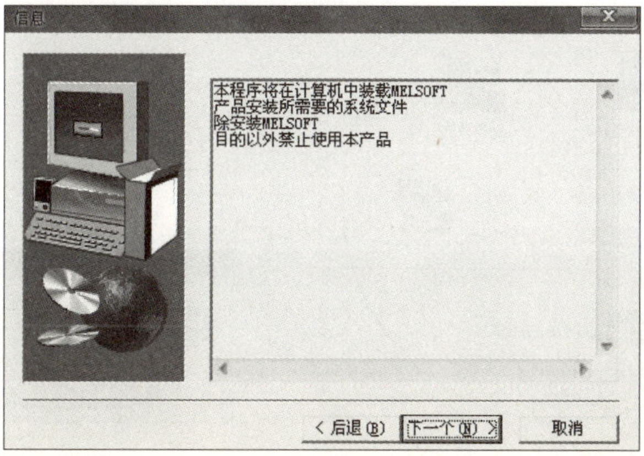

图 22-4　信息页面

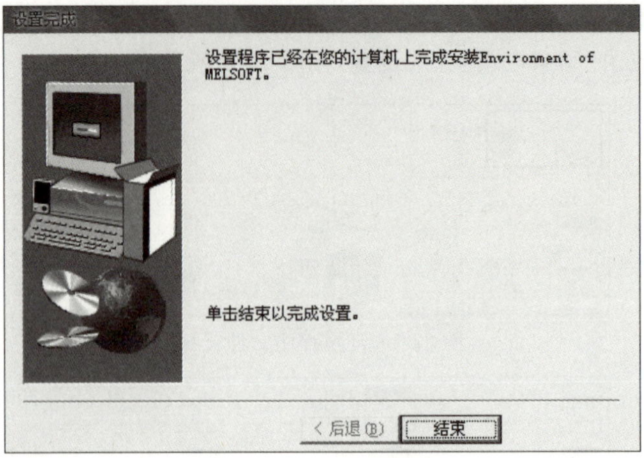

图 22-5　设置完成页面

（2）安装运行程序。

打开运行程序文件，进入运行程序文件首页，如图 22-6 所示。双击“程序文件”，进入 GT Designer 2 页面，如图 22-7 所示。双击“程序安装”，进入安装页面，如图 22-8 所示。点击“确定”按钮，进入欢迎页面，如图 22-9 所示。点击“下一个”按钮，进入用户信息页面，如图 22-10 所示。点击“下一个”按钮，进入“输入产品列号”页面，如图 22-11 所示。输入产品序列号，点击“下一个”按钮，进入“选择目标位置”页面，如图 22-12 所示。指定安装目录，若不需要更改则点击“下一个”按钮，进入“设置”页面，点击“确定”按钮，完成设置，如图 22-13 所示。

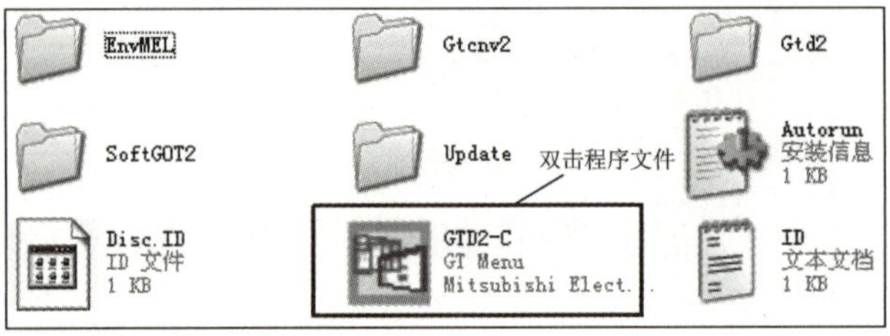

图 22-6　“运行程序”首页

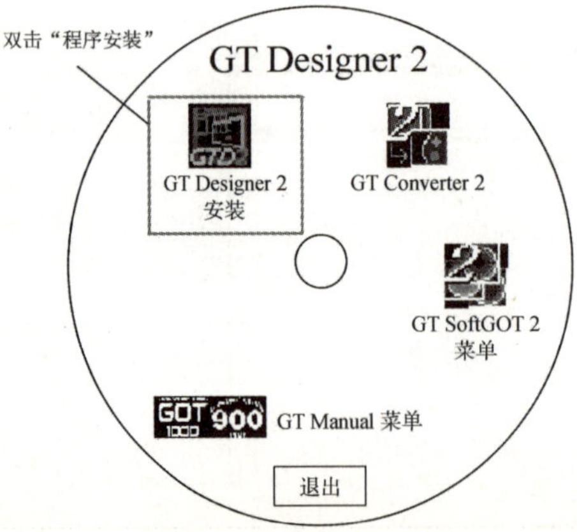

图 22-7　GT Designer 2 界面

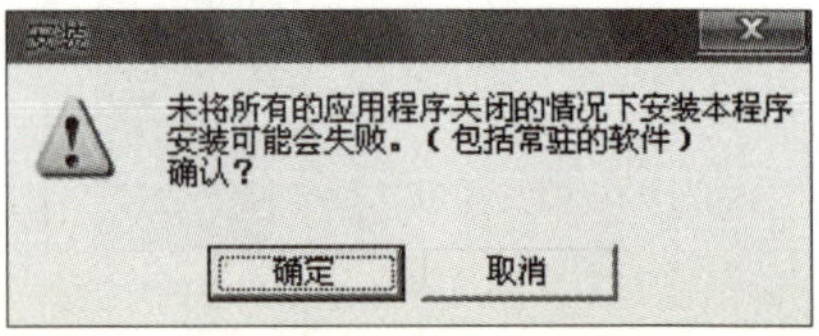

图 22-8　安装页面

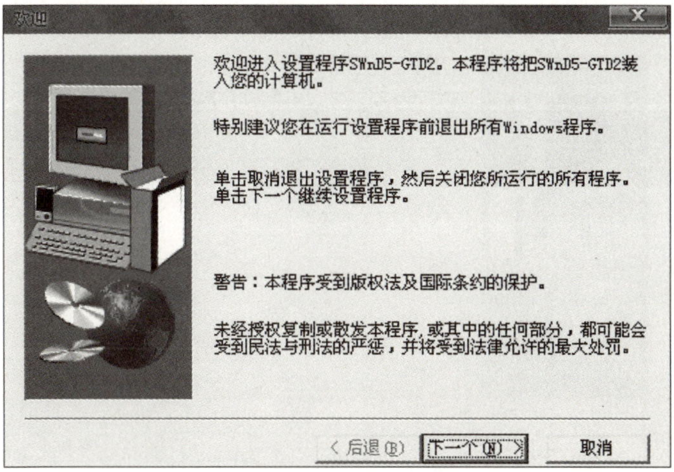

图 22-9　欢迎页面

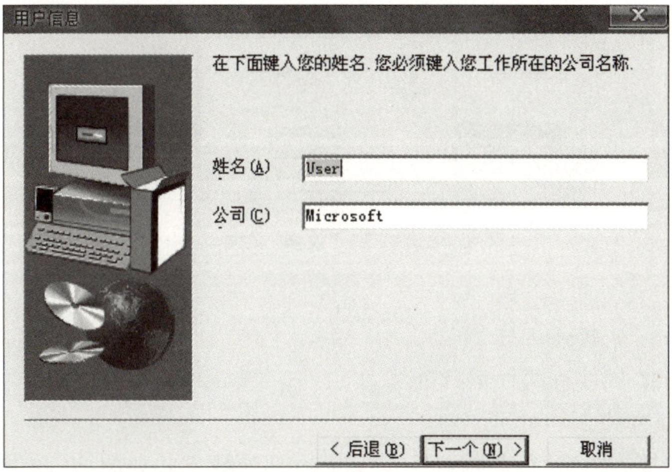

图 22-10　“用户信息”页面

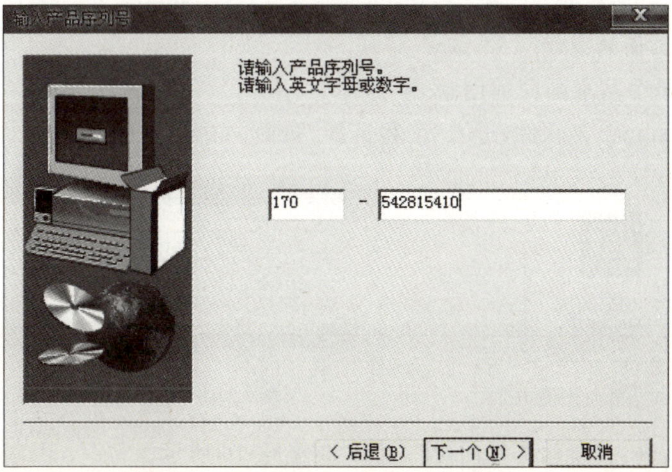

图 22-11　“输入产品序列号”页面

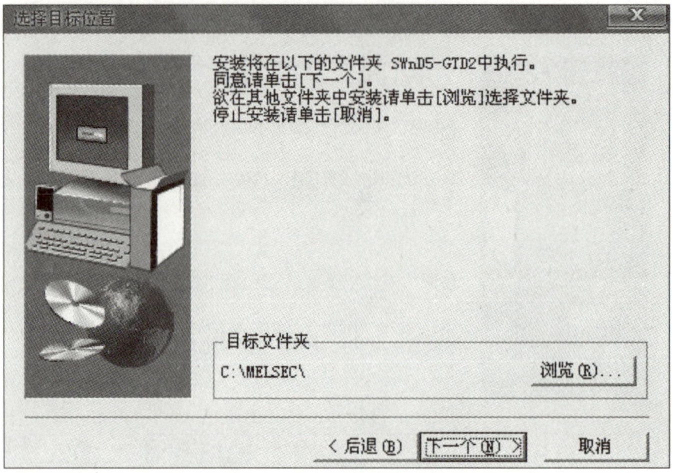

图 22-12 “选择目标位置”页面

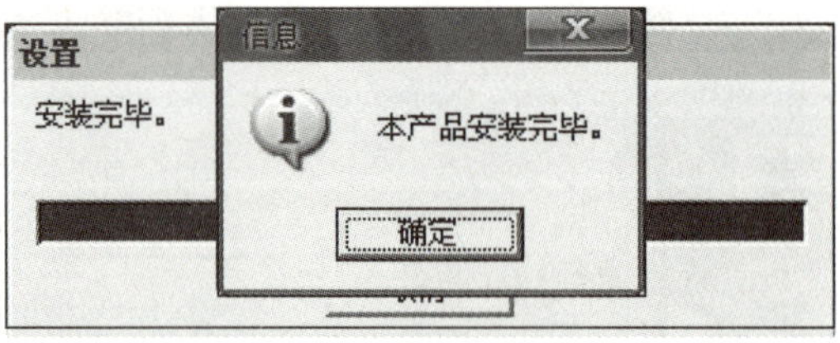

图 22-13 “设置”页面

2. GT Designer 2 软件运行

GT Designer 2 软件有两种运行办法。

(1) 桌面快捷方式。

点击“桌面快捷方式”运行软件，GT Designer 2 快捷方式如图 22-14 所示。

(2) 开始菜单程序启动模式。

点击“开始”→“所有程序”→“MELSOFT” →“GT Designer 2”。

3. 工程数据画面的创制

(1) 工程及单个基本画面的创制。

打开 GT Designer 2 软件，进入“工程选择”页面，如图 22-15 所示。

图 22-14 桌面快捷方式

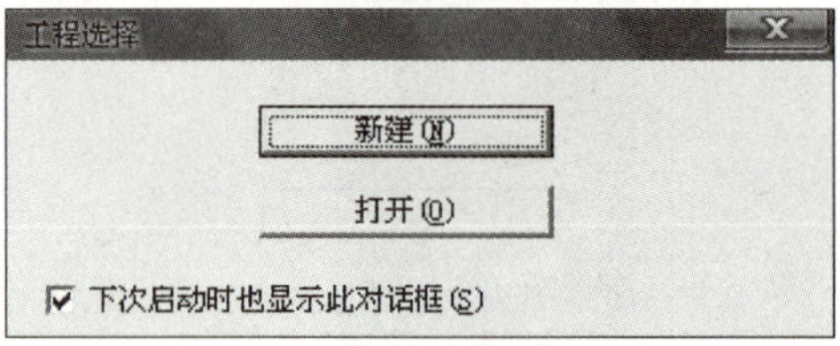

图 22-15 “工程选择”页面

单击“新建”，进入“新建工程向导”页面，如图 22-16 所示。

单击“下一步”按钮，进入“工程的新建向导”页面，如图 22-17 所示。

选定 GOT 类型为 GT11-Q 系列，单击“下一步”按钮，进入如图 22-18 所示的页面。

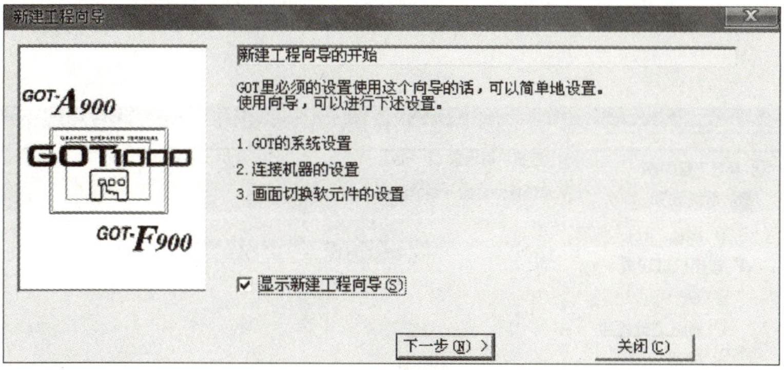

图 22-16　“新建工程向导”页面

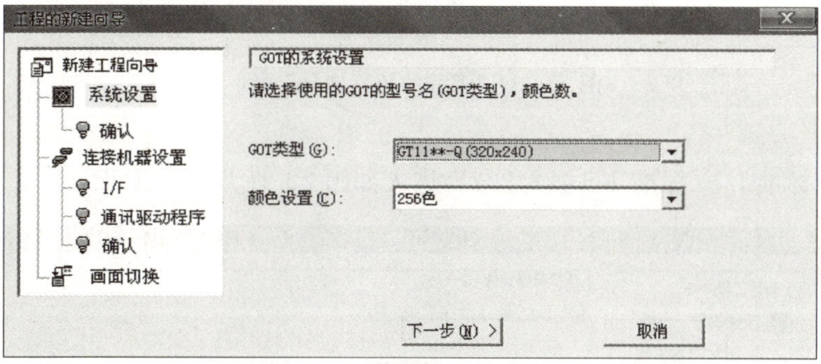

图 22-17　“工程的新建向导”页面 1

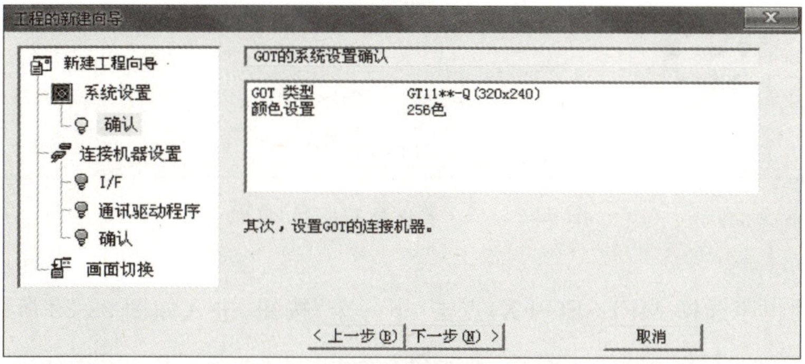

图 22-18　“工程的新建向导”页面 2

单击“下一步”按钮，进入如图 22-19 所示的页面。

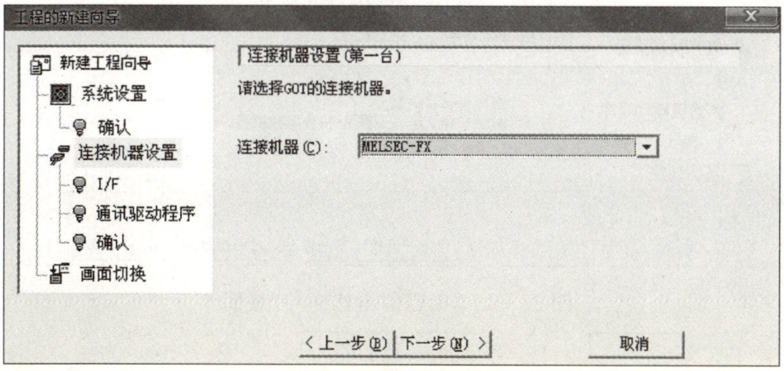

图 22-19　“工程的新建向导”页面 3

选定连接机器类型为 MELSEC-FX 系列，点击“下一个”按钮，进入如图 22-20 所示的页面。

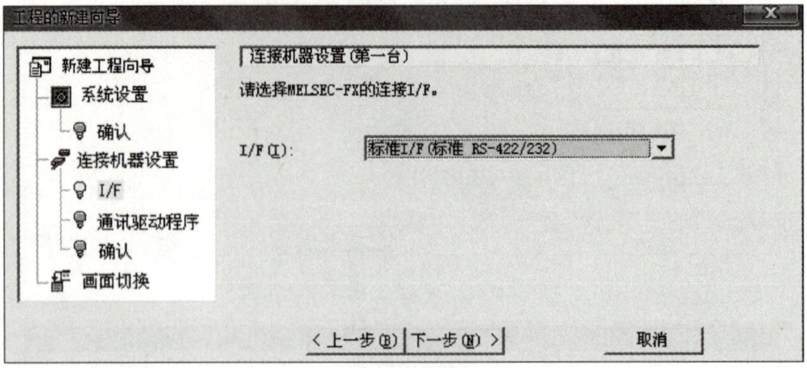

图 22-20 “工程的新建向导”页面 4

I/F 选择标准 I/F(标准 RS-422/232)，进入如图 22-21 所示的页面。

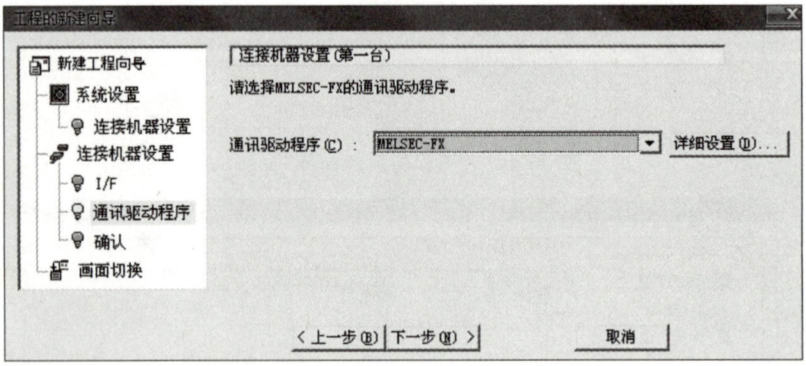

图 22-21 “工程的新建向导”页面 5

通讯驱动程序选择 MELSEC-FX，点击“下一个”按钮，进入如图 22-22 所示的页面。

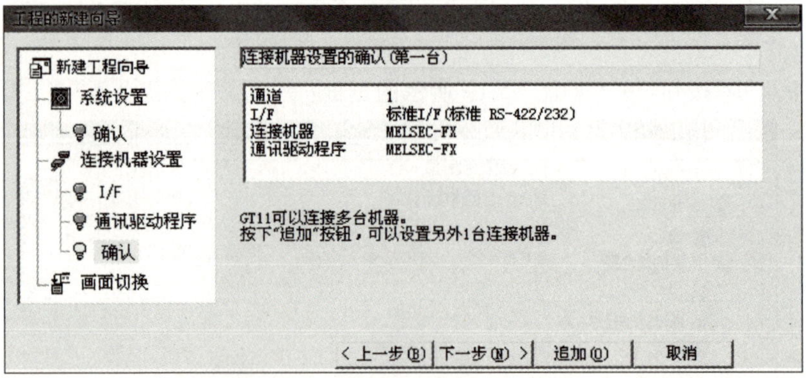

图 22-22 “工程的新建向导”页面 6

单击“下一步”，进入如图 22-23 所示的页面。

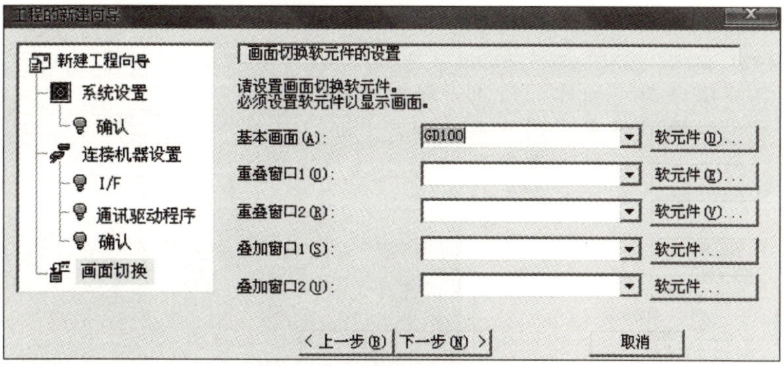

图 22-23　“工程的新建向导”页面 7

基本画面默认软元件为 GD100，单击“下一个”按钮，进入如图 22-24 所示的页面。

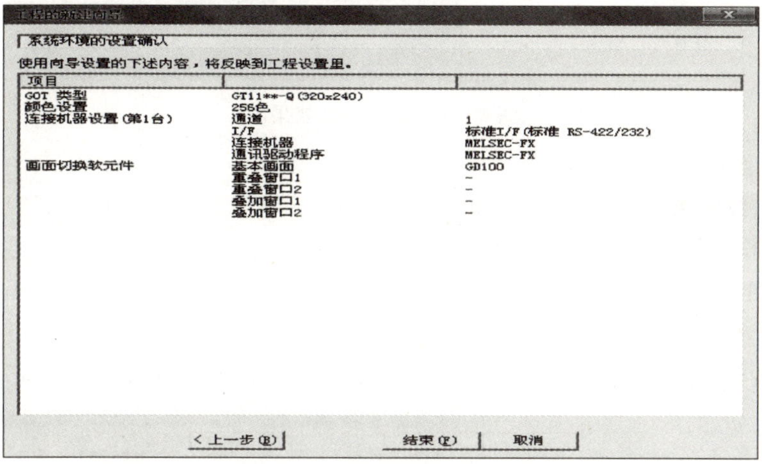

图 22-24　“工程的新建向导”页面 8

单击“结束”，进入“画面的属性”页面，如图 22-25 所示的页面。

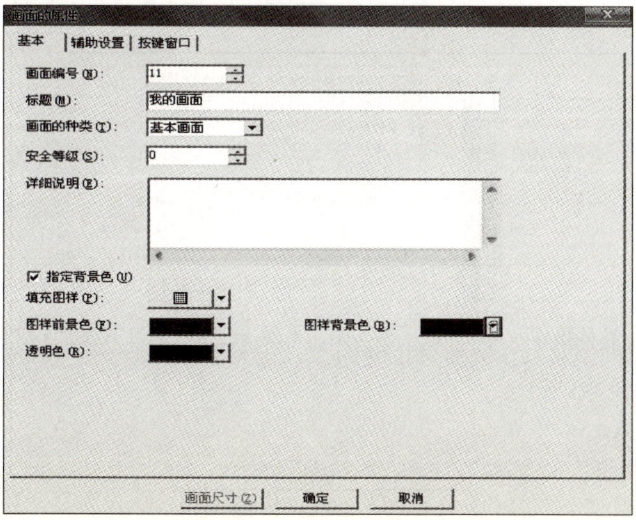

图 22-25　“画面的属性”页面

修改画面编号、标题或指定背景色,单击“确定”,工程及其基本画面创制完成,效果如图 22-26 所示。

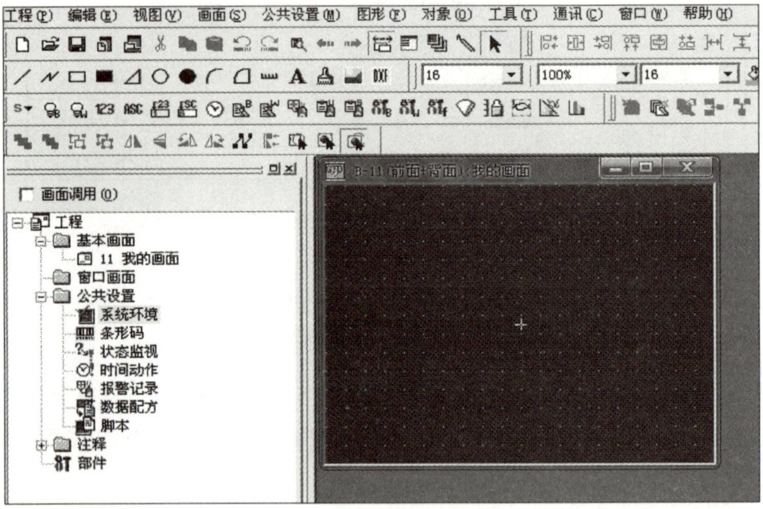

图 22-26 基本画面效果图

(2) 多个画面。

在前面已经创制了一个画面,以下开始创制第二个画面,方法如下:

① 点击工具栏“画面”→“新建”→“基本画面”;

② 第二种具体操作如图 22-27 所示。

4. 工程下载至 GOT

点击工具栏“通讯”→“跟 GOT 的通讯”→选择工程下载→GOT,如图 22-28 所示。

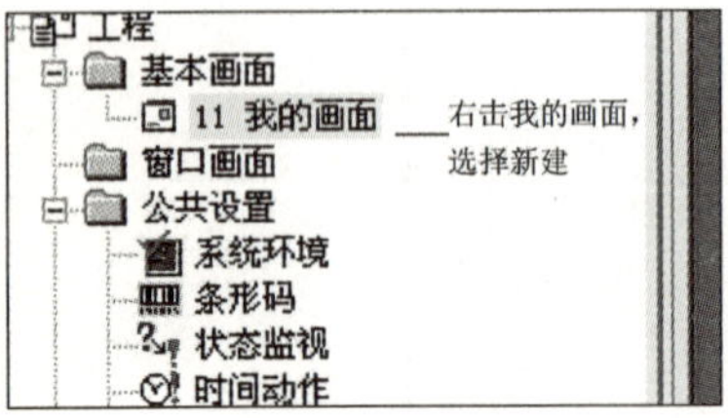

图 22-27 具体操作

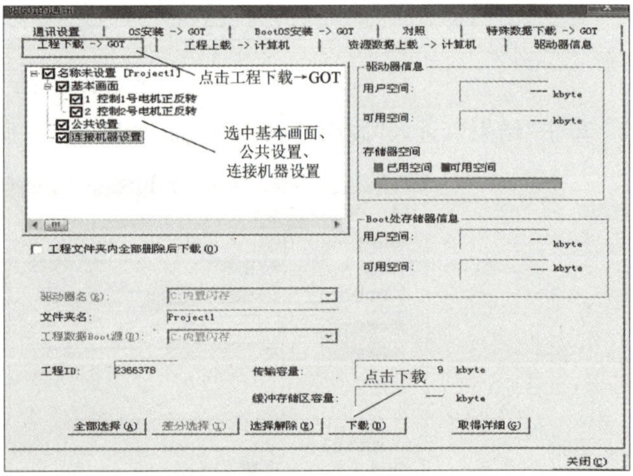

图 22-28 工程下载至 GOT 页面

5. 画面元件的添加

(1) 文本的输入。

点击工具栏“图形”→“文本”,如图 22-29 所示。

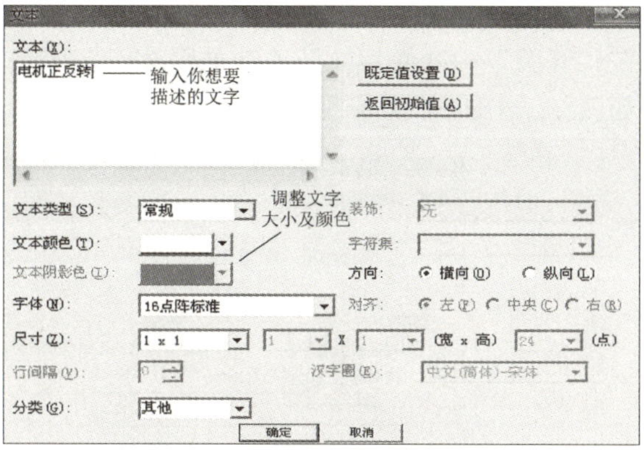

图 22-29　文本输入页面

(2) 位开关元件的输入。

点击工具栏“对象”→“开关”→“位开关”，如图 22-30 所示。双击开关，修改开关基本属性和文本属性，如图 22-31 和图 22-32 所示。

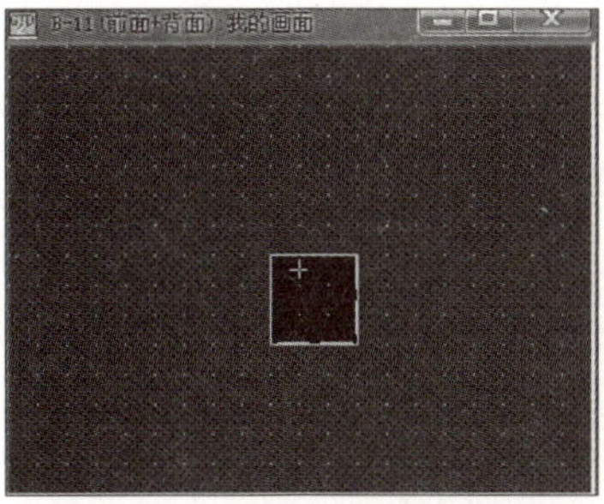

图 22-30　位开关元件的输入页面

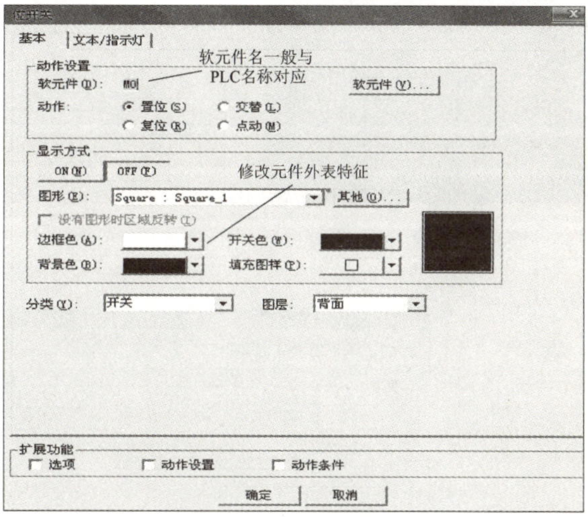

图 22-31　基本属性

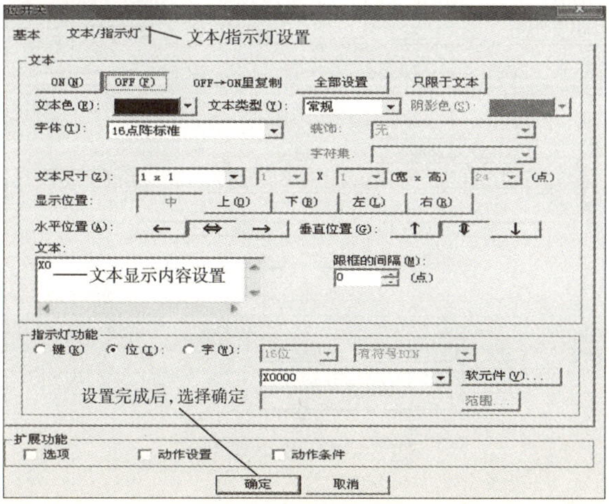

图 22-32　文本属性

（3）画面切换开关的设置。

点击工具栏“对象”→“开关”→“画面切换开关”，如图 22-33 所示。双击开关，修改开关基本属性和文本属性，如图 22-34 和图 22-35 所示。

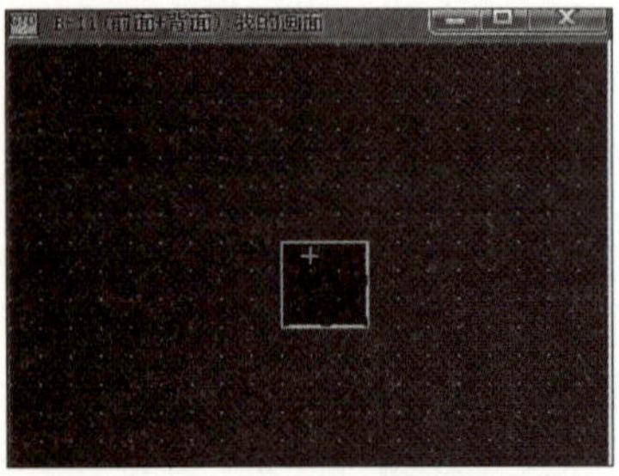

图22-33　画面切换开关的设置页面

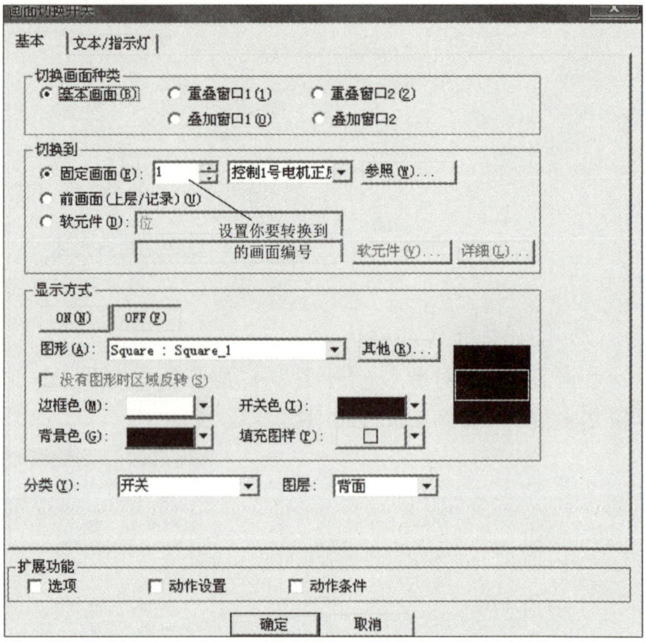

图 22-34　基本属性

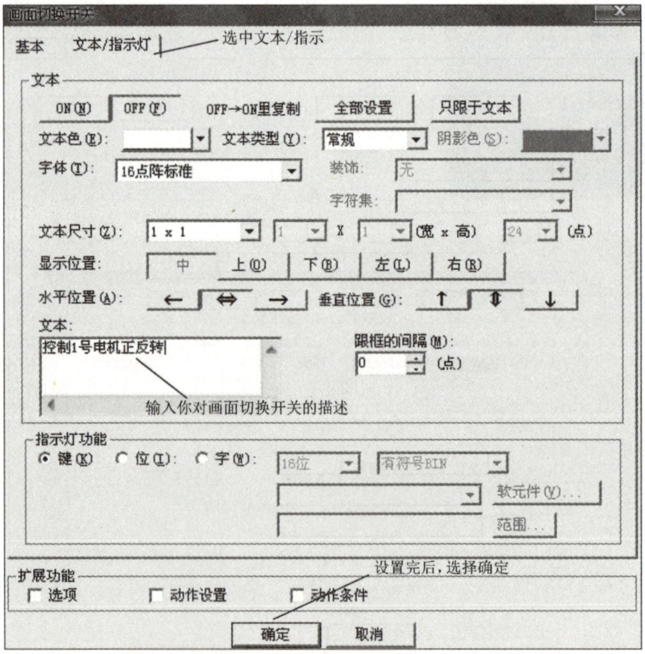

图 22-35　文本属性

(4) 指示灯的设置。

点击工具栏“对象”→“指示灯”→“位指示灯”，如图 22-36 所示。双击指示灯，修改指示灯基本属性和文本属性，如图 22-37 和图 22-38 所示。

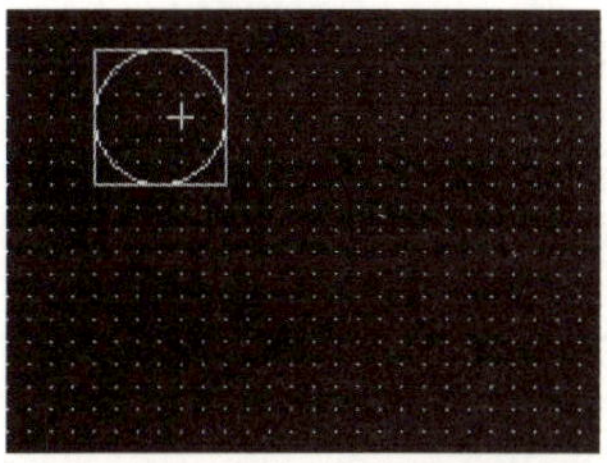

图 22-36　指示灯的设置页面

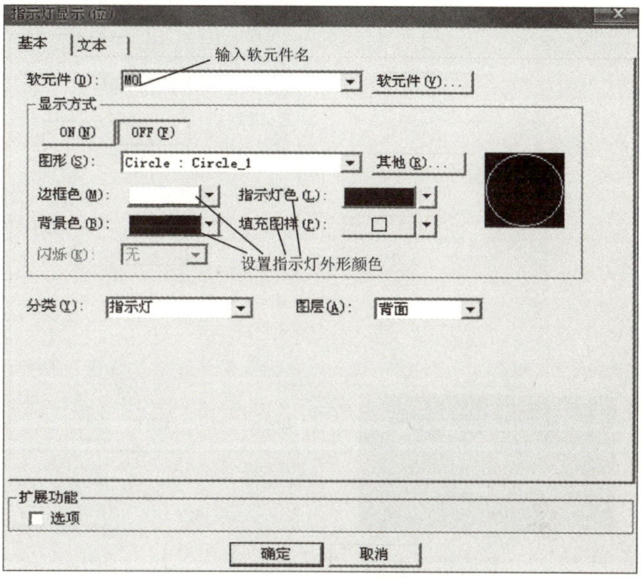

图 22-37　基本属性

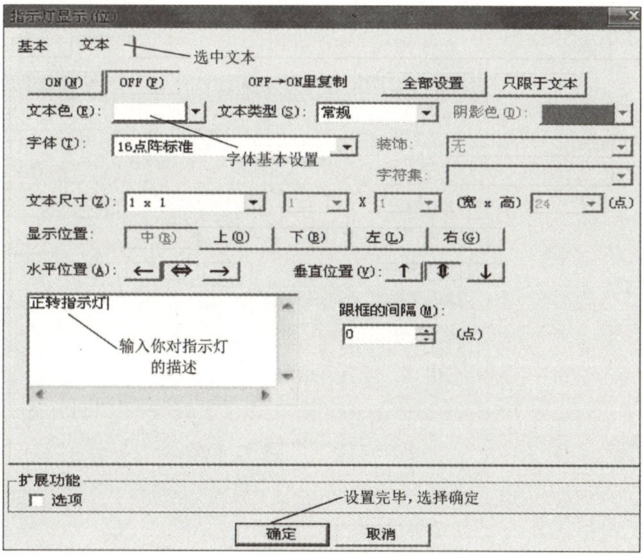

图 22-38　文字属性

(5) 数值输入。

点击工具栏“对象”→“数值输入”，如图 22-39 所示。双击数值输入，修改数值输入基本属性，如图 22-40 所示。

图 22-39 数值输入页面

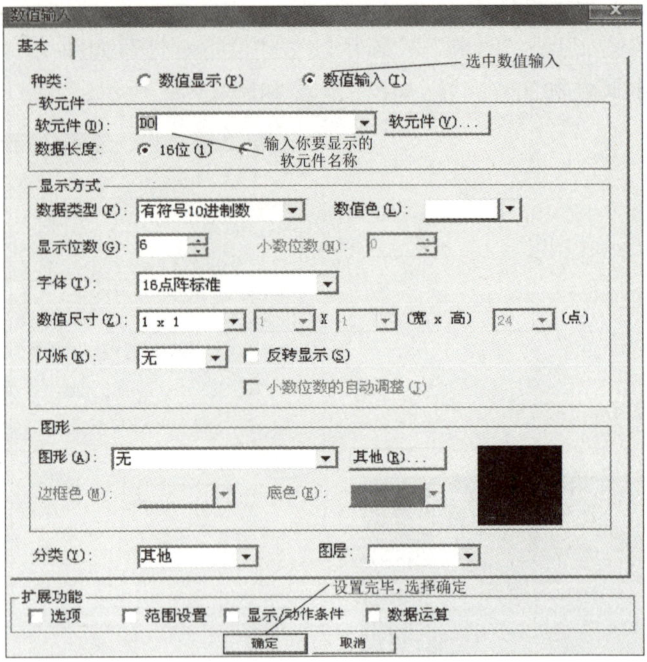

图 22-40 基本属性

(6) 数据显示。

点击工具栏“对象”→“数值显示”，如图 22-41 所示。双击数值显示，修改数值输入基本属性，如图 22-42 所示。

图 22-41 数据显示页面

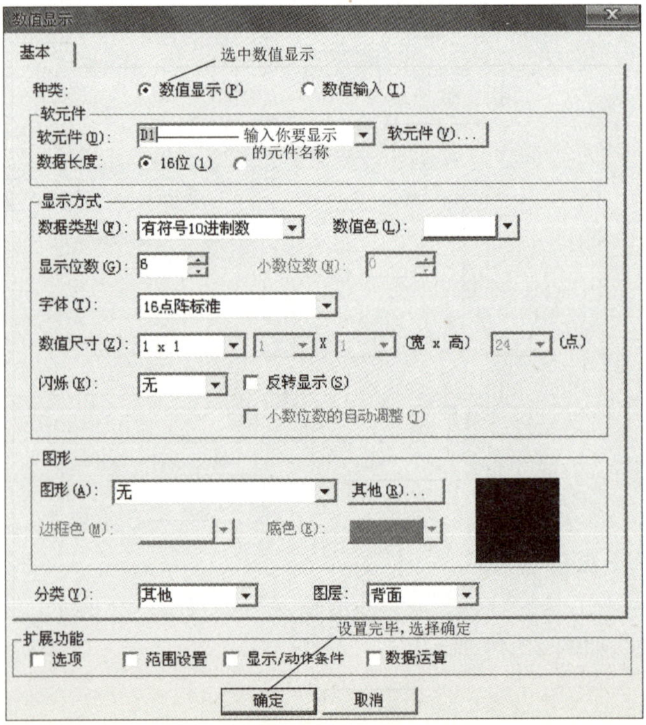

图 22-42 基本属性

6. 三菱 GOT 的功能要求

(1) 在设计画面之前，需要对建立的画面及画面中所需元件数有充分的了解(包括要用多少个位开关、画面切换开关、指示灯，分别用什么符号表示，数据的显示类型是什么)形成一定的思路，然后设计出基本画面图。

(2) 基本画面的功能要求。

① 需要设计两个基本画面，基本画面名称分别为控制______号电动机正反转，要求背景色为蓝色。

② 在控制 1 号电动机正反转的基本画面中，要求有启动和停止共____个开关，正转和反转____个指示灯，画面转换开关____个，正转和反转运行时间显示____个。

③ 在控制 2 号电动机正反转的基本画面中，要求有启动和停止共____个开关，正转和反转____个指示灯，画面转换开关____个，正转和反转运行时间显示____个。

二、工具与材料准备

为完成工作任务，每个工作小组需要向工作站内的仓库工作人员提供借用工具清单(见附表 1)和材料清单(见附表 2)。

任务决策

(1) 按照上面的设计思路制定元件数分配表(见表 22-1)。

表 22-1　元件数分配表

控制 1 号电动机正反转基本画面			控制 2 号电动机正反转基本画面		
元件类型	元件代号	作用	元件类型	元件代号	作用
位开关			位开关		
画面切换开关			画面切换开关		
指示灯			指示灯		
数据显示			数据显示		

(2) 各组画图表达本组元件放置的基本位置。

任务实施

实施要求：每组派代表上台展示元件数分配表，并说明表的内容；各组以画图的形式展示并说明本组的设计思路；其他组同学给你们提供了哪些意见或建议。

GT Designer 2 画面设计。

参考依据：元件数分配表和基本画面的功能要求。

任务评价

将你们组的基本画面与其他组（员）的画面进行对比，发现异同，在组内和组外进行充分的讨论，得出最佳画面，并下载到GOT中进行观察。

（1）各小组派代表展示基本画面（利用投影仪），并解析设计步骤。

（2）各小组派人展示画面效果，接受全体同学的检阅。

画面切换功能：____________________

数据显示功能：____________________

指示灯功能：____________________

位开关控制功能：____________________

画面标题及背景设置的合理性：____________________

其他小组提出的改进建议：

（3）学生自我评估与总结。

① 你掌握了哪些知识点？

② 你在编程、接线、调试过程中出现了哪些问题，你是怎么解决的？

③ 你觉得完成的任务中哪些地方做得比较好，哪些地方做得不够好（编程、接线、调试）？

④ 你有哪些地方还没掌握好，还不够清楚？

⑤ 说说你的心得体会。

（4）小组评估与总结。

(5) 教师评估(根据各小组学生完成任务的表现,给予综合评价,同时给出该工作任务的正确答案供学生参考)。

(6) 各小组对工作岗位的"6S"处理。

小组和教师都完成工作任务总结以后,各小组必须对自己的工作岗位进行"6S"处理("6S"指"整理、整顿、清扫、清洁、安全、素养"),归还所借的工具、量具和实习工件。

(7) 评价表(见表 22-2)。

表 22-2　"任务 22　三菱 GOT 的基本操作"评分表

班级:________ 小组:________ 姓名:________		指导教师:________ 日　　期:________					
评价项目	评价标准	评价依据	评价方式			权重	得分小计
			学生自评 20%	小组互评 30%	教师评价 50%		
职业素养	① 遵守企业规章制度、劳动纪律; ② 按时、按质完成工作任务; ③ 积极、主动承担工作任务,勤学好问; ④ 人身安全与设备安全; ⑤ 工作岗位"6S"完成情况	① 出勤; ② 工作态度; ③ 劳动纪律; ④ 团队协作精神				0.3	
专业能力	① 掌握基本指令 SET、RST 的用法; ② 掌握数码显示管的使用; ③ 熟练运用 PLC 编程软件进行抢答器编程设计; ④ 能独立进行程序的输入与调试; ⑤ 具有较强的信息分析、处理能力	① 操作的准确性和规范性; ② 工作页或项目技术总结的完成情况; ③ 专业技能任务的完成情况				0.5	
创新能力	① 在任务完成过程中能提出自己的方案; ② 在教学或生产管理上提出建议,具有创新性	① 方案的可行性及意义; ② 建议的可行性				0.2	
合计							

技能拓展

在画面设计中,如果增加"时间显示、采用液位类型显示"的要求,应如何设计画面?

任务二十三
变频器的应用

任务名称

变频器的应用。

建议学时

6 学时。

任务描述

变频器的基本运行功能包括启动、停止、正转与反转、正向点动与反向点动、运行频率调节等。变频器的指令输入方式有控制面板输入和外部端子输入两种。这些指令输入方式须按照实际的需要进行选择设置，同时也可以根据功能进行相互之间的切换。

任务要求

(1) 掌握变频器的硬件组成及结构。

(2) 了解变频器的工作原理。

(3) 能独立进行变频器与个人计算机、PLC、触摸屏等的连接。

能力目标

(1) 掌握变频器的面板操作。

(2) 掌握变频器 PU、外部、PU 点动、组合操作模式的应用。

(3) 掌握变频器的调试操作。

(4) 培养创新改造、独立分析和综合决策的能力。

(5) 培养团队协作、与人沟通和正确评价的能力。

任务准备

一、变频器扩展知识

1. 交流变频系统的基本形式

(1) 交-交变频系统。

交-交变频系统是一种可直接将某固定频率变换成可调频率的交流电路系统，变换频率无须中间的直流环节。与交-直-交变频系统相比，提高了系统的变换效率。又由于整个变频电路直接与电网相连接，各晶闸管元件上承受的是交流电压，故可采用电网电压自然换流，无须强迫换流装置，简化了变频器主电路的结构，提高了换流能力。

交-交变频电路广泛应用于大功率低转速的交流电动机调速传动、交流励磁变速恒频电动机的励磁电源等。实际使用的交-交变频电路多为三相输入-三相输出电路，但其基础是三相输入-单相输出电路，因此首先介绍单相输出电路的工作原理、触发控制、输入/输出特性等，然后介绍三相输出电路的结构。

① 三相输入-单相输出的交-交变频电路。

a. 基本工作原理。

三相输入-单相输出的交-交变频器的原理如图 23-1 所示，它由两组反并联的三相晶闸管可控整流桥和单相负载组成。图 23-1(a)接入了足够大的输入滤波电感，输入电流近似矩形波，称为电流型电路；图 23-1(b)则为电压型电路，其输出电压可以为矩形波，亦可通过控制成为正弦波；图 23-1(c)为图 23-1(b)电路输出的矩形波电压，用以说明交-交变频电路的工作原理。当正组变流器工作在整流状态时，反组封锁，以实现无环流控制，负载 Z 上的电压 u_o 为上(＋)、下(－)；反之当反组变流器处于整流状态而正组封锁时，负载电压 u_o 为上(－)、下(＋)，负载电压交变。若以一定频率控制正、反两组变流器交替工作(切换)，则向负载输出交流电压的频率 f_o 就等于两组变流器的切换频率，而负载电压 u_o 的大小则取决于晶闸管的触发角 α。

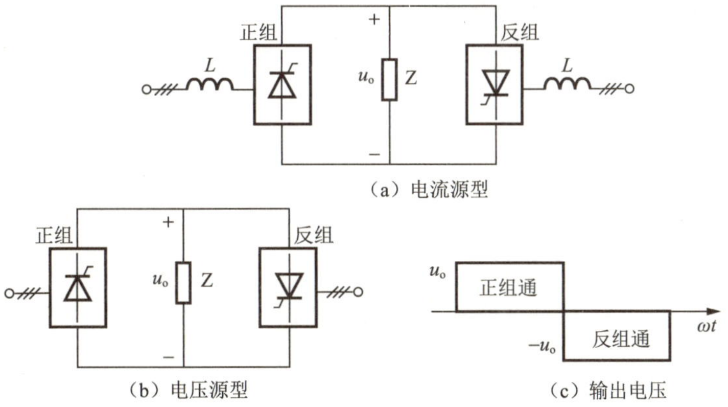

图 23-1　三相输入-单相输出交-交变频器原理图

交-交变频电路根据输出电压波形的不同可分为方波型和正弦波型。方波型控制简单，正、反两桥工作时维持晶闸管触发角 α 恒定不变，但其输出波形不好，低次谐波大，用于电动机调速传动时会增大电动机损耗，降低运行效率，特别是增大转矩脉动，故很少采用。

b. 工作状态。

三相-单相正弦型交-交变频电路如图 23-2 所示。它由两个三相桥式可控整流电路构成。如果输出电压的半周期内使导通组变流器晶闸管的触发角变化，如 α 从 0°到 90°，则相应变流器输出电压的平均值就可以按正弦规律从零变到最大，再减小至零，形成平均意义上的正弦波电压波形输出。输出电压的瞬时值波形不是平滑的正弦波，而是由片段电源电压波形拼接而成的。在一个输出周期中所包含的电源电压片段数越多，波形就越接近正弦，通常要采用六脉波的三相桥式电路或十二脉波的变流电路构成交-交变频器。

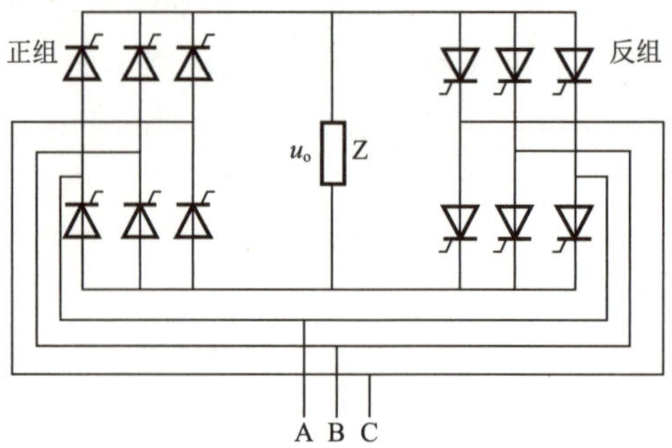

图 23-2 三相-单相正弦型交-交变频电路图

② 三相输入-三相输出的交-交变频电路。

三相输入-三相输出的交-交变频电路由 3 个输出电压相位互差 120°的单相输出交-交变频电路按照一定方式连接而成，主要用于低速、大功率交流电动机的变频调速传动。

三相输入-三相输出的交-交变频电路有两种主要接线方式，如图 23-3 所示。

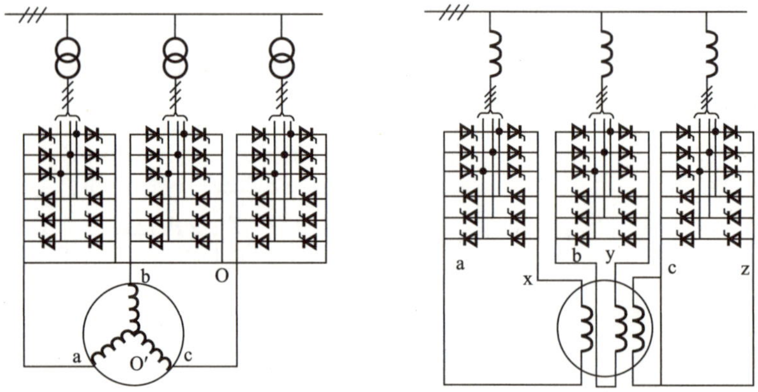

（a）输出Y形接线方式

（b）公共交流母线进线方式

图 23-3 三相输入-三相输出交-交变频电路的连接方式

a. 输出 Y 形接线方式。

3 组单相输出交-交变频电路接成 Y 形，中点为 O；三相交流电动机绕组也接成 Y 形，中点为 O′。由于 3 组输出连接在一起，电源进线必须采用变压器隔离。这种接法可用于较大容量的交流调速系统。

b. 公共交流母线进线方式。

它是由 3 组彼此独立、输出电压相位互差 120°的单相输出交-交变频电路构成的，其电源进线经交流进线电抗器接至公用电源。因电源进线端公用，3 组单相输出必须隔离。这种接法主要用于中等容量的交流调速系统。

(2) 交-直-交变频系统。

在交-直-交变频调速系统中，变频器有 3 种主要结构形式。

① 整流调压。

用可控整流器调压如图 23-4(a)所示。这种装置结构简单，控制方便。但是，由于输入环节采用可控整流器，当电压或转速调得较低时，电网端的功率因数较低；输出环节多采用由功率开关元件组成的三相六拍逆变器(每周换流 6 次)，输出的谐波较大是这种调压控制方法的缺点。

② 斩波调压。

斩波器调压如图 23-4(b)所示。这种调压控制方法是在主回路增设的斩波器上用脉宽调压，而整流环节采用二极管不可控整流器。这样显然增加了一个功率环节，但输入功率因数高，克服了前种方法的一个缺点，逆变器输出信号的谐波仍较大。

③ PWM 调压。

PWM 型逆变器调压如图 23-4(c)所示。这种控制方法由于采用不可控整流器整流，故输入功率因数高，采用 PWM 型逆变器的输出谐波则可以减小。这样，前两种调压控制方法中存在的缺点都解决了。谐波能减小的程度取决于功率开关元件的开关频率，而开关频率受器件开关时间的限制。如果仍采用普通功率开关元件，其开关频率比六拍逆变器高不了太多。只有采用可控关断的全控式功率开关元件后，开关频率才得以大大提高，逆变器的输出波形几乎是正弦波，因此成为当前被广泛采用的一种调压控制方法。

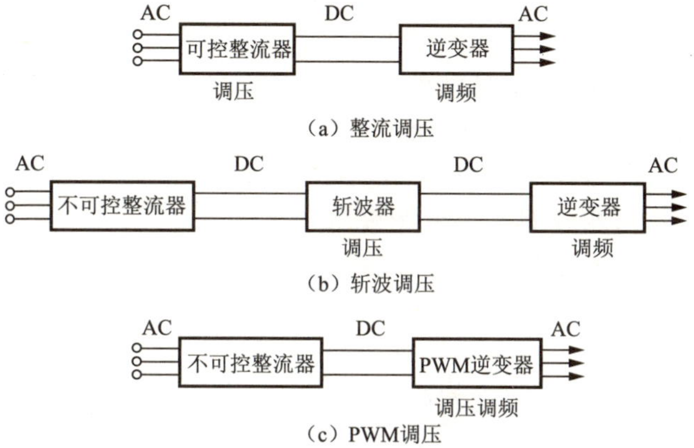

图 23-4　交-直-交变流器的各种结构

2. 通用变频器的分类

(1) 按直流电源的性质分类。

当逆变器输出侧的负载为交流电动机时，在负载和直流电源之间将进行无功功率的交换。用于缓冲无功功率的中间直流环节的储能元件可以是电容也可以是电感，因此，变频器分成电流型变频器和电压型变频器两大类。

① 电流型变频器。

电流型变频器主电路的典型构成方式如图 23-5 所示。其特点是中间直流环节采用大电感作为储能环节，无功功率将由该电感来缓冲。由于电感的作用，直流电流 I_d 趋于平稳，电动机的电流波形为方波或阶梯波，电压波形接近于正弦波。直流电源的内阻较大，近似于电流源，故称为电流源型变频器或电流型变频器。这种电流型变频器，其逆变器中的晶闸管每周期内工作 120°，属于 120°导电型。

电流型变频器的一个较突出的优点是，当电动机处于再生发电状态时，回馈到直流侧的再生电能可以方便地回馈到交流电网，不需要在主电路内附加任何设备，只要利用网侧的不可逆变流器改变其输出电压极性(控制角为 $\phi>90°$)即可。

这种电流型变频器可用于频繁加、减速的情况和大容量电动机的传动。在大容量风机、泵类节能调速中也有应用。

② 电压型变频器。

电压型变频器的主电路典型结构形式如图 23-6 所示，其中用于逆变器晶闸管的换相电路未画出。逆变器的每个导电臂均由一个可控开关器件和一个不可控器件(二极管)反并联组成。晶闸管 $VT_1 \sim VT_6$ 称为主开关器件，$VD_1 \sim VD_6$ 称为回馈二极管。

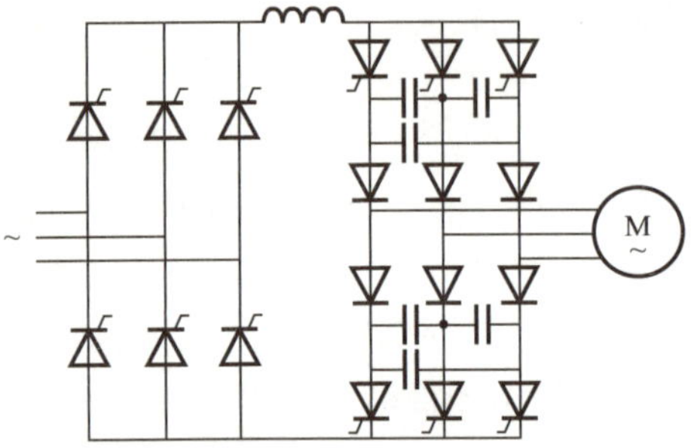

图 23-5　电流型变频器的主电路

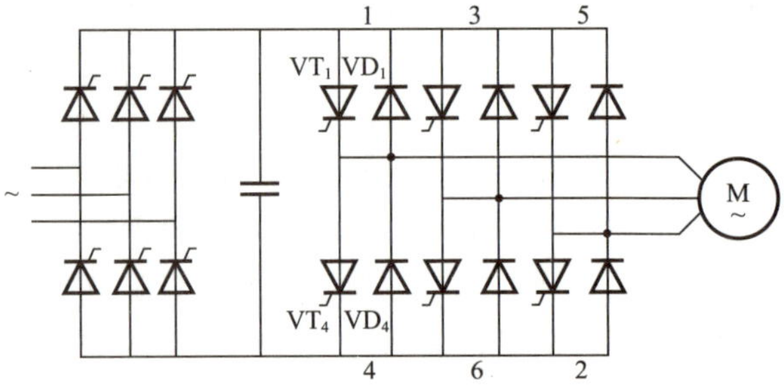

图 23-6　电压型变频器的主电路

这种变频器大多数情况下采用六脉波运行方式，晶闸管在一周期内导通 180°，属于 180°导电型。该电路的特点是，中间直流环节的储能元件采用大电容，负载的无功功率由它来缓冲。由于大电容的作用，主电路直流电压 U_d 比较平稳，电动机端的电压为方波或阶梯波。直流电源内阻比较小，相当于电压源，故称为电压源型变频器或电压型变频器。

对负载电动机而言，变频器是一个交流电压源，在不超过容量限度的情况下，可以驱动多台电动机并联运行，具有不选择负载的通用性。

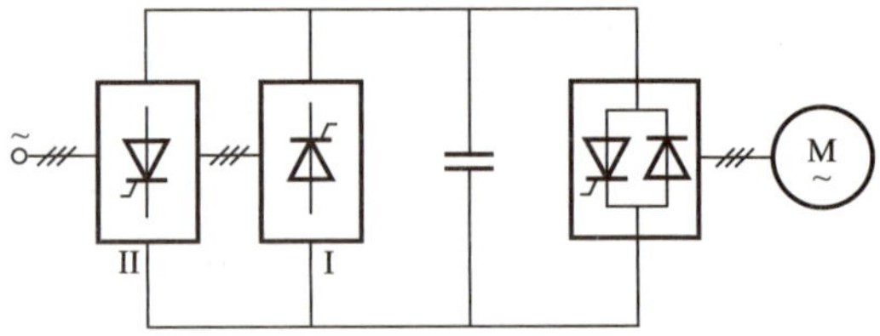

图 23-7　再生能量回馈型电压型变频器

缺点是电动机处于再生发电状态时，回馈到直流侧的无功能量难于回馈给交流电网。要实现这部分能量向电网的回馈必须采用可逆变流器。如图 23-7 所示，网侧变流器采用两套全控整流器反并联。电动时由电桥 II 供电，回馈时电桥 I 作有源逆变运行($\alpha > 90°$)，将再生能量回馈给电网。

(2) 按输出电压的调节方式分类。

变频调速时，需要同时调节变频器的输出电压和频率，以保证电动机主磁通的恒定。对输出电压的调节主要有 PAM 方式和 PWM 方式。

① PAM 方式。

脉冲幅度调制方式简称 PAM 方式，是通过改变直流电压的幅值进行调压的方式。在变频器中，逆变器只负责调节输出的频率，而输出电压的调节则由相控整流器(图 23-6)或直流斩波器(图 23-8)通过调节直流电压 U_d 实现。采用相控整流器调压时，网侧的功率因数随调节深度的增加而减小。而采用直流斩波器调压时，网侧功率因数在不考虑谐波影响时可以达到 $\cos\phi \approx 1$。PAM 控制方式下，高压和低压时的输出线电压波形如图 23-9 所示。

② PWM 方式。

脉冲宽度调制方式简称 PWM 方式，其最常见的主电路如图 23-10(a)所示。变频器中的整流器采用不可控的二极管整流电路。变频器的输出频率和输出电压的调节均由逆变器按 PWM 方式完成。调压波形如图 23-10(b)所示。利用参考电压波与载频三角波互相比较来决定主开关器件的导通时间，从而实现调压。利用脉冲宽度的改变来得到幅值不同的正弦基波电压。这种参考信号为正弦波、输出电压平均值近似为正弦波的 PWM 方式称为正弦 PWM(简称 SPWM)方式。通用变频器中,SPWM 方式调压是最常采用的方式。

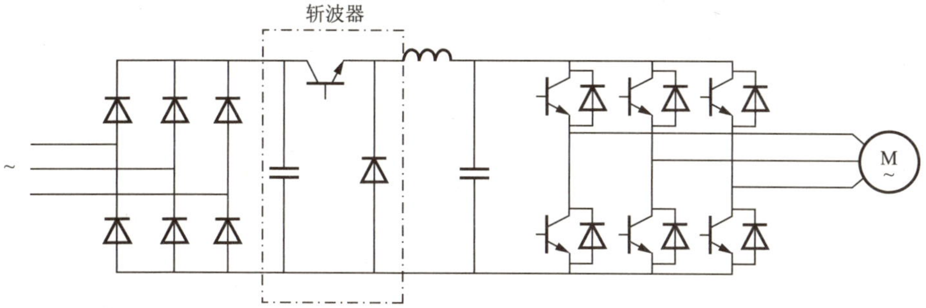

图 23-8　电压型变频器的主电路

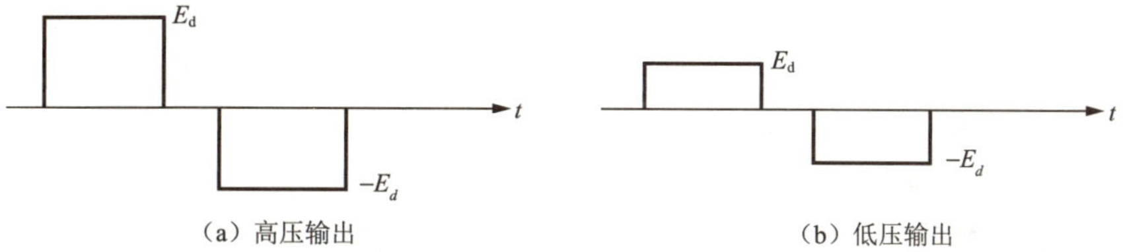

图 23-9　方波逆变器的输出线电压

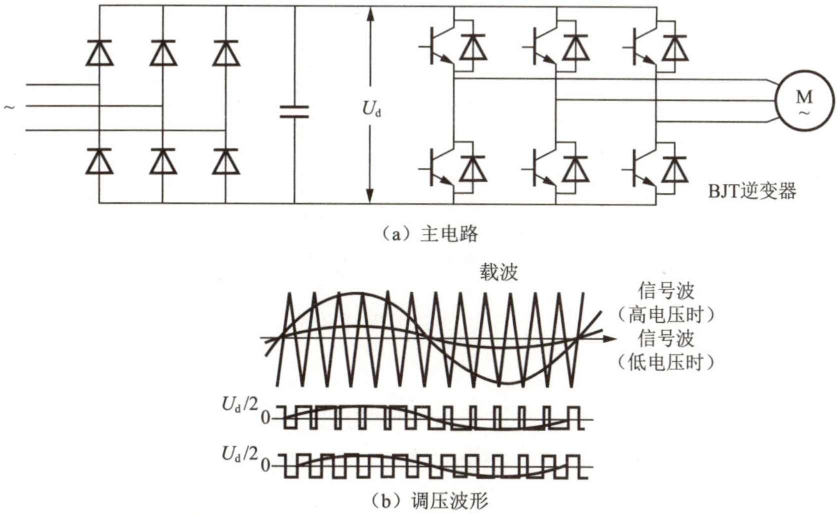

图 23-10　PWM 变频器

③ 高载波频率的 PWM 方式。

这种方式与上述的 PWM 方式的区别在于调制频率有很大的提高。主开关器件的工作频率较高,普通的功率晶体管已经不能适应,常采用开关频率较高的 IGBT 或 MOSFET。开关频率达到 10～20 kHz,可以使电动机的噪声大幅度降低(达到耳难以感知的频段),其主电路(以 IGBT 作逆变器开关器件为例)如图 23-11 所示。

这种采用 IGBT 高载波频率的 PWM 通用变频器已经投放市场,正在取代以 BJT 为开关器件的变频器。

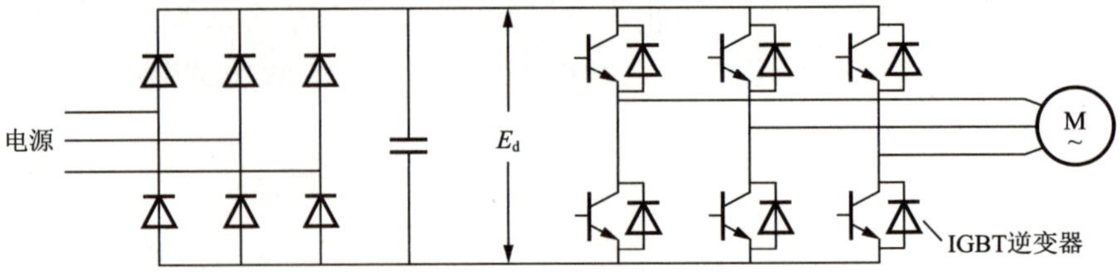

图 23-11　高载波频率 PWM 变频器(IGBT 变频器)

(3) 按控制方式分类。

① U/f 控制。

按照电压、频率关系对变频器的频率和电压进行控制，称为 U/f 控制方式。基频以下可以实现恒转矩调整。

U/f 方式又称 VVVF 控制方式；其简化的原理框图如图 23-12 所示。主电路中逆变器采用 BJT，用 PWM 方式进行控制。逆变器的控制脉冲发生器同时受控于频率指令 f^* 和电压指令 U，而 f^* 与 U 之间的关系是由 U/f 曲线发生器(U/f 模式形成)决定的。经 PWM 控制之后，变频器的输出频率 f、输出电压 U 之间的关系就是 U/f 曲线发生器所确定的关系。由图 23-12 可知，转速的改变是靠改变频率的设定值 f^* 实现的。电动机的实际转速要根据负载的大小，即转差率的大小来决定。负载变化时，在 f^* 不变的条件下，转子转速将随负载转矩的变化而变化，故它常用于速度精度要求不是十分严格或负载变动较小的场合。

U/f 控制是转速开环控制，无须速度传感器，控制电路简单，负载可以是通用标准异步电动机，所以通用性强、经济性好，是目前通用变频器产品中使用较多的一种控制方式。

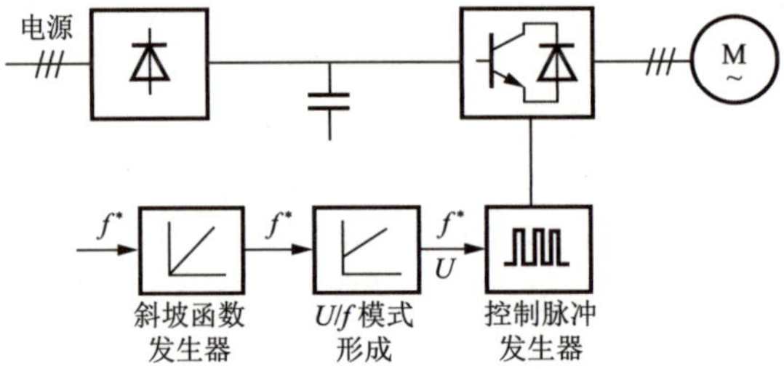

图 23-12　U/f 控制方式

② 转差频率控制。

在没有任何附加措施的情况下采用 U/f 控制方式，如果负载变化，转速也会随之变化，转速的变化量与转差率成正比。U/f 控制的静态调速精度显然较差，为提高调速精度，需采用转差频率控制方式。

根据速度传感器的检测，可以求出转差频率Δf，再把它与速度设定值 f^* 相叠加，以该叠加值作为逆变器的频率设定值 f^* 就实现了转差补偿。这种实现转差补偿的闭环控制方式称为转差频率控制方式。与 U/f 控制方式相比，其调速精度大为提高，但是使用速度传感器求取转差频率要针对具体电动机的机械特性调整控制参数，因而这种控制方式的通用性较差。

转差频率控制方式的原理框图如图 23-13(a)所示。对应于转速的频率设定值为 f^*，经转差补偿后定子频率的实际设定值则为 $f_1^* = f^* + \Delta f$。由图 23-13(b)可知，由于转差补偿的作用，调速精度提高了。

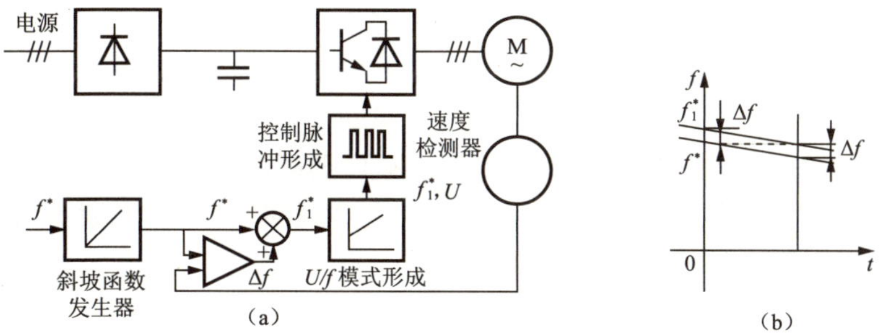

图 23-13　转差频率控制方式

③ 矢量控制。

上述的 U/f 控制方式和转差频率控制方式的控制思想都建立在异步电动机的静态数学模型上。因此，动态性能指标不高。对于轧钢、造纸设备等对动态性能要求较高的应用场合可以采用矢量控制变频器。

采用矢量控制方式的目的是提高变频调速的动态性能。根据交流电动机的动态数学模型，利用坐标变换的手段将交流电动机的定子电流分解成磁场分量电流和转矩分量电流，并分别加以控制，即模仿自然解耦的直流电动机控制方式，对电动机的磁场和转矩分别进行控制，以获得类似于直流调速系统的动态性能。

在矢量控制方式中，磁场电流 i_{m1} 和转矩电流 i_{t1} 可以根据测定的电动机定子电压、电流的实际值计算求得。磁场电流和转矩电流再与相应的设定值进行比较，根据需要做必要的校正。高性能速度调节器的输出信号可以作为转矩电流（或称有功电流）的设定值，如图 23-14 所示。动态频率前馈控制 df/dt 可以保证快速动态响应。

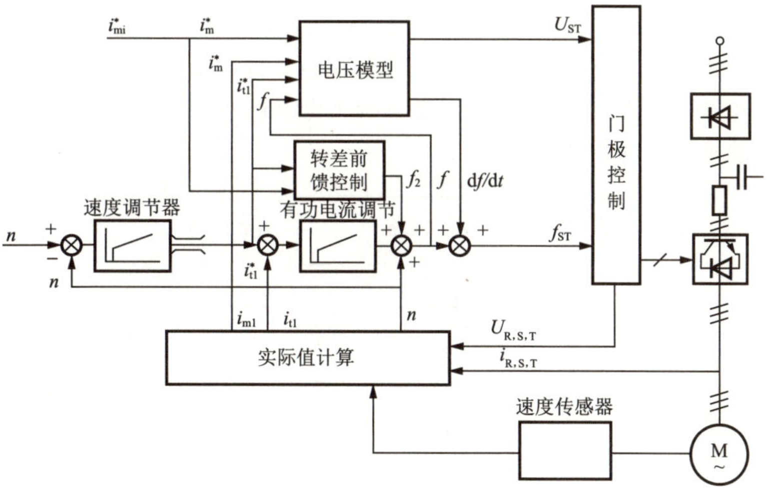

图 23-14　矢量控制原理框图

(4) 按主开关器件分类。

变频器主开关器件的性能往往对变频器装置的性能有较大的影响。通用变频器中最常用的主开关器件是自关断器件，主要有 IGBT、GTO 和 BJT。目前，以 IGBT 为主开关器件的 IPM 已成为一种趋势，但仅在小容量变频器中开始采用。

IGBT 的性能优于 BJT，且容量范围可以覆盖 BJT。实际上，BJT 被 IGBT 取代已成定势。但在变频器发展的历史进程中，作为通用变频器的主开关器件，BJT 曾经一枝独秀，以前的通用变频器大多是 BJT 变频器，所以在研究变频器原理及性能时必须关注它。

目前生产厂商新出品的通用变频器大多都已采用 IGBT。短短几年中，IGBT 已经发展了三代产品，各器件生产厂商还在不断地改进设计思想和制造工艺，以提高其性能。近两年日本东芝公司为突破 IGBT 难以达到 4 000 V 以上的难关，开发出一种沟道栅结构的 IGBT，称为 IEGT。之所以如此命名，是因为其工作机理与原 IGBT 的意义有所不同，主要区别是器件导通时引入了“电子注入增强效应”。

GTO 的特点是电压高、电流大，已出现 6 000 V/6 000 A、11 000 V/10 000 A 的巨型 GTO。目前 GTO 主要用于高压大容量变频器，它在中等容量领域所占有的地位将被IGBT 取代。

就通用变频器来看，未来将以 IGBT 变频器为主，BJT 变频器不会再有新上市的产品，IPM 的应用会逐步增加。

IGBT 变频器有如下特点：

① 可以制成所谓静音式的变频器，使负载电动机的噪声降到工频电网供电时的水平；

② 电流波形更加正弦化，有利于减轻电动机转矩的脉动，并增加低速时的转矩；

③ 用于矢量控制时，动态响应特性更快；

④ 与 BJT 变频器相比较，更容易制成上限频率较高的变频器，PWM 控制方式更简单，可以省去“分段同步调制”的麻烦；

⑤ 与 BJT 变频器相比较，驱动功率小、驱动电路简单、整机体积小、重量轻。

3. 变频器的构成

异步电动机用变频器调速运转时的结构图如图 23-15 所示。通常由变频器主电路（IGBT、BJT 或 GTO 作为逆变元件）给异步电动机提供调压调频电源。此电源输出的电压、电流或频率由控制回路的控制指令进行控制，而控制指令则根据外部的运转指令进行运算获得。对于速度精密或快速响应的场合，运算还应包含由变频器主电路和传动系统检测出来的信号和保护电路信号，即防止因变频器主电路的过电压、过电流引起的损坏外，还应保护异步电动机及传动系统等。

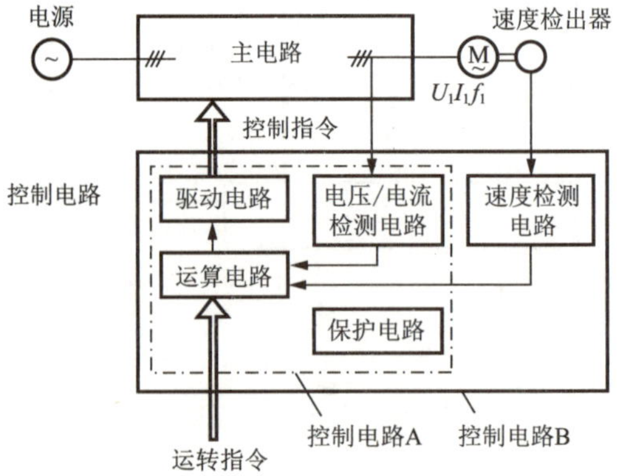

图 23-15　变频器的构成

（1）主电路。

给异步电动机提供调压调频电源的电力变换部分称为主电路。图 23-16 所示为典型的电压逆变器，其主电路由三部分构成，将工频电源变换为直流功率的“整流器”、吸收在整流和逆变时产生的电压脉动的“平波回路”以及将直流功率变换为交流功率的“逆变器”。另外，异步电动机需要制动时，有时要附加“制动回路”。

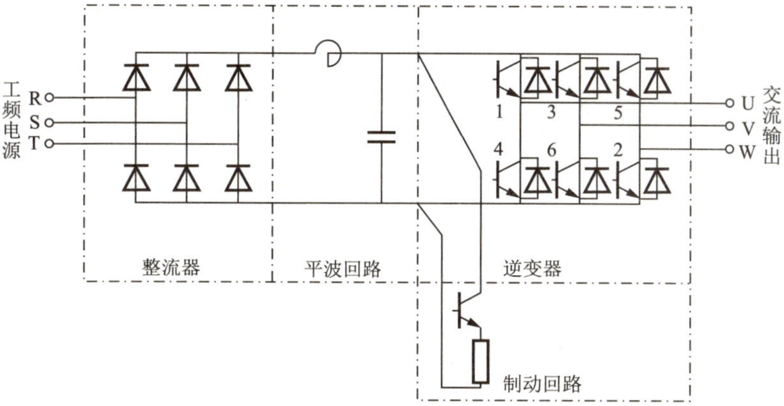

图 23-16　典型的电压型逆变器

① 整流器。

整流器大量使用的是二极管的变流器，如图 23-16 所示，它把工频电源变换为直流电源，也可用两组晶体管变流器构成可逆变流器，由于其功率方向可逆，可以进行再生运转。

② 平波回路。

在整流器整流后的直流电压中，含有频率为电源 6 倍的脉动电压，此外可逆变流器产生的脉动电流也使直流电压变动。为了抑制电压波动，采用电感和电容吸收脉动电压(电流)。装置容量小时，如果电源和主电路的构成器件有余量，可以省去电感采用简单的平波回路。

③ 逆变器。

同整流器相反，逆变器的作用是将直流功率变换为要求频率的交流功率，根据 PWM 控制信号使 6 个开关器件导通、关断，就可以得到三相频率可变的交流输出。

④ 制动回路。

异步电动机在再生制动区域使用时(转差率为负)，再生能量储存于平波回路电容器中，使直流电压升高。一般来说，由机械系统(含电动机)惯量积蓄的能量比电容能储存的能量大，需要快速制动时，可用可逆变流器向电源反馈或设置制动回路(开关和电阻)把再生功率消耗掉，避免直流电路的电压升高。

(2) 控制电路。

给主电路提供控制信号的回路称为控制电路，如图 23-15 所示。控制电路由频率、电压的“运算电路”、主电路的“电压/电流检测电路”、电动机的“速度检测电路”、将运算电路的控制信号进行放大的“驱动电路”以及逆变器和电动机的“保护电路”组成。

在图 23-15 点画线内，仅以控制电路 A 部分构成控制电路时，无速度检测电路为开环控制。在控制电路 B 部分增加了速度检测电路，即增加了速度指令，可以对异步电动机的速度进行更精确的闭环控制。

① 运算电路。

该电路将外部的速度、转矩等指令同检测电路的电流、电压信号进行比较运算，决定逆变器的输出电压、频率。

② 电压/电流检测电路。

该电路与主回路电位隔离，检测电压、电流等。

③ 驱动电路。

该电路为驱动主电路器件的电路。它使主电路器件导通、关断。

④ 速度检测电路。

该电路以装在异步电动机轴上的速度检测器(TG、PLG等)的信号为速度信号,送入运算回路,根据指令和运算可使电动机按指令速度运转。

⑤ 保护电路。

该电路检测主电路的电压、电流等,当发生过载或过电压等异常时,为了防止逆变器和异步电动机损坏,逆变器将停止工作或抑制电压值、电流值。

a. 逆变器保护。

瞬时过电流保护。由于逆变器负载侧短路等,流过逆变器器件的电流达到异常值(超过容许值)时,逆变器瞬时停止运转,切断电流。变流器的输出电流达到异常值时逆变器也停止运转。

过载保护。逆变器输出电流超过额定值,且持续流通达到规定的时间时,为了防止逆变器器件、线路等损坏需要停止运转。恰当的保护需要反时限特性,采用热继电器或者电子热保护(使用电子电路)。过负载是负载的 GD^2(惯性)过大或因负载过大使电动机堵转产生的。

再生过电压保护。采用逆变器使电动机快速减速时,由于再生功率直流电路电压将升高,有时可能超过容许值,可以采取停止逆变器运转或停止快速减速的办法防止过电压。

瞬时停电保护。对于数毫秒以内的瞬时停电,控制电路工作正常,但瞬时停电时间在10 ms以上时通常会使控制电路误动作,主电路也不能供电,所以检出异常后应使逆变器停止运转。

接地过电流保护。逆变器负载侧接地时,为了保护逆变器,有时要有接地过电流保护功能。但为了确保人身安全,需要装设漏电断路器。

冷却风机异常。对于有冷却风机的装置,当风机异常时装置内温度将上升,因此,采用风机热继电器或器件散热片温度传感器,检出异常后应使逆变器运转。

b. 异步电动机保护。

过载保护。过载保护与逆变器保护共用,但考虑低速运转的过热时,在异步电动机内埋入温度检出器,或者利用装在逆变器内的电子热保护来检出过热。动作频繁时可以考虑减轻电动机负载、增加电动机及逆变器的容量等。

超频(超速)保护。逆变器的输出频率或者异步电动机的速度超过规定值时,停止逆变器运转。

c. 其他保护。

防止失速过电流。急加速时,如果异步电动机跟踪迟缓,则过电流保护电路动作,运转就不能继续进行(失速),所以在负载电流减小之前要进行控制,抑制频率上升或使频率下降。对于恒速运转中的过电流也进行同样的控制。

防止失速再生过电压。减速时产生的再生能量使主电路直流电压上升,为了防止再生过电压保护电路动作,在直流电压下降之前要进行控制,抑制频率下降,防止失速再生过电压。

4. FR-A700 变频器的安装

(1) 安装与接线。

FR-A700 变频器的安装与接线如图 23-17 所示。

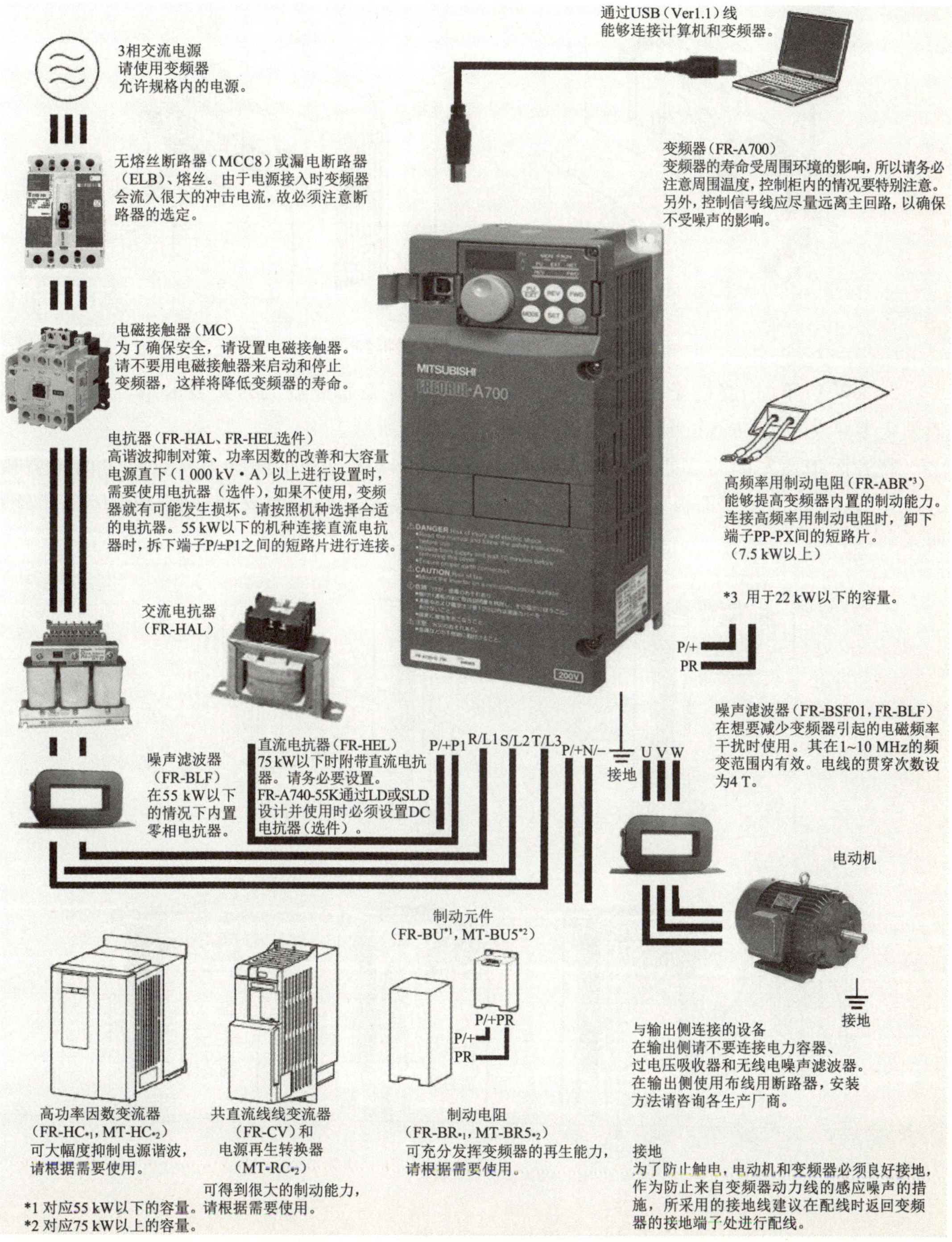

图 23-17　FR-A700 变频器的安装与接线

(2) 前端盖的拆卸与安装。

操作面板的拆卸如图 23-18 所示。松开操作面板的两处固定螺钉(螺钉不能卸下)。按住操作面板左、右两侧的插销,把操作面板往前拉出后卸下。安装时请垂直插入并安装牢靠,同时紧固好螺钉。

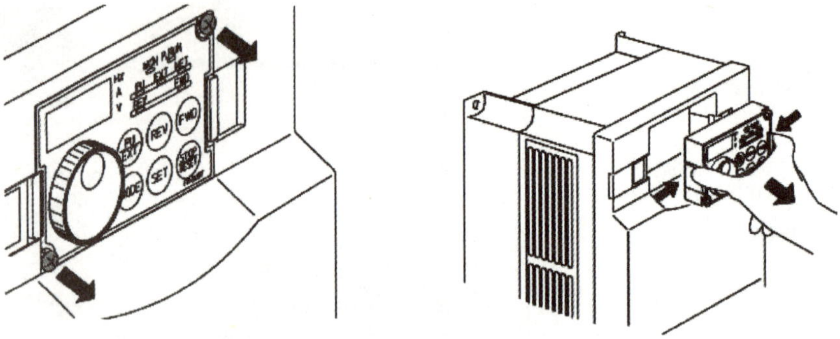

图 23-18　操作面板的拆卸

22 kW 以下时,旋松安装前盖板的螺钉;一边按着表面护盖上的安装卡爪,一边以左边的固定卡爪为支点向前拉取下前盖板,如图 23-19(a)所示。

将表面护盖左侧的 2 处固定卡爪插入机体接口;以固定卡爪部分为支点将表面护盖压进机体(也可以带操作面板安装,但要注意接口安全连接好);拧紧安装螺钉,如图 23-19(b)所示。

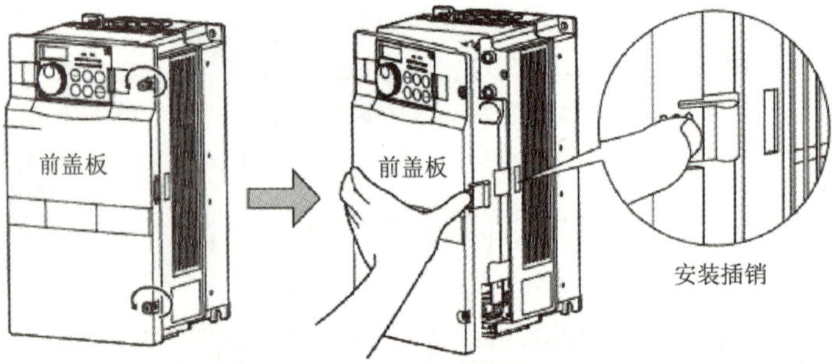

(a) 拆卸前盖板

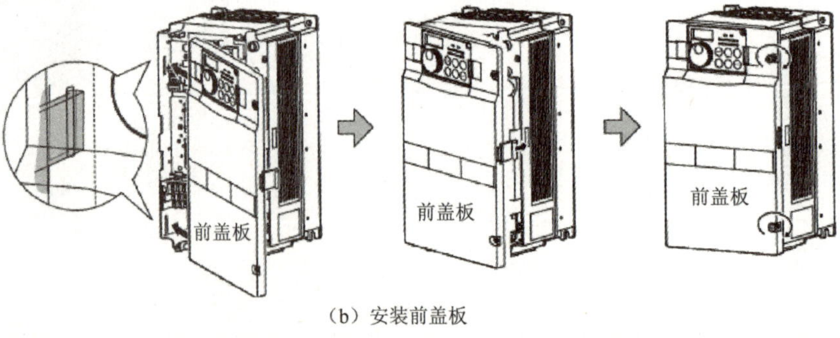

(b) 安装前盖板

图 23-19　前盖板的拆卸与安装(22 kW 以下)

30 kW 以上时，拆下安装前盖板 1 的螺钉，拆下前盖板 1；松开前盖板 2 的螺钉；按住前盖板 2 上右边的两个安装插销并以左面的固定插销为支点向身前拉，就可以将其拆下，如图 23-20(a)所示。

前盖板 2 的左侧两处固定插销插入主机的插入口；以固定插销为支点，把前盖板 2 完全推入机身(也可以带操作面板安装，但要注意接口安全连接好)；拧紧安装前盖板 2 用的螺钉；固定安装前盖板 1 用的螺钉，如图 23-20(b)所示。

备注：FR-A740-16K-CHT 以上的表面盖板 1 个变成 2 个。

注意：

① 请认真检查正面盖板是否牢固安装好，务必拧紧表面护盖的安装螺钉。

② 正面盖板贴有容量铭牌，机身也贴有额定铭牌，分别印有相同的制造编号，检查制造编号以确保将拆下的盖板安装在原来的变频器上。

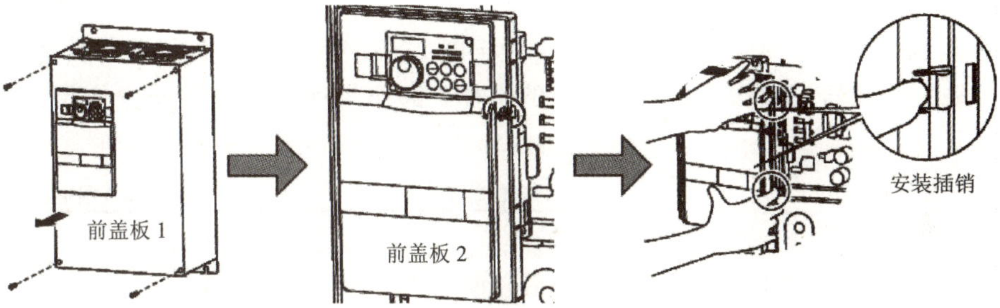

(a) 拆卸前盖板

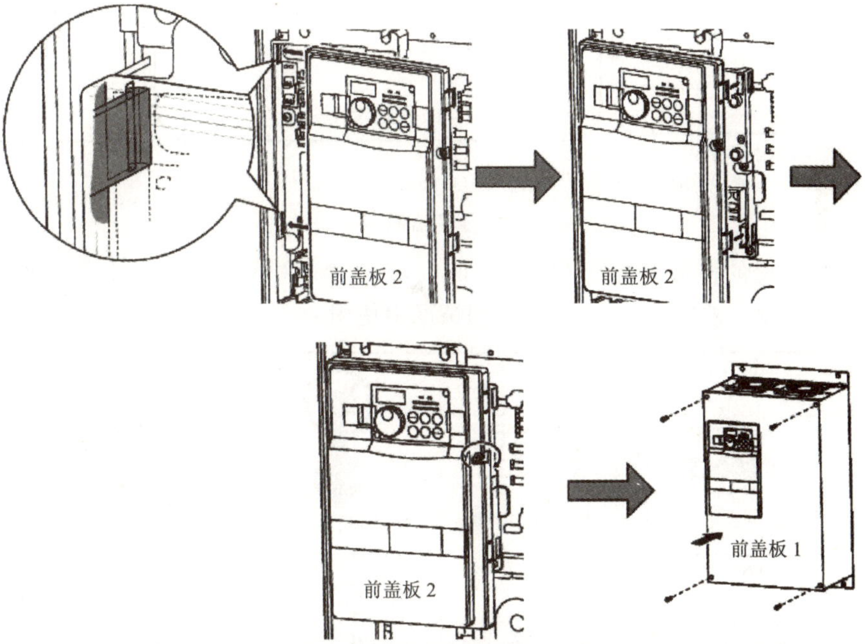

(b) 安装前盖顶

图 23-20　前盖板的拆卸与安装(30 kW 以上)

(3) 变频器的安装与注意事项。

① 变频器的安装。

变频器的安装如图 23-21 所示。

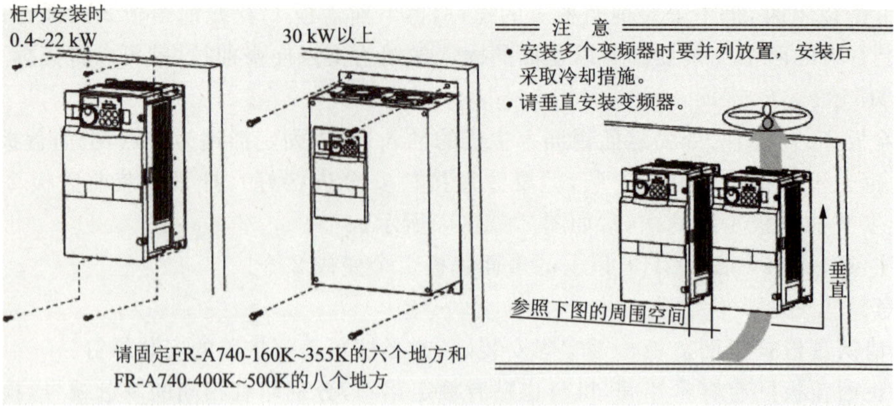

图 23-21　变频器的安装

② 变频器周围的间隙。

为了散热及维护方便，变频器周围至少大于图 23-22 所示尺寸，以保证与其他装置及盘的壁面分开。变频器下部作为布线空间，变频器上部作为散热用空间至少应保证图 23-22 中规定的尺寸。

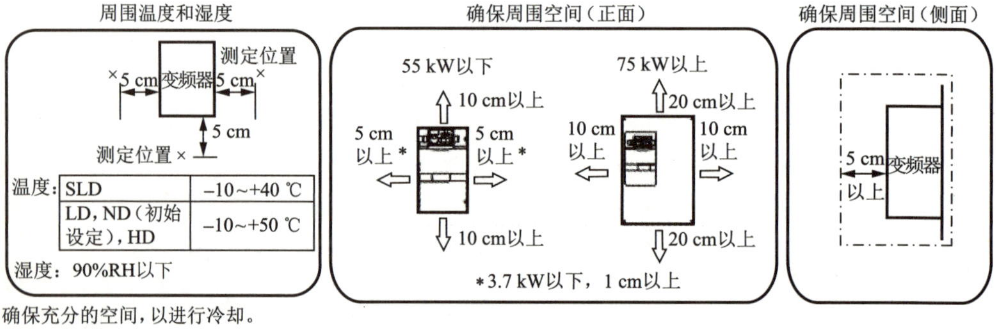

确保充分的空间，以进行冷却。

备注：更换FR-A740-160K以上的冷却风扇时，前面需要有30 cm以上的空间。

图 23-22　变频器周围的间隙

变频器用精密的机械和电子零件制作而成，在图 23-23 所列的场所安装或使用有可能导致动作异常或发生故障，故应避免在下列情况中使用。

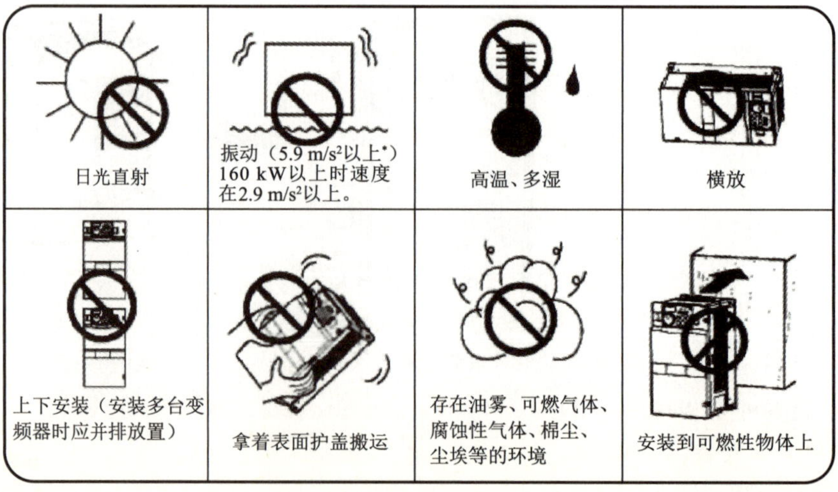

图 23-23　变频器的使用场所

（4）接地安装注意事项。

① 由于在变频器内有漏电流，为防止触电，变频器和电动机必须接地。

② 变频器接地用独立接地端子（不要用螺钉外壳、底盘等代替）。

③ 接地电缆尽量用粗线，接地点尽量靠近变频器，接地线越短越好。

5. 变频器的接线

（1）主回路接线及注意事项。

① 主回路接线。

主回路端子接线图如图 23-24 所示，主回路电源和电动机的连接如图 23-25 所示。电源必须接 R、S、T，绝对不能接 U、V、W，否则会损坏变频器。接线时不必考虑电源的相序。使用单相电源时必须接 R、S 端，电动机接 U、V、W 端子。当加入正转开关（信号）时，电动机的旋转方向从轴向看为逆时针方向。

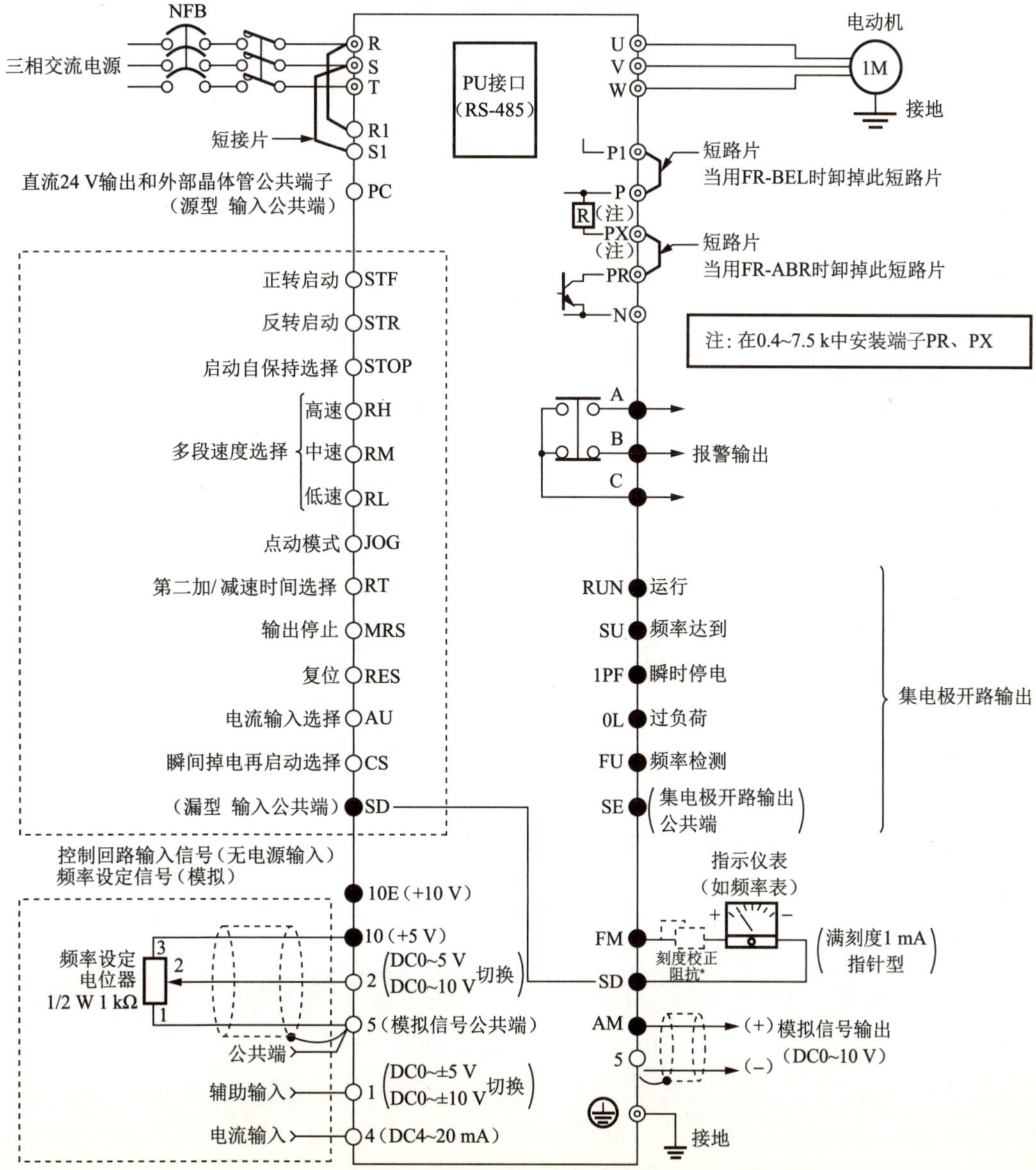

图 23-24　端子接线图

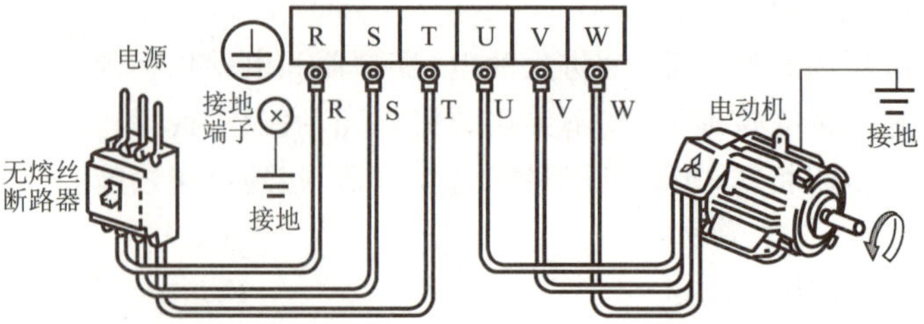

图 23-25　变频器电源与电动机接线

② 主回路接线端子介绍及注意事项。

主回路接线端子排列如图 23-26 所示。

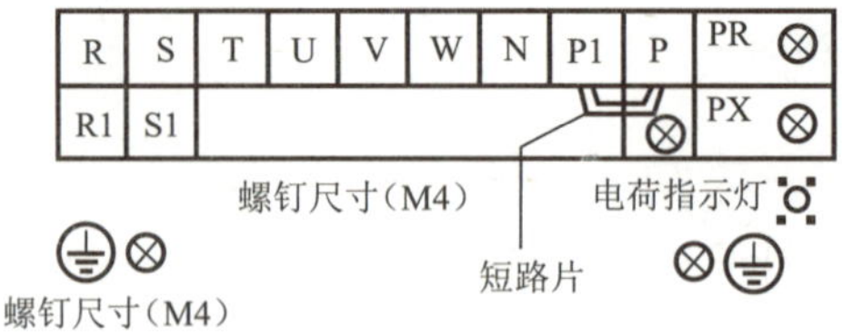

图 23-26　主回路接线端子排列

a. 主回路接线端子简介。

交流电源输入端子 R、S、T:连接工频电源,当使用高功率因数转换器选件时,确保这些端子不连接(FR-HC)。

变频器输出端子 U、V、W:接三相笼型异步电动机。

控制回路电源输入端子 R1、S1:与交流电源端子 R、S 连接。在保持异常显示和异常输出时或使用高功率因数转换器(FR-HC)时,必须拆下 R-R1 和 S-S1 之间的短路片,并提供外部电源到此端子。

连接制动电阻器端子 P/+、PR:拆开端子 PR-PX 之间的短路片,在 P/+与 PR 之间连接选件制动电阻器(FR-ABR)。

连接制动单元端子 P/+、N/:连接选件 FR-BU 型制动单元或电源再生单元(FR-RC)或高功率因数转换器(FR-HC)。

连接改善功率因数 DC 电抗器端子 P/+、Pl,拆开端子 P/+与 P1−之间的短路片,连接选件改善功率因数用电抗器(FR-BEL)。

连接内部制动回路端子 PR、PX:用短路片将 PX-PR 之间连接起来。短路时(出厂设定)内部制动回路便生效(7.5 kW 以下安装)。

接地端子变频器外壳接地用,必须接大地。

b. 接线注意事项。

电源一定不能接到变频器输出端(U、V、W)上,否则将损坏变频器。

接线后,零碎线头必须清除干净,零碎线头可能造成设备运行时异常、失灵和故障,必须始终保持变频器清洁。在控制台上打孔时注意不要使碎片、粉末等进入变频器中。

为使电压下降到 2%以内,应用适当型号的电线接线。

布线距离最长为 500 m,尤其是长距离布线,由于布线寄生电容产生的冲击电流可能会引起过电流保护误动作,输出侧连接的设备可能运行异常或发生故障。

在 P/+和 PR 端子间建议连接规定的制动电阻选件,端子间原来的短路片必须拆下。

电磁波干扰，变频器输入/输出（主回路）包含有谐波成分，可能干扰变频器附近的通信设备波（AM 收音机）。因此，安装选件无线电噪声滤波器 FR-BIF（仅用于输入侧）、FR-BSF01 或 FR-BIF 线路噪声滤波器，使干扰降至最低。

不要在变频器输出侧安装电力电容器、浪涌抑制器和无线电噪声滤波器（FR-BIF 选件）。这将导致变频器故障或电容和浪涌抑制器的损坏。如上述任何一种设备已安装，请立即拆掉。

运行后，改变接线的操作必须在电源切断 10 min 以上并用万用表检查电压后进行。断电后一段时间内，电容上仍然有危险的高压电。

c. 控制回路电源与主电路分开接线的场合。

保护回路已经动作时，若断开变频器电源侧的电磁接触器（MC），则变频器控制回路电源也断开，异常输出信号不能保持。为了在需要时保持异常信号，可使用端子 R1、S1（L11、L12），如图 23-27 所示。在这种情况下，可将控制回路的电源端子 R1 和 S1 接到 MC 的一次侧。

短路片接线方式如图 23-28 所示。

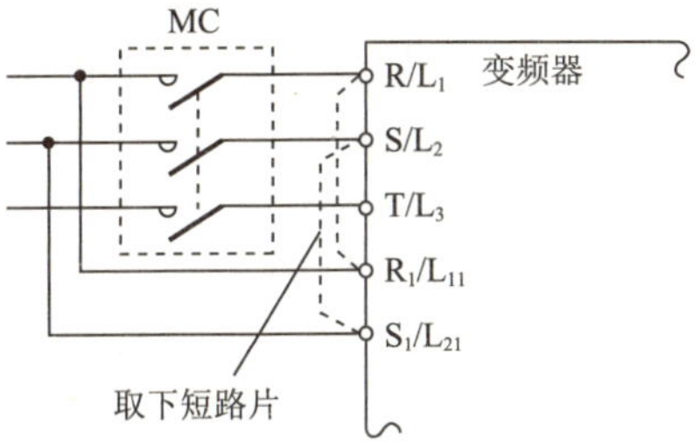

图 23-27　异常输出信号保持接线图

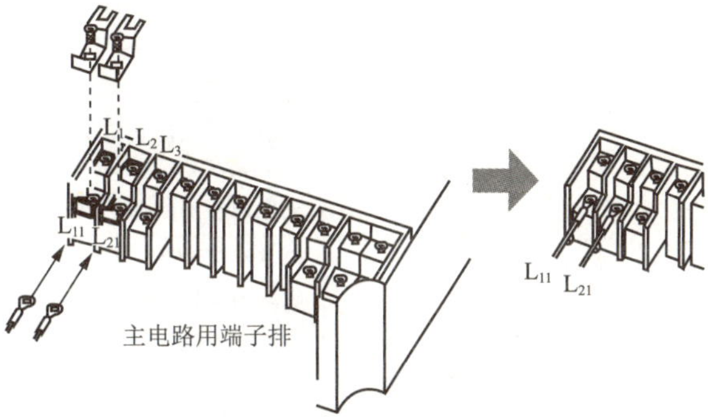

图 23-28　短路片接线方式

（2）控制回路接线及注意事项。

① 控制回路输入信号接线端子简介。

输入信号出厂设定为漏型逻辑。在这种逻辑中，信号端子接通时，电流从相应输入端子流出。端子 SD 是触点输入信号的公共端，其结构如图 23-29 所示。

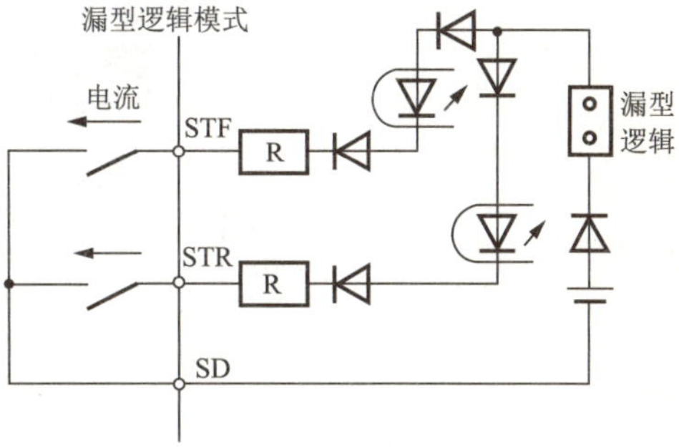

图 23-29　漏型逻辑模式

a. 正转启动信号（STF）：STF 信号处于 ON 便正转，处于 OFF 便停止。程序运行模式时为程序运行的开始时刻（ON 开始，OFF 停止）。

b. 反转启动信号（STR）：STR 信号处于 ON 为逆转，处于 OFF 为停止。当 STF 和 STR 信号同时 ON 时相当于给出停止指令。

c. 启动自保持选择信号（STOP）：使 STOP 信号处于 ON，可以选择启动信号自保持。

d. 输入信号中具有功能设定端子的有 RL、RM、RH、RT、AU、JOG、CS，这些端子功能选择通过 Pr. 180～Pr. 186 来设定。输入端子功能设定的意义见表 23-2。

表 23-2 输入信号端子名称及功能

<table>
<tr><th>种类</th><th>端子记号</th><th>端子名称</th><th colspan="2">端子功能说明</th><th>额定规格</th></tr>
<tr><td rowspan="13">接点输入</td><td>STF</td><td>正转启动</td><td>STF 信号处于 ON 时正转，处于 OFF 时停止</td><td rowspan="2">STF，STR 信号同时 ON 时变成停止指令</td><td rowspan="10">输出电阻：4.7 kΩ；开路时电压：DC21～27 V；短路时电流：DC4～6 mA</td></tr>
<tr><td>STR</td><td>反转启动</td><td>STR 信号为 ON 时逆转，为 OFF 时停止</td></tr>
<tr><td>STOP</td><td>启动自保持选择</td><td colspan="2">使 STOP 信号处于 ON 时可以选择启动信号自保持</td></tr>
<tr><td>RH、RM、RL</td><td>多段速度选择</td><td colspan="2">用 RH、RM 和 RL 信号的组合可以选择多段速度</td></tr>
<tr><td>JOG</td><td>点动模式选择</td><td colspan="2">JOG 信号为 ON 时选择点动运行(出厂设定)，用启动信号(STF 和 STR)可以点动运行</td></tr>
<tr><td>RT</td><td>第 2 加减速时间选择</td><td colspan="2">RT 信号处于 ON 时选择第 2 加减速时间；设定了[第 2 转矩提升][第 2V/F(基准频率)]，RT 信号处于 ON 时选择这些功能</td></tr>
<tr><td>MRS</td><td>输出停止</td><td colspan="2">MRS 信号为 ON(20 ms 以上)时变频器输出停止；用电磁制动停止电动机时可以断开变频器的输出</td></tr>
<tr><td>RES</td><td>复位</td><td colspan="2">复位用于解除保护回路动作的保持状态；使端子 RES 信号处于 ON 0.1 s 以上，然后断开；工厂出厂时通常设置为复位；根据 Pr.75 的设定，仅在变频器报警发生时可能复位；复位解除后约 1 s 恢复</td></tr>
<tr><td rowspan="2">AU</td><td>端子 4 输入选择</td><td colspan="2">只有把 AU 信号置为 ON 时端子 4 才能用(频率设定信号在 DC4～20 mA 之间可以操作)；AU 信号置为 ON 时端子 2(电压输入)的功能将无效</td></tr>
<tr><td>PTC 输入</td><td colspan="2">AU 端子也可以作为 PTC 输入端子使用(保护电动机的温度)；用作 PTC 输入端子时要把 AU/PTC 切换开关切换到 PTC 侧</td></tr>
<tr><td>CS</td><td>瞬停再启动选择</td><td colspan="2">CS 信号预先处于 ON，瞬时停电再恢复时变频器便可自动启动，但用这种运行必须设定有关参数，因为出厂设定为不能再启动</td><td></td></tr>
<tr><td>SD</td><td>公共输入端子(漏型)</td><td colspan="2">SD 接点为输入端子(漏型)公共端子；DC24 V，0.1 A 电源(PC 端子)的公共输出端子与端子 5 及端子 SE 绝缘</td><td>—</td></tr>
<tr><td>PC</td><td>外部晶体管输出公共端，DC24 V 电源接点输入公共端(源型)</td><td colspan="2">当连接晶体管输出(集电极开路输出)，如可编程控制器(PLC)时，将晶体管输出用的外部电源公共端接到这个端子时可以防止因漏电引起的误动作，该端子可用于直流 24 V，0.1 A 的电源输出；当选择源型时该端子作为接点输入的公共端</td><td>电源电压范围：DC22～26 V；消耗电流：100 mA</td></tr>
</table>

续表 23-2

种类	端子记号	端子名称	端子功能说明	额定规格
频率设定	10E	频率设定用电源	按出厂状态连接频率设定电位器时，与端子 10 连接；当连接到 10E 时，请改变端子 2 的输入规格（参照 Pr. 73模拟输入选择）	DC 10±0.4 V 容许负载电流 10 mA
	10			DC 5 V 容许负载电流 100 mA
	2	频率设定（电压）	如果输入 DC 0～5 V（或 0～10 V、0～20 mA），当输入 5 V（10 V、20 mA）时成最大输出频率，输出频率与输入成正比；DC 0～5 V（出厂值）与 DC 0～10 V、0～20 mA的输入切换用 Pr. 73 进行控制	电压输入的情况下，输入电阻 10±1 kΩ，最大允许电压 DC 20 V，电流输入的情况下输入电阻为 250 Ω ± 2%，最大允许电流为 30 mA
	4	频率设定（电流）	如果输入 DC 4～20 mA（或 0～5 V、0～10 mA），当 20 mA 时成最大输出频率，输出频率与输入成正比。只有 AU 信号置为 ON 时此输入信号才会有效（端子 2 的输入无效）。4～20 mA（出厂值），DC 0～5 V、DC 0～10 V 的输入切换用 Pr. 267 进行控制	
	1	辅助频率设定	输入 DC 0～±5 V 或 DC 0～±10 V 时，端子 2 或 4 的频率设定信号与这个信号相加，用参数单元 Pr. 73 进行输入 DC 0～±5 V 或 DC 0～±10 V（出厂设定）的切换	输入电阻为 10 ± 1 kΩ，最大允许电压为 DC±20 V
	5	频率设定公共端	频率设定信号（端子 2、1 或 4）和模拟输出端子 CA、AM 的公共端子不要接大地	—

其中，多段速度选择的端子记号为 RH、R/VI、RL，用 RH、RM 和 RL 信号的组合可以选择多段速度控制，其相关参数有 Pr. 79、Pr. 4～Pr. 6、Pr. 24～Pr. 27、Pr. 232～Pr. 239，或用 RH、RM、RL 组成程序运行组别，其相关参数有 Pr. 79、Pr. 200～Pr. 231 等。

点动模式选择的端子记号为 JOG，JOG 信号为 ON 时选择点动运行（出厂设定），用启动信号（STF 和 STR）可以点动运行。其相关参数有 Pr. 15 和 Pr. 16。

瞬时停电再启动选择的端子记号为 CS，CS 信号预先处于 ON，瞬时停电再恢复时变频器便可自动启动，但用这种运行必须设定有关参数，因为出厂时设定为不能再启动。

② 控制回路输出信号端子简介。

变频器 RUN 输出信号结构如图 23-30 所示，端子 SE 是集电极开路输出信号的公共端，通常选用正逻辑，其他输出信号端子功能设定意义见表 23-3。

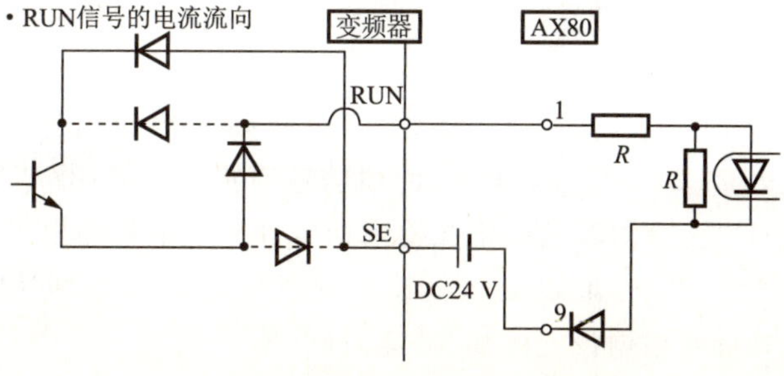

图 23-30　变频器 RUN 输出信号结构图

表 23-3　输出信号端子功能设定意义

种类	端子记号	端子名称	端子功能说明		额定规格
接点	A1 B1 C1	继电器输出 1 （异常输出）	指示变频器因保护功能动作时输出停止的转换接点。故障时：B-C 间不导通（A-C 间导通），正常时：B-C 间导通（A-C 间不导通）		接点容量 AC 230 V，0.3 A(功率=0.4 W)；DC 30 V，0.3 A
	A2 B2 C2	继电器输出 2	1 个继电器输出（常开/常闭）		
集电极开路	RUN	变频器正在运行	变频器输出频率为启动频率（初始值 0.5 Hz）以上时为低电平，正在停止或正在直流制动时为高电平。*1	报警代码（4 位）输出	容许负载为 DC 24V，0.1 A
	SU	频率到达	输出频率达到设定频率的±10%（出厂值）时为低电平，正在加/减速或停止时为高电平。*1		
	OL	过负载报警	当失速保护功能动作时为低电平，失速保护解除时为高电平。*1		
	IPF	瞬时停电	瞬时停电，电压不足保护动作时为低电平。*1		
	FU	频率检测	输出频率为任意设定的检测频率以上时为低电平，未达到时为高电平。*1		
	SE	集电极开路输出公共端	端子 RUN、SU、OL、IPF、FU 的公共端子		—
模拟	CA	模拟电流输出	可以从多种监视项目中选择一种作为输出。*2 输出信号与监视项目的大小成比例	输出项目：输出频率（出厂值设定）	容许负载阻抗为 200～450 Ω；输出信号为 DC 0～20 mA
	AM	模拟电压输出			输出信号为 DC 0～10 V，许可负载电流 1 mA（负载阻抗 10 kΩ 以上），分辨率 8 位

*1　低电平表示集电极开路输出用的晶体管处于 ON（导通状态），高电平为 OFF（不导通状态）。

*2　变频器复位中不被输出。

a. PLG 回馈控制时（FR-A5AP 选项安装时）的频率到达信号 SU，频率检出 FU1、FU2、FU3 的动作见表 23-3。SU、FU-PLG 回馈信号的实回转数（频率数）在检出指定频率以上时输出。FU2、FU3 变频器输出频率在检出指定频率以上时输出。

b. 当用模拟信号或 PU 的▲/▼键改变设定频率时，SU（频率到达）信号可以按改变的速度和由改变速度的时间（根据设定的加/减速时间）输出开关信号（当加/减速时间设定为“0”时会发生过流故障，所以禁止设定为 0）。

c. 当 Pr. 79“操作模式选择”设定为“5”，并且选择外部操作模式时输出此信号（变频器进入到程序模式）。

d. 可在不同的端子上设定相同的功能，即在 Pr. 190～Pr. 195 参数中对应的端子改变其参数的设定值。

e. 当正逻辑功能动作时，相应的端子设定为 0～99 时就不能再设定为 100～199。

f. 如果 Pr. 190～Pr. 195 设定为上述值以外的值，则相应的端子没有功能。

g. Pr. 76＝1 或 3、SU、IPF、OL 和 FU 输出端子的输出信号与 Pr. 76 的设定是一致的。当变频器发生报警时，输出信号切换到报警代码输出。

h. RUN 端子的输出安排和报警输出继电器独立于 Pr. 76 的设定。

③ 控制回路接线的注意事项。

a. 端子 SD、SE 和 5 为 I/O 公共端子，相互隔离，不应将这些公共端子互相连接或接地。

b. 控制回路端子的接线应使用屏蔽线或双绞线，而且必须与主回路、强电回路（含 200 V继电器程序回路）分开布线。

c. 由于控制回路的频率输入信号是微小电流，所以在接点输入的场合，为了防止接触不良，微小信号接点应使用两个并联的接点或使用双生接点，如图 23-31 所示。

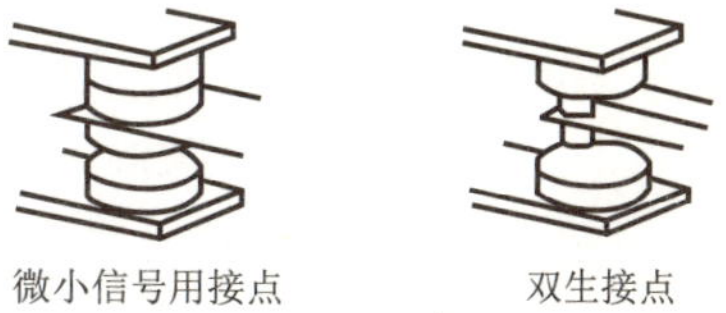

图 23-31　微小信号接点及双生接点

d. 控制回路建议用 0.75 mm^2 的电缆接线。如果使用 1.25 mm^2 及以上的电缆，布线太多和布线不恰当时，前盖将盖不上，导致操作面板或参数单元接触不良。

e. 异常输出端子（A、B、C）必须串上继电器线圈或指示灯等。

f. 接线长度不要超过 30 m。

④ 控制电路端子的排列。

端子 SD 为接点输入端子（STF、STR、STOP、RH、RM、RL、JOG、RT、MRS、RES、AU、CS）的公共端，如图 23-32 所示。内部控制回路为光耦隔离。

A	B	C	PC	AM	10E	10	2	5	4	1
RL	RM	RH	RT	AU	STOP	MRS	RES	SD	FM	
SE	RUN	SU	IPF	OL	FU	SD	STF	STR	JOG	CS

图 23-32　控制电路端子排列图

端子 5 是频率设定信号（端子 2、1 和 4）模拟量输出端子 CA 和 AM 的公共端，应采用屏蔽线或双绞线，以避免受到外来噪声的影响。

端子 SE 为集电极开路输出端子（RUN、SU、OL、IPF、FU）的公共端。内部控制回路为光耦隔离。

6. 根据负载选择变频器

减速电动机利用变频器组成调速系统时，应合理选择变频器的容量及其外围设备。根据负载的机械特性选择变频器。

（1）平方降转矩负载。

风机类、泵类负载是工业现场应用最多的设备，变频器在这类负载上的应用最多。它是一种平方降转矩负载。一般情况下，具有 U/f 恒压频比控制模式的变频器基本都能满足这类负载的要求。

（2）恒功率负载。

根据变频器在基本运行频率以上的弱磁恒功率特性，可以将其应用于高速磨床等主轴电动机的传动系统中。对于中心卷曲的负载，应根据空卷直径和满卷直径比来选择变频器的调速范围，如卷曲金属片材时对于有低速、高转矩输出的，必须选择具有矢量控制的变频器。

由于风机和泵的负载转动惯量比较大，其启动和停止时与变频器的加速时间和减速时间匹配是一个非常重要的问题。在变频器选型和应用时，应根据负荷参数计算变频器的加速时间和减速时间，选择最短时间以便在变频器启动时不发生过电流跳闸以及减速时不发生过电压跳闸。但有时在生产工艺中，对风机和泵的启动时间要求很严格，如果上述计算的时间不能满足需求，应该对变频器进行重新设计和选型。

7. 调试变频器的方法和步骤

（1）变频器的空载通电试验。

① 将变频器的接地端子接地。

② 将变频器的电源输入端子经过漏电保护开关接到电源上。

③ 检查变频器显示窗的出厂显示是否正常，如果不正确，应复位，否则应要求厂商退换。

④ 熟悉变频器的操作键。一般的变频器均有运行（RUN）、停止（STOP）、编程（PROG）、数据 P 确认（DATAPENTER）、增加（UP、▲）、减少（DOWN、▼）等 6 个键，不同变频器操作键的定义基本相同。此外有的变频器还有监视（MONITORDISPLAY）、复位（RESET）、点动（JOG）、移位（SHIFT）等功能键。

（2）变频器带电动机空载运行。

① 设置电动机的功率、极数要综合考虑变频器的工作电流。

② 设定变频器的最大输出频率、基频，设置转矩特性。通用变频器均备有多条 VPF 曲线供用户选择，用户在使用时应根据负载的性质选择合适的 VPF 曲线。如果是风机和泵类负载，要将变频器的转矩运行代码设置成变转矩和降转矩运行特性。为了改善变频器启动时的低速性能，使电动机输出的转矩能满足生产负载启动的要求，要调整启动转矩。在异步电动机变频调速系统中，转矩的控制较复杂。在低频段，由于电阻、漏电抗的影响不容忽略，若仍保持 VPF 为常数，则磁通将减小，进而减小了电动机的输出转矩。为此，在低频段要对电压进行适当补偿以提升转矩。一般变频器均由用户进行人工设定补偿。

③ 将变频器设置为自带的键盘操作模式，按运行键、停止键，观察电动机是否能正常启动、停止。

④ 熟悉变频器运行发生故障时的保护代码，观察热保护继电器的出厂值，观察过载保护的设定值，需要时可以修改。变频器的使用人员可以按变频器的使用说明书设定变频器的电子热继电器功能。当变频器的输出电流超过其容许电流时，变频器的过电流保护将切断变频器的输出。因此，变频器电子热继电器的门限最大值不超过变频器的最大容许输出电流。

（3）带载试运行。

① 手动操作变频器面板上的运行停止键，观察电动机运行停止过程及变频器的显示窗，看是否有异常现象。

② 如果启动、停止电动机过程中变频器出现过流保护动作，应重新设定加速、减速时间。电动机在加速、减速时的加速度取决于加速转矩，而变频器在启动、制动过程中的频率变化率是用户设定的。若电动机转动惯量或电动机负载变化，按预先设定的频率变化率升速或减速时有可能出现加速转矩不够，从而造成电动机失速，即电动机转速与变频器输出频率不协调，从而造成过电流或过电压。因此，需要根据电动机转动惯量和负载合理设定加速、减速时间，使变频器的频率变化率能与电动机转速变化率相协调。

8. 变频器的应用及维护保养

(1) 变频器的应用。

变频器能适应生产工艺的多方面要求，尤其是在工业自动化控制应用上，交流变频调速技术已经上升为工业自动化控制的主流。交流调速系统的性能已经可以和直流调速系统相匹敌，甚至可以超过直流系统。它采用的全数字控制方式，使信息处理能力大幅度增强。同时它将实用经验和技巧不断地融入软件功能中，采用模拟控制方式无法实现的复杂控制在今天都已成为可能，使变频器的可靠性、可使用性、可维护性得以提升。由于变频器具有调速性能好、调速范围宽、运行效率高、使用操作方便，且宜于同其他设备接口等一系列优点，所以应用越来越广泛。

(2) 维护保养。

由于电力电子技术和微电子技术的快速发展，变频器改型换代速度也比较快，不断推出新型产品，性能不断提高，功能不断充实、增强。现在国内市场销售的变频器品牌比较多，虽然国产变频器品牌种类繁多，但功能基本类似。总的来讲，其使用、维护保养及故障处理方法基本相同。在实际应用中，变频器受温度、湿度、振动、粉尘、腐蚀性气体等环境条件的影响，其性能会有一些变化，如果使用合理、维护得当，则能延长其使用寿命，并减少因突然故障造成的生产损失；如果使用不当，维护保养工作不及时，就会出现运行故障，导致变频器不能正常工作，甚至造成变频器过早损坏，从而影响生产设备的正常运行，因此，日常维护与定期检查是必不可少的。

① 日常维护与检查。

连续运行的变频器可以从外部目视检查运行状态。定期对变频器进行巡视检查，检查变频器运行时是否有异常现象。通常应做如下检查：

a. 环境温度是否正常，要求在－10～＋40 ℃范围内，以 25 ℃左右为好；

b. 显示面板上显示的输出电流、电压、频率等各类数据是否正常；

c. 显示面板上显示的字符是否清楚，是否缺少字符；

d. 用测温仪器检测变频器是否过热，是否有异味；

e. 变频器风扇运转是否正常，散热风道是否通畅；

f. 变频器运行中是否有故障报警显示；

g. 变频器交流输入电压的极限是 418 V(380 V×1.1)，检查变频器交流输入电压是否超过最大值，如果主电路外加输入电压超过极限，即使变频器没运行，也会对变频器线路板造成损坏。

② 定期检查。

利用每年一次的大修时间，将检查重点放在变频器日常运行时无法巡视到的部位。

a. 进行定期检查时，操作前必须切断电源，变频器停电后待操作面板电源指示灯熄灭后，等待 4 min(变频器的容量越大，等待时间越长，最长为 15 min)，使主电路直流滤波电容器充分放电,用万用表确认电容器放电完毕后,再进行操作。

b. 将变频器控制面板、主板拆下,用毛刷、吸尘器清扫变频器线路板及内部 IGBT 模块、输入/输出电抗器等部位。线路板脏污的地方应用棉布蘸酒精或中性化学剂擦除。

c. 检查变频器内部导线绝缘是否有腐蚀过热的痕迹或变色、破损等,如发现应及时进行处理或更换。

d. 变频器由于振动、温度变化等影响,螺钉等紧固部件往往容易松动,应将所有螺钉全部紧固一遍。

e. 检查输入/输出电抗器、变压器等是否过热,变色烧焦或有异味。

f. 检查中间直流回路滤波电解电容器小凸肩(安全阀)是否胀出,外表面是否有裂纹、漏液、膨胀等。一般情况下,滤波电容器的使用周期大约为 5 年,检查周期最长为 1 年,接近寿命时,检查周期最好为半年。电容器的容量可用数字电容表测量,当容量下降到额定容量的 80%以下时应予以更换。

g. 检查冷却风扇是否运行良好,如有问题则应进行更换。冷却风扇的寿命受限于轴承,根据变频器的运行情况需要 2～3 年更换一次风扇或轴承。检查时如发现异常声音、异常振动,同样需要更换。

h. 检查变频器绝缘电阻(所有端子与接地端子)是否在正常范围内,注意不能用兆欧表测量线路板,否则会损坏线路板的电子元器件。

i. 将变频器的 R、S、T 端子和电源端电缆断开,U、V、W 端子和电动机端电缆断开,用兆欧表测量电缆每相导线之间,以及每相导线与保护接地之间的绝缘电阻是否符合要求,正常时应大于 1 MΩ。

j. 变频器在检修完毕投入运行前,应带电动机空载试运行几分钟,校对电动机的旋转方向。

③ 变频器本身的保护。

变频器本身具有各种保护功能,如负载侧接地保护、短路保护、电流限制、逆变器过热和过载等,其自诊断功能、报警警告功能也非常完善。了解这些功能对于正确使用变频器及查找故障是非常重要的。

二、变频器控制面板的操作

1. 操作面板的操作

操作面板结构图如图 23-33 所示,监视频率的设定如图 23-34 所示,参数的设定如图 23-35 所示,报警历史的操作如图 23-36 所示。

2. 操作锁定

操作锁定(长按 MODE 2 s)如图 23-37 所示。操作锁定状态下依然有效的功能:STOP/RESET键引发的停止和复位。

注意:操作锁定未解除时无法通过按键操作来实现 PU 停止的解除。

3. 监视输出电流和输出电压

在监视器模式下按 SET 键可以循环显示输出频率、输出电流和输出电压,如图 23-38 所示。

4. 变更参数的设定值

变更 P1 上限频率如图 23-39～图 23-41 所示。

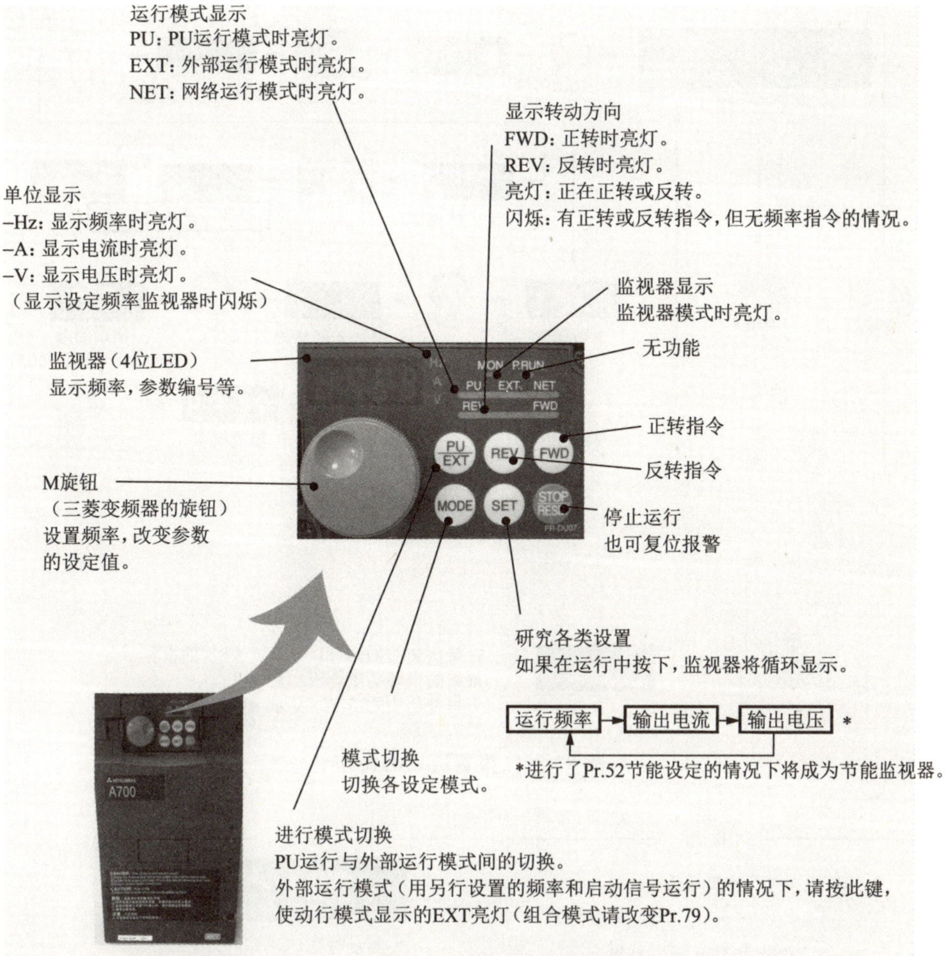

图 23-33　操作面板结构图

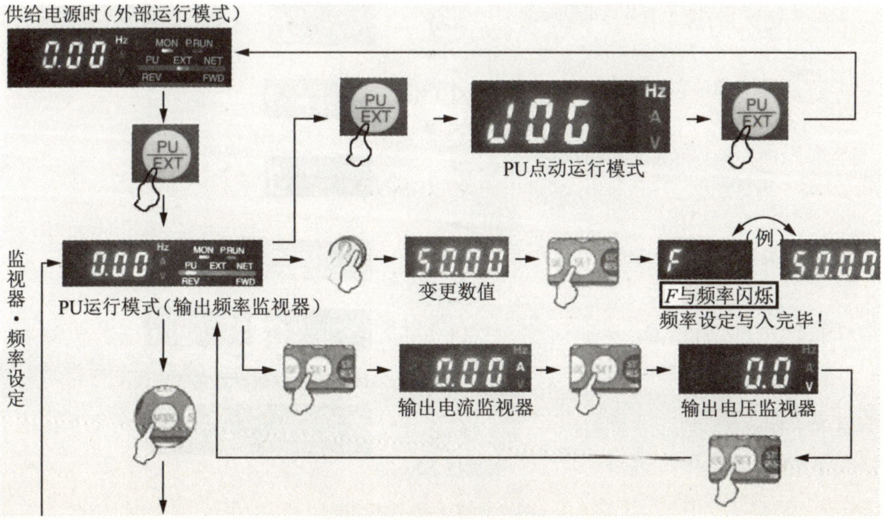

图 23-34　监视频率的设定

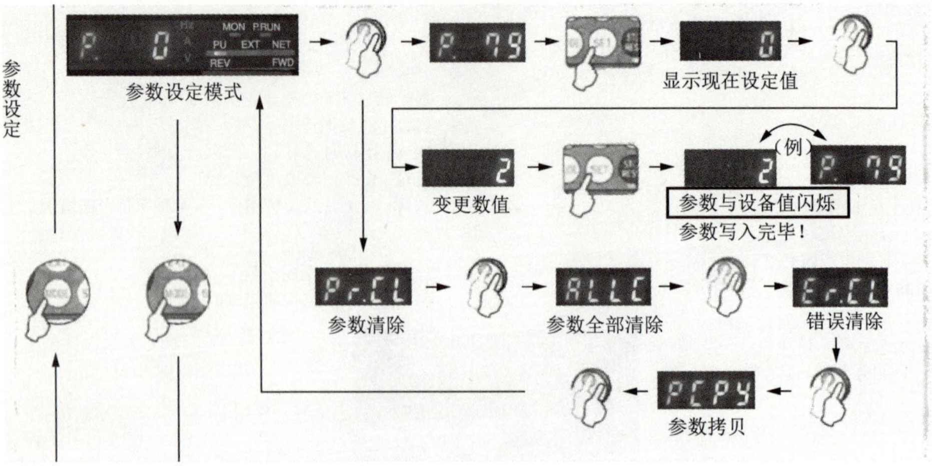

图 23-35 参数的设定

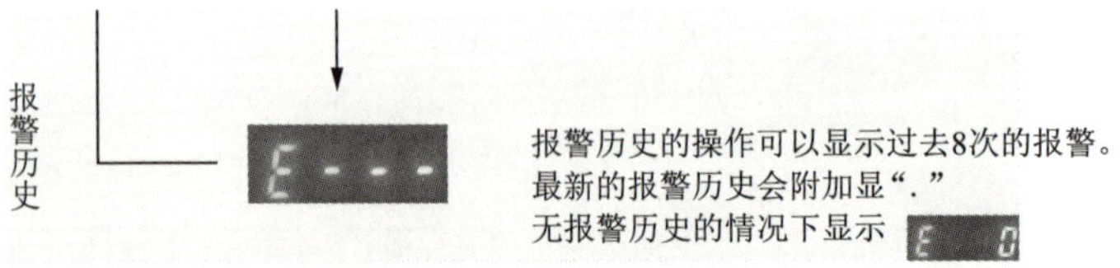

图 23-36 报警历史的操作

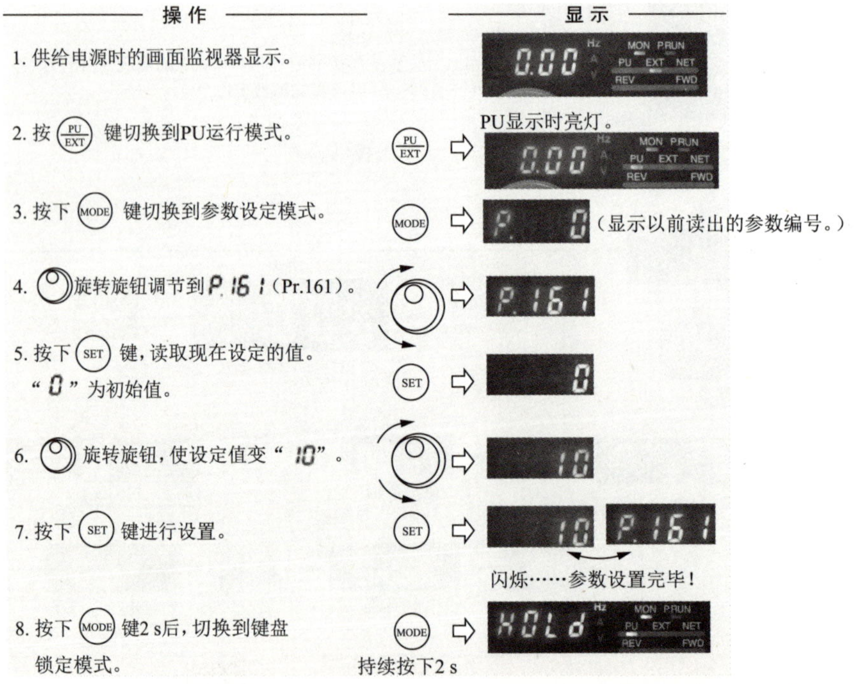

图 23-37 操作锁定

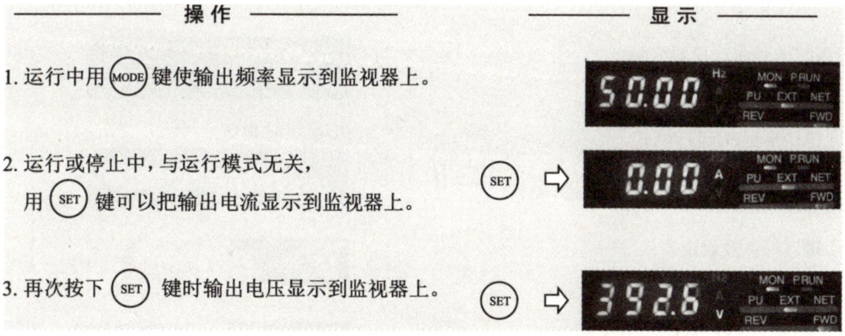

图 23-38　监视输出电流、电压和频率

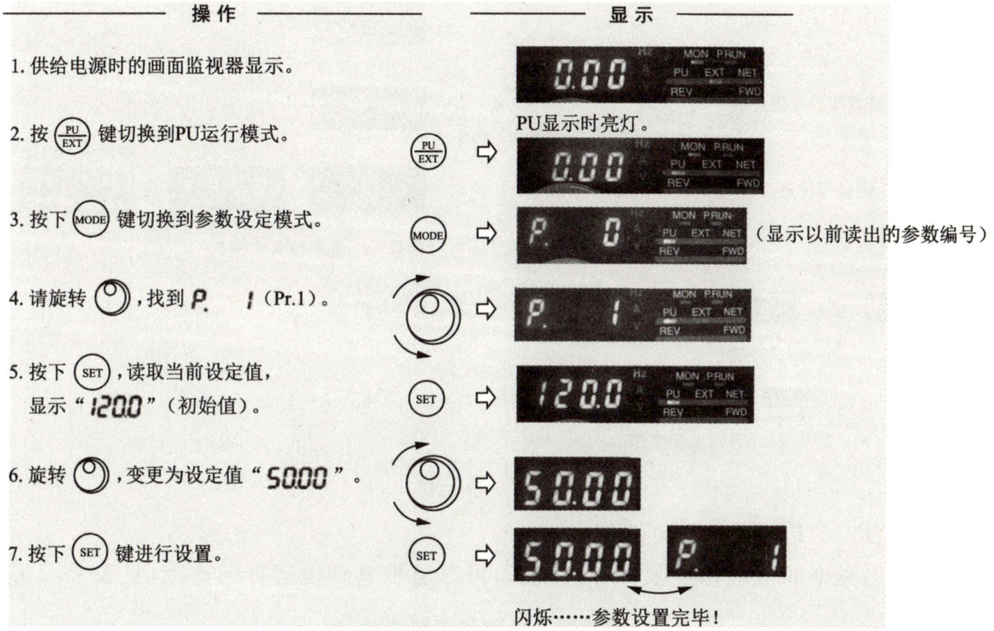

图 23-39　P1 上限频率的设定

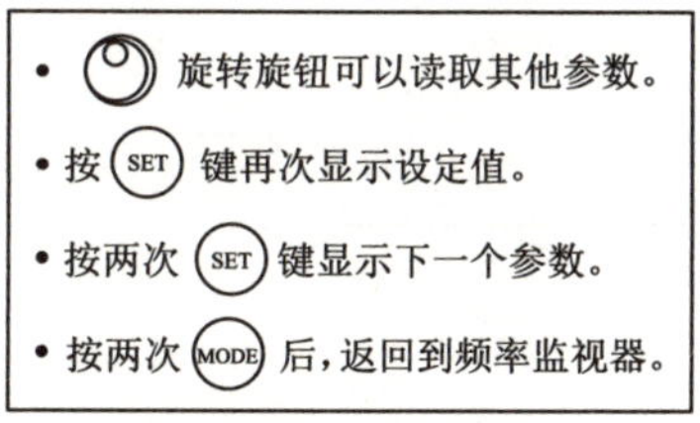

图 23-40　操作模式

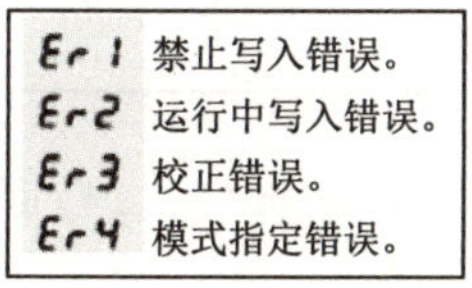

图 23-41　报错处理

5. 参数清除、全部清除

通过设定“Pr. CL 参数清除”、“ALLC 参数全部清除”=“1”，使参数恢复为初始值（如果设定 Pr. 77 参数写入选择=“1”，则无法清除），如图 23-42 所示。

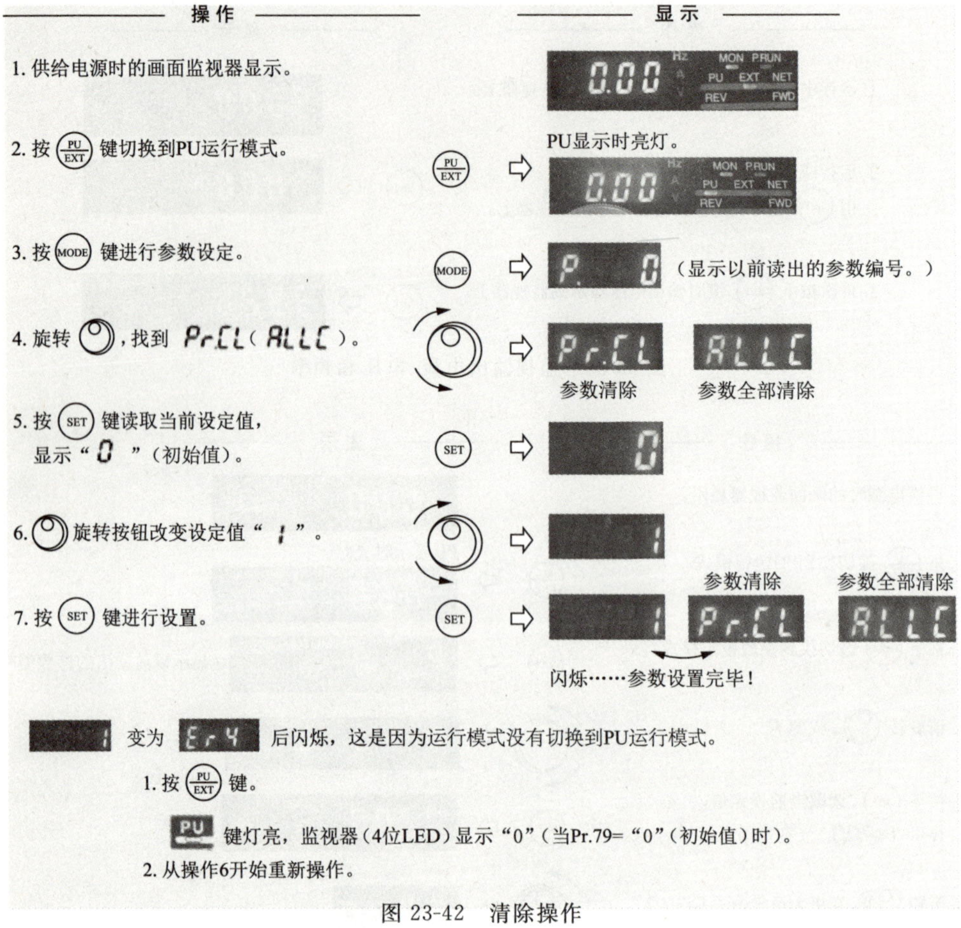

图 23-42 清除操作

6. Pr. 1、Pr. 2、Pr. 79 参数的功能

设置输出频率的上限和下限(Pr. 1、Pr. 2)可以显示电动机运行的速度，见表 23-4 所示。

表 23-4 上限和下限频率

参数编号	名称	初始值		设定范围	内容
1	上限频率	55 kW 以下	120 Hz	0～120 Hz	设定输出频率上限
		75 kW 以上	60 Hz		
2	下限频率	0		0～120 Hz	设定输出频率下限

运行操作方式的选择(Pr. 79)见表 23-5。

表 23-5 参数 Pr.79

<table>
<tr><th>参数编号</th><th>名称</th><th>初始值</th><th>设定范围</th><th colspan="2">内容</th><th>LED 显示
⊂⊃:灭灯
▬:亮灯</th></tr>
<tr><td rowspan="12">79</td><td rowspan="12">操作模式选择</td><td rowspan="12">0</td><td>0</td><td colspan="2">外部/PU 切换模式中(通过(PU/EXT)键可以切换 PU 与外部运行模式)
电源投入时为外部运行模式</td><td>外部运行模式

PU 运行模式
</td></tr>
<tr><td>1</td><td colspan="2">PU 运行模式固定</td><td></td></tr>
<tr><td>2</td><td colspan="2">外部运行模式固定
可以切换外部和网络运行模式</td><td>外部运行模式

网络运行模式
</td></tr>
<tr><td rowspan="3">3</td><td colspan="2">外部/PU 组合运行模式 1</td><td rowspan="6"></td></tr>
<tr><td>运行频率</td><td>启动信号</td></tr>
<tr><td>用(PU-OU07/FR-PU04-CH)设定或外部信号输入[多段速设定,端子 4-5 间(AU 信号 ON 时有效)]</td><td>外部信号输入(端子 STF、STR)</td></tr>
<tr><td rowspan="3">4</td><td colspan="2">外部/PU 组合运行模式 2</td></tr>
<tr><td>运行频率</td><td>启动信号</td></tr>
<tr><td>外部信号输入(端子 2、4、1,JOG,多段速选择等)</td><td>在 PU(FR-DU07/FR-FL04-CH)输入((FWD)、(REV))</td></tr>
<tr><td>6</td><td colspan="2">切换模式
可一边继续运行状态,一切实施 PU 运行、外部运行、网络运行的切换</td><td>PU 运行模式

外部运行模式

网络运行模式
</td></tr>
<tr><td>7</td><td colspan="2">外部运行模式(PU 操作互锁)
X12 信号 ON * 可切换到 PU 运行模式(正在外部运行时输出停止),
X12 信号 OFF * 禁止切换到 PU 运行模式</td><td>PU 运行模式

外部运行模式
</td></tr>
</table>

7.参数一览表

参数见表23-6。

表23-6 参数一览表

功能	参数	名 称	设定范围	最小设定单位	初始值	参考页码	用户设定值
基本功能	◎0	转矩提升	0～30%	0.1%	6%/4%/3%/2%＊1	73	
	◎1	上限频率	0～120 Hz	0.01 Hz	120 Hz	84	
	◎2	下限频率	0～120 Hz	0.01 Hz	0 Hz	84	
	◎3	基准频率	0～400 Hz	0.01 Hz	50 Hz	86	
	◎4	多段速设定(高速)	0～400 Hz	0.01 Hz	50 Hz	90	
	◎5	多段速设定(中速)	0～400 Hz	0.01 Hz	30 Hz	90	
	◎6	多段速设定(低速)	0～400 Hz	0.01 Hz	10 Hz	90	
	◎7	加速时间	0～3 600/360 s	0.1/0.01 s	5/10/15 s＊2	97	
	◎8	减速时间	0～3 600/360 s	0.1/0.01 s	5/10/15 s＊2	97	
	◎9	电子过电流保护	0～500 A	0.01 A	变频器额定电流	103	
直流制动	10	直流制动动作频率	0～120 Hz	0.01 Hz	3 Hz	115	
	11	直流制动动作时间	0～10 s	0.1 s	0.5 s	115	
	12	直流制动动作电压	0～30%	0.1%	6%/4%/2%＊3	115	
—	13	启动频率	0～60 Hz	0.01 Hz	0.5 Hz	99	
—	14	适用负载选择	0～3	1	0	88	
JOG运行	15	点动频率	0～400 Hz	0.01 Hz	5 Hz	92	
	16	点动加减速时间	0～3 600/360 s	0.1/0.01 s	0.5 s	92	
—	17	MRS输入选择	0、2、4	1	0	126	
—	18	高速上限频率	120～400 Hz	0.01 Hz	120 Hz	84	
—	19	基准频率电压	0～1 000 V、8 888、9 999	0.1 V	9 999	86	
加减速时间	20	加减速基准频率	1～400 Hz	0.01 Hz	50 Hz	97	
	21	加减速时间单位	0 s、1 s	1 s	0	97	
失速防止	22	失速防止动作水平	0～200%	0.1%	150%	80	
	23	倍速时失速防止动作水平补偿系数	0～200%、9 999	0.1%	9 999	80	
多段速度设定	24	多段速度设定(4速)	0～400 Hz、9 999	0.01 Hz	9 999	80	
	25	多段速度设定(5速)	0～400 Hz、9 999	0.01 Hz	9 999	90	
	26	多段速度设定(6速)	0～400 Hz、9 999	0.01 Hz	9 999	90	
	27	多段速度设定(7速)	0～400 Hz、9 999	0.01 Hz	9 999	90	
—	29	加减速曲线选择	0、1、2	1	0	100	

续表 23-6

功能	参数	名　称	设定范围	最小设定单位	初始值	参考页码	用户设定值
—	30	再生制动功能选择	0、1、2	1	0	116、146	
频率跳变	31	频率跳变 1A	0～400 Hz、9 999	0.01 Hz	9 999	85	
	32	频率跳变 1B	0～400 Hz、9 999	0.01 Hz	9 999	85	
	33	频率跳变 2A	0～400 Hz、9 999	0.01 Hz	9 999	85	
	34	频率跳变 2B	0～400 Hz、9 999	0.01 Hz	9 999	85	
	35	频率跳变 3A	0～400 Hz、9 999	0.01 Hz	9 999	85	
	36	频率跳变 3B	0～400 Hz、9 999	0.01 Hz	9 999	85	
—	37	转速显示	0、0.01～9 998	0.001	0	137	
—	40	RUN 键旋转方向选择	0、1	1	0	248	
频率检测	41	频率到达动作范围	0～100%	0.1%	10%	133	
	42	输出频率检测	0～400 Hz	0.01 Hz	6 Hz	133	
	43	反转时输出频率检测	0～400 Hz、9 999	0.01 Hz	9 999	133	
第 2 功能	44	第 2 加减速时间	0～3 600/360 s	0.1/0.01 s	5/10/15s＊2	97、231	
	45	第 2 减速时间	0～3 600/360 s、9 999	0.1/0.01 s	9 999	97、231	
	46	第 2 转矩提升	0～30%、9 999	0.1%	9 999	73	
	47	第 2V/F(基准频率)	0～400 Hz、9 999	0.01 Hz	9 999	86	
	48	第 2 失速防止运作水平	0～200%、9 999	0.1%	9 999	80	
	51	第 2 电子过电流保护	0～500 A、9 999	0.01 A	9 999	103	
监视器功能	52	DU/PU 主显示数据选择	0、5、7～12、14、20、23～25、52～57、61、62、100	1	0	138	
	55	频率监视基准	0～400 Hz	0.01 Hz	50 Hz	143	
	56	电流监视基准	0～500 A	0.01 A	变频器额定电流	143	
再启动	57	再启动自由运行时间	0、0.1～5 s、9 999	0.1 s	9 999	146	
	58	再启动自由运行时间	0～60 s	0.1 s	1 s	146	
—	59	遥控功能选择	0、1、2、3	1	0	94	
—	60	节能控制选择	0、9	1	0	157	
自动加减速	61	基准电流	0～500 A、9 999	0.01 A	9 999	101	
	62	加速时基准值	0～200%、9 999	1%	9 999	101	
	63	减速时基准值	0～200%、9 999	1%	9 999	101	
—	65	再试选择	0～5	1	0	154	
—	66	失速防止动作水平降低开始频率	0～400 Hz	0.01 Hz	50 Hz	80	

续表 23-6

功能	参数	名称	设定范围	最小设定单位	初始值	参考页码	用户设定值
再试	67	报警发生时再试次数	0～10、101～110	1	0	154	
	68	再试等待时间	0.1～360 s	0.1 s	1 s	154	
	69	再试次数显示和消除	0	1	0	154	
—	70	特殊再生制动使用率	0～30%	0.1%	0%	116	
—	71	适用电动机	0、1、3～6、13～16、23、24、40、43、44、50、53、54	1	0	74、77、105、107	
—	72	PWM 频率选择	0～15	1	1	158	
—	73	模拟量输入选择	0、1、10、11	1	1	160	
—	74	输入滤波时间常数	0～8	1	1	162	
—	75	复位选择/PU 脱离检测/PU 停止选择	0～3、14～17	1	14	168	
—	77	参数写入选择	0、1、2	1	0	171	
—	78	反转防止选择	0、1、2	1	0	172	
—	◎79	运行模式选择	0、1、2、3、4、6、7	1	0	175、184	
电动机常数	80	电动机容量	0.1～15 kW、9 999	0.01 kW	9 999	72、74、77、107	
	81	电动机极数	2、4、6、8、10、9 999	1	9 999	72、74、77、107	
	82	电动机励磁电流	0～500 A(0～****)、9 999 * 5	0.01 A (1) * 5	9 999	107	
	83	电动机额定电压	0～1 000 V	0.1 V	200/400 V * 9	107	
	84	电动机额定频率	10～120 Hz	0.01 Hz	50 Hz	107	
	89	速度控制增益(磁通矢量)	0～200%、9 999	0.1%	9 999	74	
	90	电动机常数(R1)	0～50 Ω (0～****)、9 999 * 5	0.001 Ω (1) * 5	9 999	107	
	91	电动机常数(R2)	0～50 Ω(0～****)、9 999 * 5	0.001 Ω (1) * 5	9 999	107	
	92	电动机常数(L1)	0～1 000 mH(0～50 Ω、0～****)、9 999 * 5	0.1 mH (0.001 Ω、1 Ω) * 5	9 999	107	
	93	电动机常数(L2)	0～1 000 mH(0～50 Ω、0～****)、9 999 * 5	0.1 mH (0.001 Ω、1 Ω) * 5	9 999	107	
	94	电动机常数(X)	0～100%(0～500 Ω、0～****)、9 999 * 5	0.1% (0.01 Ω、1 Ω) * 5	9 999	107	
	96	自动调谐设定/状态	0、1、11、21	1	0	107、146	

续表 23-6

功能	参数	名　称	设定范围	最小设定单位	初始值	参考页码	用户设定值
PU 接口通信	117	PU 通信站号	0～31(0～247)	1	0	194、210	
	118	PU 通信速率	48、96、192、384	1	192	194、210	
	119	PU 通信停止位长	0、1、10、11	1	1	194	
	120	PU 通信奇偶校验	0、1、2	1	2	194、210	
	121	PU 通信再试次数	0～10、9 999	1	1	195	
	122	PU 通信时间校验时间间隔	0、0.1～999.8 s、9 999	0.1 s	0	195、210	
	123	PU 通信等待时间设定	0～150 ms、9 999	1	9 999	194	
	124	PU 通信有无 CR/LF 选择	0、1、2	1	1	194	
—	◎125	端子 2 频率设定增益频率	0～400 Hz	0.01 Hz	50 Hz	163	
—	◎126	端子 4 频率设定增益频率	0～400 Hz	0.01 Hz	50 Hz	163	
PID 运行	127	PID 控制自动切换频率	0～400 Hz、9 999	0.01 Hz	9 999	224	
	128	PID 动作选择	0、20、21、40～43、50、51、60、61	1	0	224、231	
	129	PID 比例带	0.1%～1 000%、9 999	0.1%	100%	224、231	
	130	PID 积分时间	0.1～3 600 s、9 999	0.1 s	1 s	224、231	
	131	PID 上限	0～100%、9 999	0.1%	9 999	224、231	
	132	PID 下限	0～100%、9 999	0.1%	9 999	224、231	
	133	PID 动作目标值	0～100%、9 999	0.01%	9 999	224、231	
	134	PID 微分时间	0.01～10.00 s、9 999	0.01 s	9 999	224、231	
PU	145	PU 显示语言切换	0～7	1	1	248	
—	146	生产厂家设定用参数，请勿自行设定。					
—	147	加速时间切换频率	0～400 Hz、9 999	0.01 Hz	9 999	97	
电流检测	150	输出电流检测水平	0～200%	0.1%	150%	134	
	151	输出电流检测信号延迟时间	0～10 s	0.1 s	0 s	134	
	152	零电流检测水平	0～200%	0.1%	5%	134	
	153	零电流检测时间	0～1 s	0.01 s	0.5 s	134	
—	156	失速防止动作选择	0～31、100、101	1	0	80	
—	157	OL 输出信号延时	0～25 s、9 999	0.1 s	0 s	80	
—	158	AM 端子功能选择	1～3、5.7～12.14、21、24、52、53、61、62	1	1	138	
—	◎160	用户参数组读取选择	0、1、9 999	1	0	172	
—	161	频率设定/键盘锁定操作选择	0、1、10、11	1	0	249	

续表 23-6

功能	参数	名　称	设定范围	最小设定单位	初始值	参考页码	用户设定值
再启动	162	瞬时停电再启动动作选择	0、1、10、11	1	1	146	
	165	再启动失速防止动作水平	0～200%	0.1%	150%	146	
—	168	生产厂家设定用参数，请勿自行设定。					
—	169						
累计监视值清零	170	累计电度表清零	0、10、9 999	1	9 999	138	
	171	实际运行时间清零	0、9 999	1	9 999	138	
用户参数组	172	用户参数组注册数显示/一次性删除	9 999、(0～16)	1	0	172	
	173	用户参数注册	0～999、9 999	1	9 999	172	
	174	用户参数删除	0～999、9 999	1	9 999	172	
输入端子功能分配	178	STF 端子功能选择	0～5、7、8、10、12、14～16、18、24、25、60、62、65～67、9 999	1	60	124	
	179	STR 端子功能选择	0～5、7、8、10、12、14～16、18、24、25、61、62、65～67、9 999	1	61	124	
	180	RL 端子功能选择	0～5、7、8、10、12、14～16、18、24、25、62、65～67、9 999	1	0	124	
	181	RM 端子功能选择		1	1	124	
	182	RH 端子功能选择		1	2	124	
	183	MRS 端子功能选择		1	24	124	
	184	RES 端子功能选择		1	62	124	
输出端子功能分配	190	RUN 端子功能选择	0、1、3、4、7、8、11～16、20、25、26、46、47、64、90、91、93、95、96、98、99、100、101、103、104、107、108、111～116、120、125、126、146、147、164、190、191、193、195、196、198、199、9 999	1	0	130	
	191	FU 端子功能选择		1	4	130	
	192	ABC 端子功能选择	0、1、3、4、7、8、11～16、20、25、26、46、47、64、90、91、95、96、98、99、100、101、103、104、107、108、111～116、120、125、126、146、147、164、190、191、195、196、198、199、9 999	1	99	130	

续表 23-6

功能	参数	名　称	设定范围	最小设定单位	初始值	参考页码	用户设定值
多段速度设定	232	多段速度设定(8 速)	0～400 Hz、9 999	0.01 Hz	9 999	90	
	233	多段速度设定(9 速)	0～400 Hz、9 999	0.01 Hz	9 999	90	
	234	多段速度设定(10 速)	0～400 Hz、9 999	0.01 Hz	9 999	90	
	235	多段速度设定(11 速)	0～400 Hz、9 999	0.01 Hz	9 999	90	
	236	多段速度设定(12 速)	0～400 Hz、9 999	0.01 Hz	9 999	90	
	237	多段速度设定(13 速)	0～400 Hz、9 999	0.01 Hz	9 999	90	
	238	多段速度设定(14 速)	0～400 Hz、9 999	0.01 Hz	9 999	90	
	239	多段速度设定(15 速)	0～400 Hz、9 999	0.01 Hz	9 999	90	
—	240	Soft-PMM 动作选择	0、1	1	1	158	
—	241	模拟输入显示单位切换	0、1	1	0	163	
—	244	冷却风扇的动作选择	0、1	1	1	240	
转差补偿	245	额定转差	0～50%、9 999	0.01%	9 999	79	
	246	转差补偿时间常数	0.01～10 s	0.01 s	0.5 s	79	
	247	恒功率区域转差补偿选择	0、9 999	1	9 999	79	
—	249	启动时接地检测的有无	0、1	1	1	156	
—	250	停止选择	0～100 s、1 000～1 100 s、8 888、9 999	0.1 s	9 999	118、128	
—	251	输出缺相保护选择	0、1	1	1	156	
寿命诊断	255	寿命报警状态显示	(0～15)	1	0	241	
	256	浪涌电流抑制电路寿命显示	(0～100%)	1%	100%	241	
	257	控制电路电容器寿命显示	(0～100%)	1%	100%	241	
	258	主电路电容器寿命显示	(0～100%)	1%	100%	241	
	259	测定主电路电容器寿命	0、1(2、3、8、9)	1	0	241	
掉电停止	261	掉电停止方式选择	0、1、2	1	0	152	
—	267	端子 4 输入选择	0、1、2	1	0	160	
—	268	监视器小数位数选择	0、1、9 999	1	9 999	138	
—	269	生产厂家设定用参数，请勿自行设定。					
—	270	挡块定位控制选择	0、1	1	0	119	
挡块定位控制	275	挡块定位励磁电流低速倍速	0～300%、9 999	0.1%	9 999	119	
	276	挡块定位 PWM 载波频率	0～9、9 999	1	9 999	119	
—	277	失速防止电流切换	0、1	1	0	80	

续表 23-6

功能	参数	名　称	设定范围	最小设定单位	初始值	参考页码	用户设定值
制动顺控功能	278	制动开启频率	0～30 Hz	0.01 Hz	3 Hz	121	
	279	制动开启电流	0～200%	0.1%	130%	121	
	280	制动开启电流检测时间	0～2 s	0.1 s	0.3 s	121	
	281	制动操作开始时间	0～5 s	0.1 s	0.3 s	121	
	282	制动操作频率	0～30 Hz	0.01 Hz	6 Hz	121	
	283	制动操作停止时间	0～5 s	0.1 s	0.3 s	121	
固定偏差控制	286	增益偏差	0～100%	0.1%	0%	237	
	287	滤波器偏差时定值	0～1 s	0.01 s	0.3 s	237	
—	292	自动加减速	0、1、7、8、11	1	0	101	
—	293	加速减速个别动作选择模式	0～2	1	0	101	
—	295	频率变化量设定	0、0.01、0.1、1、10	0.01	0	251	
—	298	频率搜索增益	0～32 767、9 999	1	9 999	146	
—	299	再启动时的旋转方向检测选择	0、1、9 999	1	0	146	
数字输入	300	BCD 输入偏置	0～400 Hz	0.01 Hz	0	—	
	301	BCD 输入增益	0～400 Hz、9 999	0.01 Hz	50	—	
	302	BIN 输入偏置	0～400 Hz	0.01 Hz	0	—	
	303	BIN 输入增益	0～400 Hz、9 999	0.01 Hz	50	—	
	304	数字输入及模拟量输入补偿选择	0、1、10、11、9 999	1	9 999	—	
	305	读取时钟动作选择	0、1、10	1	0	—	
模拟量输出	306	模拟量输出信号选择	1～3、5、7～12、14、21、24、52、53、61、62	1	2	—	
	307	模拟量输出零时设定	0～100%	0.1%	0	—	
	308	模拟量输出最大时设定	0～100%	0.1%	100	—	
	309	模拟量输出信号电压/电流切换	0、1、10、11	1	0	—	
	310	模拟量仪表电压输出选择	1～3、5、7～12、14、21、24、52、53、61、62	1	2	—	
	311	模拟量仪表电压输出零时设定	0～100%	0.1%	0	—	
	312	模拟量仪表电压输出最大时设定	0～100%	0.1%	100	—	

续表 23-6

功能	参数	名　称	设定范围	最小设定单位	初始值	参考页码	用户设定值
数字输出	313	D00 输出选择	0、1、3、4、7、8、11～16、20、25、26、46、47、64、90、91、93、95、96、98、99、100、101、103、104、107、108、111～116、120、125、126、146、147、164、190、191、193、195、196、198、199、9 999	1	9 999	—	
	314	D01 输出选择		1	9 999	—	
	315	D02 输出选择		1	9 999	—	
	316	D03 输出选择		1	9 999	—	
	317	D04 输出选择		1	9 999	—	
	318	D05 输出选择		1	9 999	—	
	319	D06 输出选择		1	9 999	—	
继电器输出	320	RA1 输出选择	0、1、3、4、7、8、11～16、20、25、26、46、47、64、90、91、95、96、98、99、9 999	1	0		
	321	RA2 输出选择		1	1		
	322	RA3 输出选择		1	4		
模拟量输出	323	AM0 0 V 调整	900%～1 100%	1%	1 000	—	
	324	AM1 0 mA 调整	900%～1 100%	1%	1 000	—	
—	329	数字输入单位选择	0、1、2、3	1	1	—	
RS-485 通信	338	通信运行指令权	0、1	1	0	185	
	339	通信速率指令权	0、1、2	1	0	185	
	340	通信启动模式选择	0、1、10	1	0	184	
	342	通信 EEPROM 写入选择	0、1	1	0	198	
	343	通信错误计数	—	1	0	210	
Device Net	345	DeviceNet 地址	0～4 095	1	63	—	
	346	DeviceNet 波特率	0～4 095	1	132	—	
—	349	通信复位指令	0、1	1	0	—	
LON WORKS 通信	387	初始通信延迟时间	0～120 s	0.1 s	0 s	—	
	388	节拍时发送间隔	0～999.8 s	0.1 s	0 s	—	
	389	节拍时最小发送时间	0～999.8 s	0.1 s	0.5 s	—	
	390	%设定基准频率	1～400 s	0.01 Hz	50 Hz	—	
	391	节拍时接收间隔	0～999.8 s	0.1 s	0 s	—	
	392	事件驱动检测范围	0～163.83%	0.01%	0	—	
第 2 电机常数	450	第 2 适用电动机	0、1、9 999	1	9 999	105	
远程输出	495	远程输出选择	0、1、10、11	1	0	136	
	496	远程输出内容 1	0～4 095	1	0	136	
	497	远程输出内容 2	0～4 095	1	0	136	
通信错误	500	通信异常执行等待时间	0～999.8 s	0.1 s	0	—	
	501	通信异常发生次数显示	0	1	0	—	

续表 23-6

功能	参数	名 称	设定范围	最小设定单位	初始值	参考页码	用户设定值
—	502	通信异常时停止模式选择	0、1、2、3	1	0	195、210	
维护	503	维护定时器	0(1～9 998)	1	0	244	
	504	维护定时器报警输出设定时间	0～9 998、9 999	1	9 999	244	
CC-Link	541	频率指令符合选择(CC-Link)	0、1	1	0	—	
	542	通信站号(CC-Link)	1～64	1	1	—	
	543	波特率选择(CC-Link)	0～4	1	0	—	
	544	CC-Link 扩展设定	0、1、12、14、18	1	0	—	
USB	547	USB 通信站号	0～31	1	0	223	
	548	USB 通信检查时间间隔	0～999.8s、9 999	0.1 s	9 999	223	
通讯	549	协议选择	0、1	1	0	210	
	550	网络模式操作权选择	0、2、9 999	1	9 999	185	
	551	PU 模式操作权选择	2～4、9 999	1	9 999	185	
电流平均值监视器	555	电流平均时间	0.1～1.0 s	0.1 s	1 s	245	
	556	数据输出屏蔽时间	0～20 s	0.1 s	0 s	245	
	557	电流平均值监视信号基准输出电流	0～500 A	0.01 A	变频器额定电流	245	
—	563	累计通电时间次数	(0～65 535)	1	0	138	
—	564	累计运转时间次数	(0～65 535)	1	0	138	
—	571	启动时维持时间	0～10 s、9 999	0.1 s	9 999	99	
—	611	再启动时加速时间	0～3 600 s、9 999	0.1 s	9 999	146	
—	645	AM OV 调整	970～1 200	1	1 000	144	
—	653	速度滤波控制	0～200%	0.1%	0	159	
—	665	再生回避频率增益	0～200%	0.1%	100	238	
—	800	控制方法选择	20、30	1	20	72、74、77	
—	859	转矩电流	0～500 A(0～****)、9 999 * 7	0.01 A(1) * 7	9 999	107	
保护功能	872 * 8	输入缺相保护选择	0、1	1	1	156	

续表 23-6

功能	参数	名　称	设定范围	最小设定单位	初始值	参考页码	用户设定值
再生回避功能	882	再生回避动作选择	0、1、2	1	0	238	
	883	再生回避动作水平	300～800 V	0.1 V	DC400V/DC780V＊9	238	
	885	再生回避补偿频率限制值	0～10 Hz、9 999	0.01 Hz	6 Hz	238	
	886	再生回避电压增益	0～200%	0.1%	100%	238	
自由参数	888	自由参数 1	0～9 999	1	9 999	247	
	889	自由参数 2	0～9 999	1	9 999	247	
校正参数	C1(901)＊6	AM 端子校正	—	—	—	144	
	C2(902)＊6	端子 2 频率设定偏置频率	0～400 Hz	0.01 Hz	0 Hz	163	
	C3(902)＊6	端子 2 频率设定偏置	0～300%	0.1%	0%	163	
	125(903)＊6	端子 2 频率设定增益频率	0～400 Hz	0.01 Hz	50 Hz	163	
	C4(903)＊6	端子 2 频率设定增益	0～300%	0.1%	100%	163	
	C5(904)＊6	端子 4 频率设定偏置频率	0～400 Hz	0.01 Hz	0 Hz	163	
	C6(904)＊6	端子 4 频率设定偏置	0～300%	0.1%	20%	163	
	126(905)＊6	端子 4 频率设定增益频率	0～400 Hz	0.01 Hz	50 Hz	163	
	C7(905)＊6	端子 4 频率设定增益	0～300%	0.1%	100%	163	
	C22～C25(922、923)	生产厂家设定用参数，请勿自行设定。					
PU	990	PU 蜂鸣器音控制	0、1	1	1	252	
	991	PU 对比度调整	0～63	1	58	252	
清除参数初始值变更清单	Pr. CL	清除参数	0、1	1	0	253	
	ALLC	参数全部清除	0、1	1	0	253	
	Er. CL	清除报警历史	0、1	1	0	255	
	Pr. CH	初始值变更清单	—	—	—	254	

＊1　容量不同也各不相同。6%：0.75 kW 以下；4%：1.5～3.7 kW；3%：5.5 kW、7.5 kW；2%：11 kW、15 kW。

*2　容量不同也各不相同。5 s:3.7 kW 以下;10 s:5.5 kW、7.5 kW;15 s:11 kW、15 kW。

*3　容量不同也各不相同。6%:0.1 kW、0.2 kW;4%:0.4～7.5 kW;2%:11 kW、15 kW。

*4　从 PU 接口进行的通信(网络运行模式)无法写入。

*5　根据 Pr.71 的设定值不同而不同。

*6　括号内为使用 FR-E500 系列用操作面板(FR-PA02-02)或参数单元(FR-PU04-CH/FR-PU07)时的参数编号。

*7　通过 RS-485 通信进行参数清除(全部清除)时,该通信参数不会被清除(关于 RS-485 通信,参照第 194 页),但 3 相电源输入规格产品的 Pr.345、Pr.346 将被清除。

*8　仅 3 相电源输入规格产品可进行设定。

*9　因电压级别而异(200 V 级/400 V 级)。

三、工具与材料准备

为完成工作任务,每个工作小组需要向工作站内的仓库工作人员提供借用工具清单(见附表 1)和材料清单(见附表 2)。

任务决策

(1) 写出各操作模式的设定方法与步骤(见表 23-7)。

表 23-7　各操作模式的设定方法与步骤

操作模式	设定方法与步骤
PU 操作模式	
PU 点动操作模式	
外部操作模式	
组合操作模式 1	
组合操作模式 2	

(2) 画出外部操作模式、组合操作模式 1、2 的接线示意图。

① 外部操作模式接线示意图。

② 组合操作模式 1 接线示意图。

③ 组合操作模式 2 接线示意图。

(3) 写出各操作模式的运行操作方法(见表 23-8)。

表 23-8　各操作模式的运行操作方法

操作模式	正转启动	反转启动	停止	运行频率设定
PU 操作模式				
PU 点动操作模式				
外部操作模式				
组合操作模式 1				
组合操作模式 2				

（4）写出各操作模式的调试运行步骤(见表 23-9)。

表 23-9　各操作模式的调试运行步骤

调试步骤	该步骤出现的现象	教师审核
1		
2		
3		
4		
5		
6		
7		
8		

任务实施

实施要求：每组派代表上台展示变频器设置参数，并说明参数的内容；各组以画图的形式展示并说明本组的控制思路；其他组同学给你们提供了哪些意见或建议。

（1）先对运行模式 Pr. 79 参数进行设置，Pr. 79＝“2”。

（2）再对启动频率 Pr. 13 进行设置，Pr. 13＝5 Hz，如图 23-42 所示。

（3）然后再对参数 Pr. 7 加速时间和 Pr. 8 减速时间进行设定，Pr. 7＝10 s，Pr. 8＝5 s，如图 23-43 所示。

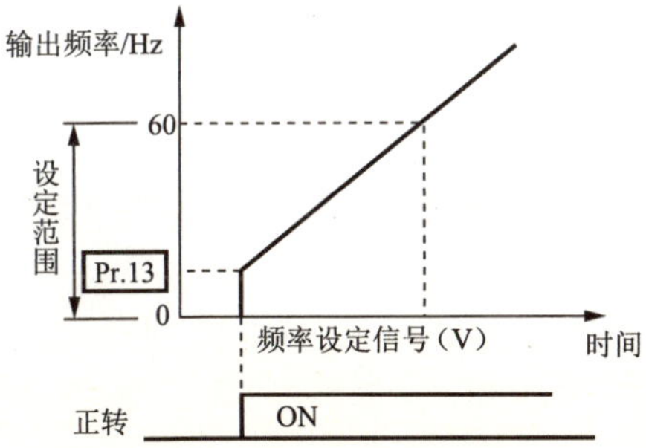

图 23-42　输出频率曲线

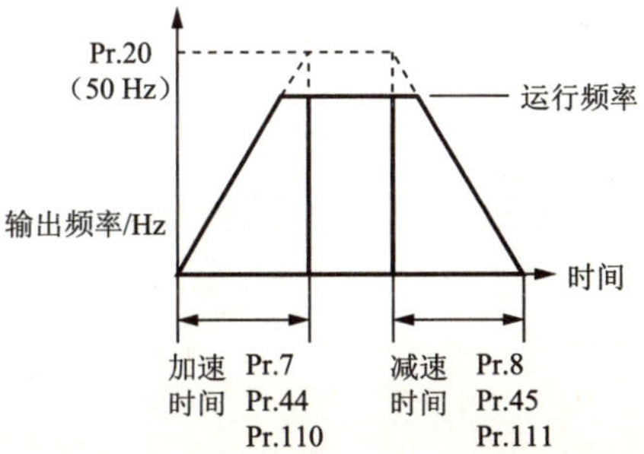

图 23-43　输出频率曲线与加/减速时间

请参考图 23-44 所示的操作过程独立设定减速时间。

设定频率在基底频率以上时，加/减速时间计算表达式为：

$$t = \frac{4}{9} \cdot \frac{T}{(\mathrm{Pr.}\,3)^2} \cdot f^2 + \frac{5}{9} T$$

式中，T 为设定的加/减速时间，s；f 为设定频率，Hz。

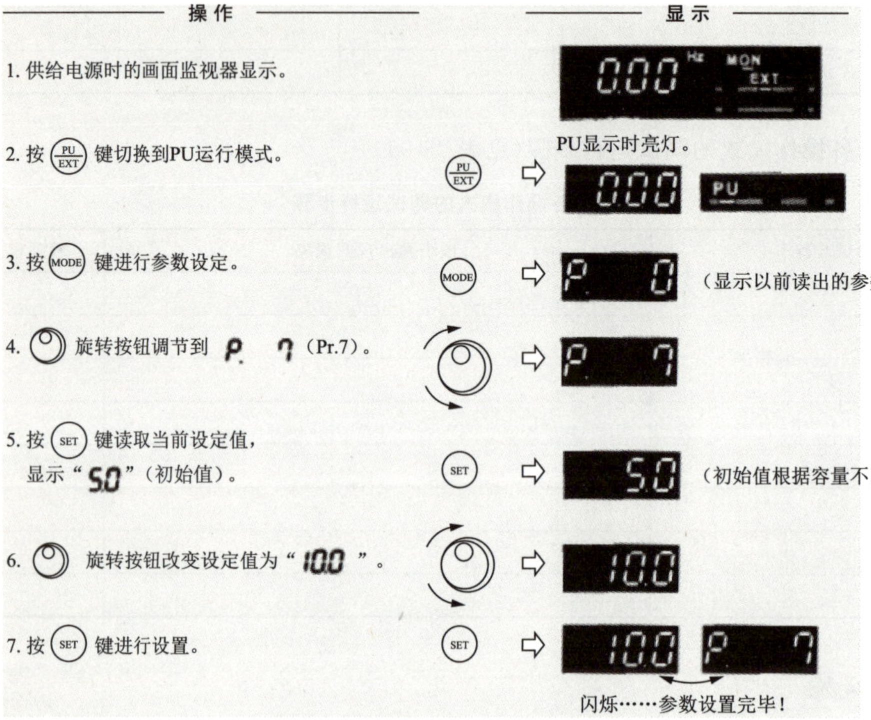

图 23-44　操作过程

任务评价

将你们组的答案与其他组（员）的程序进行对比，发现异同，在组内和组外进行充分的讨论，得出最佳结论。

（1）各小组派代表利用投影仪展示学习成果，接受全体同学的检阅。

其他小组提出的改进建议：

（2）学生自我评估与总结。

① 你掌握了哪些知识点？

② 你在参数设置、接线、调试过程中出现了哪些问题，你是怎么解决的？

③ 你觉得完成的任务中哪些地方做得比较好，哪些地方做得不够好（参数设置、接线、调试）？

④ 你有哪些还没掌握好，还不够清楚？

⑤ 说说你的心得体会。

（3）小组评估与总结。

（4）教师评估（根据各小组学生完成任务的表现，给予综合评价，同时给出该工作任务的正确答案供学生参考）。

（5）各小组对工作岗位的“6S”处理。

小组和教师都完成工作任务总结以后，各小组必须对自己的工作岗位进行“6S”处理（“6S”指“整理、整顿、清扫、清洁、安全、素养”），归还所借的工具、量具和实习工件。

（6）评价表（见表 23-10）。

表 23-10　“任务 23　变频器的应用”评价表

班级：________ 小组：________ 姓名：________		指导教师：________ 日　　期：________					
评价项目	评价标准	评价依据	评价方式			权重	得分小计
			学生自评 20%	小组互评 30%	教师评价 50%		
职业素养	① 遵守企业规章制度、劳动纪律； ② 按时、按质完成工作任务； ③ 积极、主动承担工作任务，勤学好问； ④ 人身安全与设备安全； ⑤ 工作岗位“6S”完成情况	① 出勤； ② 工作态度； ③ 劳动纪律； ④ 团队协作精神				0.3	
专业能力	① 掌握参数设置； ② 熟练操作面板的操作； ③ 掌握面板控制的工作原理； ④ 能独立进行参数设置与调试	① 操作的准确性和规范性； ② 工作页或项目技术总结的完成情况； ③ 专业技能任务的完成情况				0.5	

续表 23-10

评价项目	评价标准	评价依据	评价方式			权重	得分小计
			学生自评 20%	小组互评 30%	教师评价 50%		
创新能力	① 在任务完成过程中能提出自己的方案； ② 在教学或生产管理上提出建议，具有创新性；	① 方案的可行性及意义； ② 建议的可行性				0.2	
合计							

技能拓展

变频器处于外部操作模式时为点动控制，若按任务二中图 2-5 所示接法接线，即点动控制，接通正转或反转(STF 或 STR)时电动机启动正转或反转，当断开正转或反转(STF 或 STR)时电动机停止。如何能使变频器具有启动保持功能(即电动机启动后断开正转或反转信号，电动机仍能保持运行，待按下停止按钮时电动机停止)，如任务二图 2-6 所示。

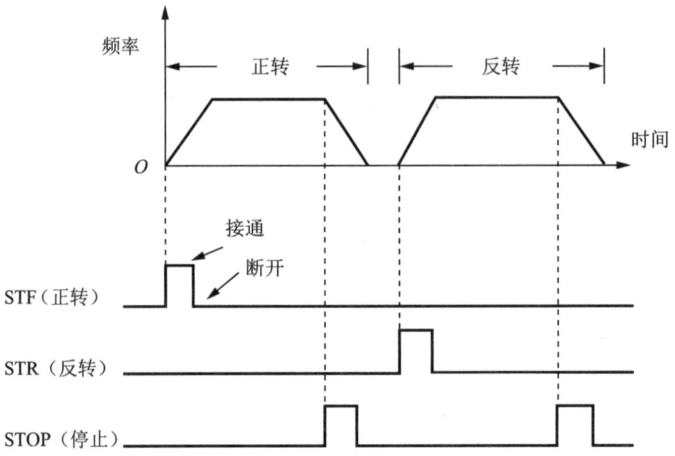

图 23-45 操作示意图

附表 1

______工作站借用工具清单

序号	名称	数量	借出时间	学生签名	归还时间	学生签名	管理员签名	备注

附表 2

________工作站借用材料清单

序号	名称	数量	借出时间	学生签名	归还时间	学生签名	管理员签名	备注

参考文献

1 吕景泉.可编程控制器技术教程.第2版.北京:高等教育出版社,2006.

2 张万忠.可编程控制器应用技术.第2版.北京:化学工业出版社,2005.

3 李俊季,赵黎明.可编程控制器应用技术实训指导.第2版.北京:化学工业出版社,2005.

4 张桂香.电气控制与PLC应用.北京:化学工业出版社,2003.

5 钟肇新,范建东.可编程控制器原理及应用.广州:华南理工大学出版社,2015.

6 寥常初.PLC基础及应用.第4版.北京:机械工业出版社,2014.

7 瞿彩萍.PLC应用技术(三菱).北京:中国劳动社会保障出版社,2014.

8 史国生,鞠勇.电气控制与可编程控制器技术实训教程.第2版.北京:化学工业出版社,2014.

9 祝红芳.可编程控制器应用技术(项目化教程).北京:化学工业出版社,2012.

10 张桂香.电气控制与PLC应用:GE VersaMax Micro 64.北京:化学工业出版社,2013.

11 孙平.可编程控制器原理及应用.第3版.北京:高等教育出版社,2014.

12 人力资源和社会保障部教材办公室.可编程序控制器及其应用(三菱).第3版.北京:中国劳动社会保障出版社,2015.